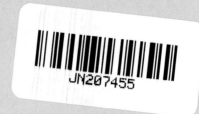

植物油の政治経済学

大豆と油から考える資本主義的食料システム

平賀 緑◉著

昭和堂

まえがき

お金がないと食べられない。それは当然のことだろうか。歴史を顧みれば、大多数の人々が日々の食事を金銭で購入するようになったことの方が新しい現象に見られる。人々がモノを買うためには、それらを売る人がいる。売るからには、利潤を得るための「商品」として作られ、売られるようになる。こうして「食品（＝食べられる商品）」を供給するために、売るための商品作物を生産する農業、農産物を原料に加工食品を製造する食品産業、さらには外食産業、流通・小売業、商社・金融業など様々な産業が発展した。これらが絡み合って構成する食料供給体制は「資本主義的食料システム（capitalist food system）」（Holt-Giménez 2017）とも呼ばれる。その発展に伴い、そのシステムの都合によって、私たちが食するモノは変えられてきたのではないだろうか。本書の基本的な問いは、こうした資本主義と「食」を考えることにある。

これだけお金の世界に巻き込まれた「食」を考えるためには、自然環境や農業、もしくは食文化や消費者の嗜好を議論するだけでは不十分だろう。たとえ人間という動物が本能的に甘みと脂質を求めるものだとしても、それだけでは今日の世界における砂糖や多種多様な甘味料や油脂の氾濫、および（恐らくはそれによる）不健康の急増を説明できない。ましてや100億人以上を養える食料があるといわれる世界で、途上国でも先進国でも飢餓と肥満が併存している現状は解明できないだろう。そこには自然や人間の本質に加えて――いや恐らくはそれ以上に――経済と政治の力学が絡んでいるからだ。常に経済成長を求める資本主義の仕組みに、私たちの「食」も組み込まれている。

しかしながら、資本主義的発展に伴い形成された食料システムが人々の「食」をどのように変容させてきたか、その体系的な研究は十分とはいえない。

資本主義と農業については、経済学分野においてもマルクスやレーニン、カウツキーらの古典的研究をはじめ、国内外の論者による研究蓄積がある。その多くが、土地問題、工業と農業の関係、農民層分解など、生産活動に関する諸問題に焦点を当て、とくに人々が生産手段から疎外されたことに着目していた。食料に関しても、いくらか議論はあった。19 世紀の英国において小麦を国内生産すべきか輸入すべきか議論された「穀物法論争」の例もある。しかし多くは食料問題を農産物、とくに小麦など穀物の生産や貿易による需給量や価格の問題として捉えがちであり、やはり工業 vs 農業、国産 vs 輸入などの議論に終始していた（服部 2002）。

そもそも資本主義は、人々の最も基本的な生活必需品である食料の供給システムに市場が浸透したことにその起源をたどる議論もあった（Wood 1999 = 2001）。農村を離れ都市部の工場で働き始めたとき、人々は食料を自給する手段を失い、市場経済メカニズムが供給する食品を購入しなくてはならなくなった。これは資本主義の始まりの一つの局面に違いない。では、資本主義が発展するに伴い、どのような「食品」が供給され、人々の「食」はどのように変容されていったのか。

近代化に伴い、機械製粉された白い小麦と精製された白い砂糖という「近代食」が広まり、それが人々の身体を「退化」させたという記録は早くから出版されていた。農地を離れ、都市部の台所設備も乏しい住環境に押し込まれ、料理どころか食事をする時間も制限された英国賃労働者の「食」が白い小麦パンと砂糖が入ったミルクティーへと変わり、そうした食事も一因となって人々の健康が損なわれ、19 世紀末には徴兵も難しいほど英国民を「退化」させていたことが問題になった。そのため、白い小麦パン、マーガリン、甘いミルクティーなどからなる英国賃労働者の食事と、チャパティなどからなるインドやヒマラヤの頑強な人々の食事とを比較した動物実験もおこなわれた（McCarrison 1936, 1953）。英国に限らず、世界の様々な地域・環境・文化に暮らす人々が、貿易や近代化で資本主義的経済に取り込まれたことにより、人々の「食」が変わり、変えさせられ、人々の健康状態が「退化」した現象を多数の写真で示した記録もある（Price 1939 = 1978, 2010）。このような「食」の変容とその影響の記録に加えて、「近代食」を供給するために新たな政治経済的諸関係が形成されたことも指摘されている。例えば、砂糖を高価で希少な薬品から大衆の日常食へと変えた『甘さと権力』の関係についてはミンツの業績が知られている（Mintz 1985 = 1988）。小麦についても、製粉工程の機械化・大規模化により、機械製粉された小麦粉が大量生産されるようになり、小麦粉の長距離輸送と製パン産業の機械化・大規模化が促されたことが指摘されている（Winson 2013）。近代的農業で大量生産された小麦のみを真っ白になるまで機械製粉し、貿易や長距離輸送して大工場に集め、工場で速やかに大量生産して市販されるパンと、自ら栽培した麦類を石臼で挽いてじっくり発酵させ焼いたパンとでは、同じモノといえるだろうか。たとえ「実質的同等」だったとしても、そのパンは社会経済的には大きく異なるモノだと考えるべきだろう。

このように、白い小麦と白い砂糖など「近代食」が人々の日常食として広がった現象とその影響について断片的に取り上げられてきた例はある。しかし、同時代に似たような経緯で生産や消費を急増させ、人々の「食」のありようを大きく変えた油脂、とくに大豆油やナタネ油、パーム油などの植物油については驚くほど文献が少ない。植物油は、国内外におけるフードスタディーズ分野でも見落とされがちで、食料より調味料に分類されることもある。しかし、脂質は炭水化物、タンパク質とともに三大栄養素であり、エネルギー的にも大きな割合を占め、日々の食生活において避けることが難しいほど普及しているものだ。揚げ物を避けたとしても、野菜炒めやサラダにも油がつきまとう。コンビニで昼食を買えば、唐揚げ弁当、サンドイッチ、菓子パンなどに限らず、最近ではおにぎりにも艶出しに油が使われていると聞く。外食すれば、定食、洋食、イタリアン、インド料理、ピザやファストフードなどなど油が欠かせない。たとえ和食を選んでも、天ぷらはもちろん、味噌汁に油揚げが入っていたり卵焼きに油が使われたりする。このように、多様性に富み選択肢は無限に見える現在の食生活でも、いざ油を避けようとすると至難の業であることが実感できるだろう。しかし、これほど私たちの食生活に広く深く浸透しているにもかかわらず、植物油の食生活への導入は比較的歴史が浅い。とくに日本ではほんの100年前に油脂消費量はごくわずかだったのに、現在までに１人１日当たりの消費量が30倍近くに増加したことを示すデータもある。この急激な増加はなぜだったのか。

本書では、資本主義と「食」を考える事例として、この植物油を取り上げる。植物油が近代化に伴ってその生産と市場を増加・拡大させた要因を政治経済学的アプローチから考察することで、資本主義的発展と「食」の変容の根幹を問い直す。より大きくは、いわゆる「食の西洋化」「食の高度化」によって砂糖や油脂、食肉・卵・乳製品など動物性食品の需要が増加すると一般的には説明される事象について、むしろ供給側における資本の論理に基づく政策決定や産業行動が需要増加を促したとの仮説に基づき、資本主義的食料システムの形成過程を検証する。この作業を通じて新たな研究視座を切り拓くとともに、健康と環境と社会正義に大きな影響を与えている現在の食料システムの構造を解明すること、そして、より持続可能な「食」を目指す足がかりを築くことを目指している。

本書は、植物油だけに関する本でも歴史だけに関する本でもない。そのため、序章の理論的枠組みにおいては広く農業・食料の社会科学的研究の潮流を整理し、本書の研究視座を検討した。ここで確認した政治経済学的アプローチに基づいて植物油の事例を考察している。歴史を記述した第1章から読めば日本を中心とした植物油の政治経済史は概観できるかもしれないが、できれば序章から歴史の章、そして終章へと順を追って読み進めていただき、大豆と油から資本主義的食料システムの形成について考えてもらいたい。そして、食事を前に手を合わせるとき、その「食」をめぐる政治経済にも思いをはせていただけたら幸いである。

なお、本書では、食料・食糧から食材・食品、食生活までを含む広い意味でカッコ付きの「食」の語を用いている。

英語の「food」は、例えば「Italian food」のように日本語では「料理」で表されるものまで含むなど、非常に幅広い意味で使われている。また学問分野においても「Sociology of Agriculture and Food（農業・食料の社会学）」や「food study（フードスタディー）」、または、いつ・何を・どこで・どのように食べるかを決める広義の食料政策としての「food policy（フードポリシー）」（Lang *et al.* 2009）など、幅広い意味で「food」が使われている。

一方、「食」を示す日本語は食糧、食料、食物（たべもの）、食物（しょくもつ）、食品など多数ある。『類語国語辞典』（角川書店 1985）では、食（920-9 食物、食事）、食べ物（920-1 食べて生命を維持するためのもの）、食品（924-1 飲み物も含む食物の総称。多く加工品をいう）と区別している。また「食べ物（たべもの）」は料理されていてすぐに食べられるもの、「食物（しょくもつ）」「食料」は、米麦・野菜・魚肉など、材料のままの状態をさす傾向があるとの注意書きもある（920-6）。

筆者は主に英語圏の文献に基づき食と農に関する研究をおこなってきたこともあり、また、農産物から食生活までを視野に含めるためにも、本書ではより幅広い意味を持つ英語の「food」の同義語として「食」の語を用いたい。先行文献などで「食料」と記されているものはその用法に倣ったが、食料とは材料のままの状態（つまりコメや大豆など農産物）をさす傾向があるため本書ではなるべく避けた。また、「食品」も食べられる商品（edible commodity）を意識して使っており、とくに対比させるために、食べて生命を維持するモノとして「食べもの」の語を用いている。

「食」の生産から消費までの距離が広がり複雑化している今日、食料としてコメや大豆などの農産物だけを念頭に研究するのでは不十分であろう。本書の表紙イラストが図示しているように、大豆は今日、多種多様な物質に姿を変えて私たちの食生活に浸透している。大豆を自然と伝統の力でじっくり醸して造った味噌と、溶剤抽出した脱脂大豆から大工場で製造した味噌とは、たとえ実質的には同等なモノといわれても、その味噌の生産から消費までに関わる政治経済的諸関係は大きく異なり、また、その環境や社会に対する影響も大きく異なると考えるべきだろう。農業や農村についての研究は蓄積があり、食品化学や栄養学など物質的な研究も蓄積がある。本書はその間で、農産物が食料→食材→食品→食事へと姿を変え、私たちが食するモノや私たちの食生活が変えられていくところまでを視野に入れるため、「食」（food）の語を用いている。

2019年2月1日

平賀　緑

凡　例

- 旧漢字、旧仮名遣いなどは引用部分も含めて現代表記に改めた。
- 官公庁名の表記および金額、重量等の単位は原資料のまま表記した。年号は原則として西暦に統一した。
- 日本の植民地支配にともない使用された「満洲」など今日では不適切な呼称について、地名・地域名、組織名・事件名などは当時の歴史的用語としてそのまま表記し、原則的にカッコなしに用いた。また「満州」と「満洲」は原則「満洲」の字に、「油坊」と「油房」は「油房」に統一した。
- 企業の名称や組織体は時代とともに変遷しているが、本書では長期間にわたり複数の企業を取り上げるため、また、企業の継続性に注目するため、対象企業の社名変更や組織体変更にかかわらず、１企業に対して１つの呼称を用いた。その際、財閥の鈴木商店と、戦前は鈴木商店とも称していた味の素株式会社などの混乱を避けるためにも、それぞれの企業の代表的と考えられる呼称を用いている。社史の文献注においても、社史編纂委員会などは略して本文中で使用する企業名のみ記載した。
- フードレジーム論に基づく農業･食料複合体を表記するために二重山カッコ《》を用いた。

目　次

第1章　日本の近代的国家建設と製油産業の成立
——19世紀～第一次世界大戦期

第2章　油脂産業の発展と油粕・植物油の用途拡大
——世界大戦戦間期を中心に

第3章　米国産大豆による製油産業の再建
——戦中～戦後再建期

第4章 食用油の需要拡大を促した構造
——高度経済成長期を中心に

終　章　資本主義による「食」の変容

序　章

資本主義的食料システムを考える

資本主義的発展に伴う「食」の変容を明らかにする研究の一考察として、本書は日本における植物油供給体制の形成過程を取り上げる。本章ではまず、植物油を取り上げる意義について、植物油の現状とその特質による先行研究の不足を確認し（第１節）、次にこれを分析するための理論的枠組みとして国内外における農業・食料の社会科学的な先行研究の潮流を整理し（第２節）、その上で本書が基づく分析視角を提示する（第３節）。最後に本書の研究方法についてまとめ（第４節）、本書の構成を示し（第５節）、どのように大豆と油から資本主義的食料システムを考えるかを提示したい。

1　なぜ植物油に注目するのか

1-1　近代化と植物油の急増

現在、ナタネ油や大豆油、サラダ油、マーガリンなどの植物油および油脂加工品は、日常の食生活に広く深く浸透している。政府報告書も「油脂といえば、まずサラダ油や肉類の白い脂身を思い浮かべるように、食事と切り離せない重要かつ歴史を持つ基本素材である」と述べ、油脂は食生活に欠かせない食品であると認識している（農林水産省『我が国の油脂事情』2015 年版 p.13）。私たちの毎日の食事を思い浮かべるだけでも、よほど意識的に避けない限り油を口にしていることがわかるだろう。とくに限られた予算で空腹を満たそ

表序－1　食品項目別の国民１人１日当たり供給脂質の量と割合（1960～2010年）

（単位：グラム）

類別・品目別	1960		1970		1980		1990		2000		2010	
穀類	3.6	12.4%	5.3	9.4%	4.8	6.6%	3.7	4.6%	3.6	4.3%	3.5	4.5%
いも類	0.1	0.3%	0.1	0.2%	0.1	0.1%	0.1	0.1%	0.1	0.1%	0.1	0.1%
でんぷん	0.0	0.0%	0.1	0.2%	0.2	0.3%	0.3	0.4%	0.3	0.4%	0.3	0.4%
豆類	3.6	12.4%	5.6	9.9%	4.9	6.7%	4.8	6.0%	4.9	5.8%	4.7	6.1%
野菜	0.5	1.7%	0.5	0.9%	0.5	0.7%	0.6	0.8%	0.6	0.7%	0.5	0.6%
果実	0.2	0.7%	0.2	0.4%	0.3	0.4%	0.6	0.8%	0.7	0.8%	1.0	1.3%
肉類	1.7	5.8%	5.4	9.6%	9.6	13.2%	10.5	13.2%	11.7	13.9%	11.5	14.9%
鶏卵	1.9	6.5%	4.5	8.0%	4.4	6.1%	4.5	5.6%	4.8	5.7%	4.7	6.1%
牛乳・乳製品	2.0	6.9%	4.5	8.0%	5.9	8.1%	8.0	10.0%	9.0	10.7%	8.3	10.8%
魚介類	2.5	8.6%	3.9	6.9%	6.1	8.4%	6.3	7.9%	5.5	6.5%	4.5	5.8%
海藻類	0.0	0.0%	0.1	0.2%	0.1	0.1%	0.1	0.1%	0.1	0.1%	0.1	0.1%
砂糖類	0.0	0.0%	0.0	0.0%	0.0	0.0%	0.0	0.0%	0.0	0.0%	0.0	0.0%
油脂類	11.8	40.5%	24.5	43.5%	34.5	47.5%	38.9	48.8%	41.5	49.3%	36.9	47.9%
a. **植物油脂**	8.8	**30.2%**	18.6	**33.0%**	27.5	**37.9%**	33.0	**41.4%**	37.5	**44.5%**	34.7	**45.1%**
大豆油	3.3	**11.3%**	9.5	**16.9%**	11.6	**16.0%**	11.7	**14.7%**	11.1	**13.2%**	7.1	**9.2%**
菜種油	2.7	9.3%	2.9	5.2%	8.0	11.0%	12.2	15.3%	15.3	18.2%	14.7	19.1%
やし油	0.3	1.0%	0.7	1.2%	0.6	0.8%	0.6	0.8%	0.7	0.8%	0.7	0.9%
その他	2.6	8.9%	5.5	9.8%	7.3	10.1%	8.5	10.7%	10.4	12.4%	12.2	15.8%
b. 動物油脂	3.0	10.3%	5.9	10.5%	7.1	9.8%	5.9	7.4%	4.0	4.8%	2.2	2.9%
魚・鯨油	1.1	3.8%	1.8	3.2%	2.5	3.4%	2.2	2.8%	1.3	1.5%	0.1	0.1%
牛脂	0.8	2.7%	2.0	3.6%	1.3	1.8%	0.9	1.1%	0.9	1.1%	0.6	0.8%
その他	1.2	4.1%	2.1	3.7%	3.3	4.5%	2.9	3.6%	1.7	2.0%	1.5	1.9%
みそ	0.8	2.7%	1.2	2.1%	1.0	1.4%	0.8	1.0%	0.7	0.8%	0.6	0.8%
しょうゆ	0.2	0.7%	0.0	0.0%	0.0	0.0%	0.0	0.0%	0.0	0.0%	0.0	0.0%
その他食料計	−		0.5	0.9%	0.4	0.6%	0.7	0.9%	0.8	1.0%	0.5	0.6%
合計	29.1	100%	56.3	100%	72.6	100%	79.7	100%	84.2	100%	77.0	100%

注　：割合（%）は、項目別脂質量を脂質の合計値で除して算出した。油脂類以外の食品は類別にまとめた。太字は筆者による強調。

出所：農林水産省『食料需給表（平成28年度版）』「国民１人・１日当たり供給脂質」より作成。

うとすると、低価格で高カロリーな食事には油脂、とくにより安価な植物性油脂が使われていることが多い。

これほど私たちの食生活に浸透している植物油だが、しかし、歴史的に振り返ると、日本人が日常的に油脂を食するようになったのは、食用植物油の供給が急増した戦後のことで、わずか数十年前に過ぎない。農林水産省がまとめた食料需給表は、１人１日当たり油脂類脂質供給量が100年の間に1.3グラム（1911～1915年平均値）から36.9グラム（2010年）へと30倍近くも増加したことを示している（表序－1、表序－2）。油脂増加の要因としては、戦後の経済成長および所得向上に伴う「食の西洋化」「食の高度化」によるも

表序－２　食品項目別の国民１人１日当たり供給脂質の量と割合（1911～1935年）

（単位：グラム）

	1911～1915 5か年平均		1921～1925 5か年平均		1931～1935 5か年平均	
穀類	4.1	31.8%	4.1	24.8%	3.8	25.2%
いも類	0.3	2.3%	0.3	1.8%	0.2	1.3%
ごま	-		0.3	1.8%	0.3	2.0%
豆類	5.4	41.9%	6.9	41.8%	5.0	33.1%
(1) **大豆**	5.0	**38.8%**	6.3	**38.2%**	4.5	**29.8%**
(2) その他の豆類	0.4	3.1%	0.6	3.6%	0.5	3.3%
野菜	0.6	4.7%	0.5	3.0%	0.5	3.3%
果実	0.1	0.8%	0.1	0.6%	0.1	0.7%
肉類	0.2	1.6%	0.3	1.8%	0.3	2.0%
鶏卵	0.2	1.6%	0.5	3.0%	0.7	4.6%
牛乳及び乳製品	0.1	0.8%	0.2	1.2%	0.3	2.0%
魚貝類（含鯨）	0.6	4.7%	1.3	7.9%	1.7	11.3%
海草類		0.0%		0.0%		0.0%
砂糖	-		-		-	
油脂類	1.3	**10.1%**	2.0	**12.1%**	2.2	**14.6%**
大豆油	0.0	**0.0%**	0.8	**4.8%**	1.2	**7.9%**
落花生油	0.0	0.0%	0.0	0.0%	0.0	0.0%
ごま油	0.1	0.8%	0.2	1.2%	0.2	1.3%
菜種油	1.2	**9.3%**	1.0	**6.1%**	0.8	**5.3%**
合計	12.9	100%	16.5	100%	15.1	100%

注　：この統計データは、明治以降、時代ごとに異なった体系で統計表章されていた原典を、農林水産省が現行の「食料需給表」の統計表章に可能な限りあわせるように組替え整備したものである。ここでは油脂類が植物性・動物性と分けられていないが、サブ項目名とその合計値から「油脂類」はほぼ植物油脂と判断した。太字は筆者による強調。

出所：農林大臣官房調査課（1976年）『食料需要に関する基礎統計』「主要項目累年統計表１人・１日当たり供給脂質」より作成。

のと一般的に説明される。農林水産省は「自給率の高い米の消費が減少し、飼料や原料を海外に依存している畜産物や油脂類の消費量が増えてきた」と説明している（農林水産省「平成28年度食料自給率について」)。食料経済学の教科書にも「食料自給率の低下要因としては、食生活の多様化・高度化により国内生産が絶対的に追いつかなかったこと、これはまた国内での供給が農地面積や立地的に制約を受けたこととも関連する」と記載されている（東京農業大学食料環境経済学科 2007：11-12)。つまり、経済発展し所得が増えると消費者は油脂や動物性食品を求めるようになり、その消費者の嗜好変化による需要増加に応えるため、原料を輸入して日本における油脂供給量を増加し、その結果食料自給率が低下したというわけである。

食料需給表の数値をより細かく確認してみよう。表序－１は、戦後日本における食品項目別の国民１人１日当たり供給脂質量、つまり、どの食品を通じて栄養成分としての「脂質」が供給されたかを示している[1]。一般的に脂身や脂肪としてイメージされやすい肉類や牛乳・乳製品など動物性食品から得る脂質量も増加してはいるが、供給脂質全体に対して一貫して最大割合を占め、その量も急増したのは、植物油脂から得る脂質であることがわかる。供給脂質全体量に対するその割合は表序－１で算出したように、1960年から10年ごとに30.2%、33.0%、37.9%、41.4%、44.5%、45.1%と増加した。表には含まれていないが2015年には供給脂質全体の46.4%と最高値だった（農林水産省『食料需給表』平成28年度版 pp.22-23）。つまり、私たちが食事から得る炭水化物・タンパク質・脂質の３大栄養素のうち、脂質の半分近くを大豆油やナタネ油、パーム油などの植物油脂から得ているといえるだろう。

では、戦前はどうだったのか。大まかな比較数値として、戦前の食料需給データから供給脂質の量と割合を表序－２に示した。

注目したいのは、1911～1915年に、供給脂質の４割近く（38.8%）を大豆から得ていたが、大豆油からはゼロだったことである。つまり、当時は大豆を食することで大豆に含まれる脂質を得ていたが、大豆を搾って油にした大豆油からは得ていなかったということである。大豆そのものから得る脂質供給割合は減少する一方、大豆油からは100年前のゼロから戦後には脂質供給全体の１割強（1970年に16.9%）にまで急増していることが注目される。脂質供給源が大豆か大豆油かという違いは、大豆という農産物の需給量に注目する農業経済学などの枠組み、あるいは脂質という栄養素を取り上げる栄養学などの研究では見落とされがちな点として重要である。実際には、脂質を含み持つ大豆を食することと、大豆油として抽出・製造された油を料理や加工

1　油脂（fat）には①食品の品目としての「油脂」（fat）、つまり、大豆油、サラダ油など（植物油脂）やラードなど（動物油脂）を示す油脂と、②栄養成分としての「脂質」（fat）、つまり、穀物や豆類、肉類など多くの食品に含まれる脂質分とがあり、混同されやすい。食料需給表においても、１人１日当たりに供給された純食料としての油脂のグラム数（①）と、供給栄養量としての脂質のグラム数（②）の統計データがある。表序－１、表序－２では、油脂（①）を含む食品項目別に、栄養成分としての「脂質」の量（②）を示している。

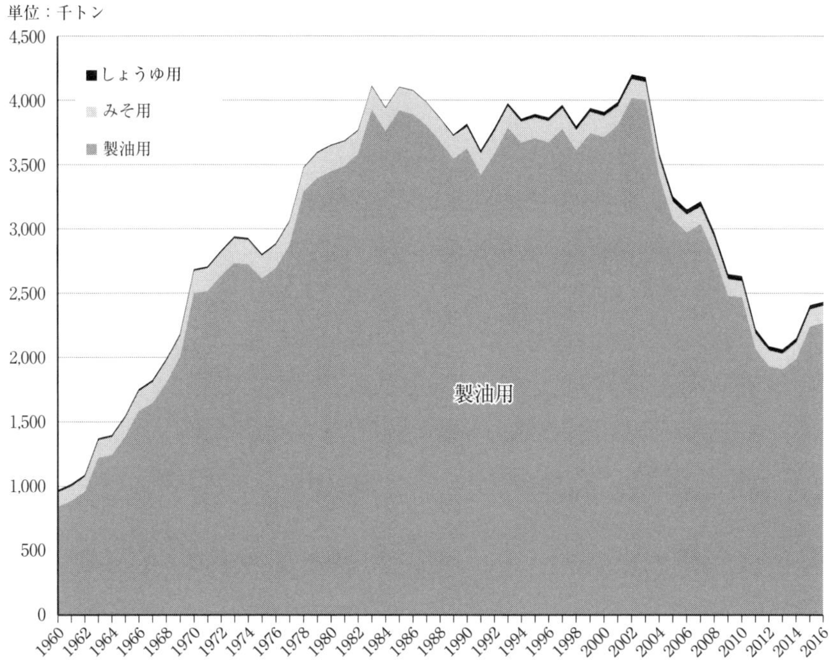

図序－1　日本における大豆加工用の用途別量内訳（1960～2016年）
出所：農林水産省『食料需給表（平成28年度版）』より作成。

に使った食品を食することとでは、その形状や物質的なモノの違いに加えて、関わる政治経済的な諸関係が大きく違っている。

なお、大豆というと醤油や味噌など伝統的な大豆加工食品が想起されることが多い。一般的な言説に限らず、研究文献にも大豆を日本の伝統的かつ基礎的な食料であることを前提とした議論が多く見られる[2]。しかし実際には、伝統的に大豆を食していた日本においても、戦後は、大豆加工の大部分は製油用だったことを図序－1は示している。製油用とは、大豆を破砕し、溶剤などで油分を抽出して、大豆油と大豆粕、さらには多種多様な製品を製造す

2　例えば、大豆と商社についてまとめた清水（2006）は、輸入大豆のほぼ100％が製油用であることに言及しながらも「日本の伝統的食品である大豆加工品の安定的供給は、商社の輸入業務に大きく依存して維持されている」（p.82）と記載しており、大豆は日本の伝統食品であるとの前提から脱せていない。同じように大豆輸入の増加を伝統的に大豆を食する日本の食料安全保障のためと前提する研究論文は国内外を問わず多い。その詳しい調査研究は将来の課題として取り上げたい。

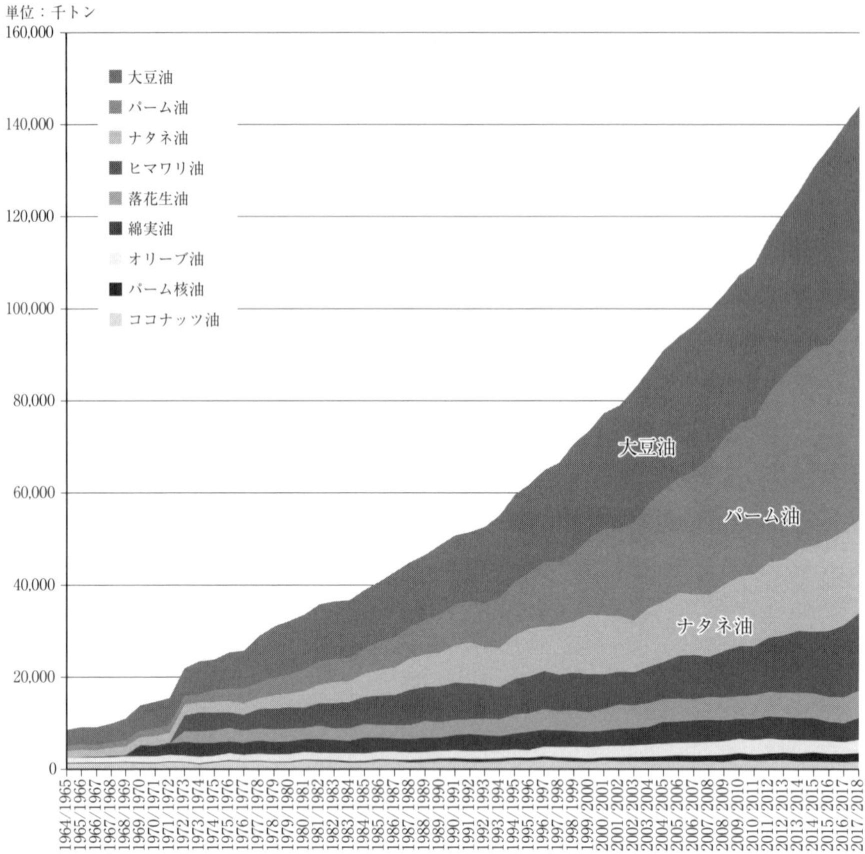

図序－２　世界における植物油の食用消費量の推移（1964～2018年）
注　：各植物油の「Food Use Domestic Consumption」値を使用。
出所：USDA Production, Supply and Distribution Online より作成（2019年１月）。

るための原料としての大豆を指す。

以上から、日本において大豆は古来より伝統的な食べものとして食されていたが、大豆「油」として食されるようになったのは1920年代で、今から約100年前に始まったことだといえるだろう。そのころ、ゴマ油やナタネ油などを少量は食していたが、戦後数十年の間に植物油の供給量も割合も急増し、脂質の約半量を植物油から得るようになった。このことからも、近代以降、植物油脂を重要な脂質供給源へと転化させた日本の歴史的事例は、研究対象として注目に値すると考える。

表序－3　大豆およびパーム油の生産・輸出・輸入上位国（2016/2017年度）

（単位：Thousand Metric Tons）

大豆					世界合計
生産	米国	ブラジル	アルゼンチン		
（量）	117,208	114,000	57,800		351,742
（割合）	33.3%	32.4%	16.4%		
輸出	ブラジル	米国	アルゼンチン		
（量）	61,000	58,513	7,000		144,986
（割合）	42.1%	40.4%	4.8%		
輸入	中国	欧州連合	メキシコ	日本	
（量）	91,000	13,800	4,200	3,200	142,318
（割合）	63.9%	9.7%	3.0%	2.2%	
パーム油					世界合計
生産	インドネシア	マレーシア			
（量）	34,000	18,750			62,167
（割合）	54.7%	30.2%			
輸出	インドネシア	マレーシア			
（量）	25,000	16,500			45,867
（割合）	54.5%	36.0%			
輸入	インド	欧州連合	中国		
（量）	9,000	6,500	4,900		44,136
（割合）	20.4%	14.7%	11.1%		

出所：USDA FAS Oilseeds：World Markets and Trade より作成。

近代以降に植物油の供給量を急増させたのは日本だけではない。世界に視野を広げると、植物油供給量は世界的に増加し続けていることがわかる（図序－2）。しかもこの植物油の増加は、原料をオイルパーム（アブラヤシ）、大豆、ナタネなど、わずか数種類の油糧作物に依存しており、さらに世界的に限られた数か国がこれら油糧作物の生産と供給の大部分を担っている（表序－3）。国連食糧農業機関（FAO）のデータにおいても、パーム油の世界供給量の85.4％（2012年）はインドネシアとマレーシアの2か国によって生産されており、その7割以上が輸出される世界商品となっている（輸出割合の最高値は2005年の83.0％）。大豆に関しては、世界供給量の70～80％が米国、ブラジル、アルゼンチンの3か国で生産されている（FAOSTAT 2015）。

輸入に目を向けると、現在、世界最大の大豆輸入国は中国であり、世界の大豆輸入量の6割以上を中国が占めている（表序－3）。中国とインドは近年、パーム油や大豆など植物油と油糧作物の世界的な輸入大国として台頭した。その理由として、やはり経済成長や所得向上に伴い「食の西洋化」「食の高度化」が進み、畜産物や油脂類の需要が増加したためと説明されている[3]。中国やインドが台頭する前には、欧州や日本が油糧作物の輸入大国だった。とくに日本は、欧州連合や中国よりはるかに人口が少ない国でありながら、FAOの統計によると1963年には世界の大豆輸入量の29.3%、1978年には世界ナタネ輸入量の60.8%を1国で占めるなど、油糧作物の世界的な輸入大国だった。

世界市場における全体量が増加しているため、量的には現在の中国の方がはるかに大量の大豆を輸入しているが、第二次世界大戦後、とくに1960～1970年代の世界市場においては日本の存在も大きかった（図序－3、図序－4）。なぜ、当時の日本がこれほどの油糧作物輸入大国となったのか。その政治経済的諸関係を解明することは有意義であろう。

1-2　把握困難な油の消費実態

このように、世界的に偏った供給体制に依存しながら、日本に限らず世界的に食生活に広く深く浸透し、かつ現在も増加を続けている植物油だが、その普及や増加の構造的な要因を分析した研究は国内外において数少ない。その背景には、原料も製品も多種多様かつ互いに代替可能という油脂の特質ゆえに数値データが不明瞭かつ入手困難な現状があると考えられる。

油脂は、動物性・植物性・鉱物性（石油由来）など多様な原料から生産可能であり、その抽出・精製・加工の方法や度合いによって多種多様な油脂および関連製品が作られる。また、原料も製品も異なる品目間で比較的代替可能なこともあり、そのときに安価で入手容易な物に代替されやすい。統計上でも「油脂」や「食用油」などとまとめて表示されることが多く、とくに消

3　中国とインドによる大豆とパーム油の輸入増加に関する政治経済学的分析は、筆者が修士論文で取り上げた。両国における植物油・油糧作物の輸入増加の背景には、WTOやIMFなどによる貿易自由化および規制緩和への圧力、日本・台湾を含む周辺国の海外投資政策の展開、および両国の外資誘致を含む経済成長戦略があり、これらの政策に促された食品産業や加工型畜産業の発展があったことを明らかにした(Hiraga 2012)。

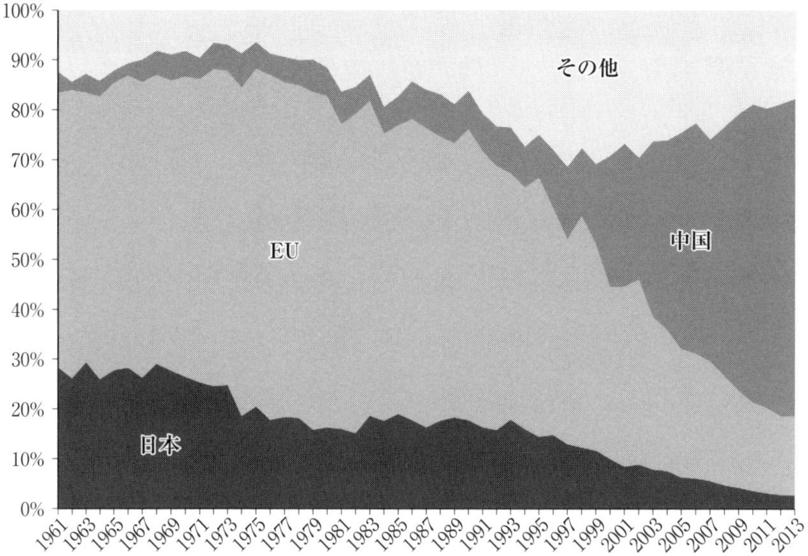

図序－3　大豆の世界輸入量に対する日本・EU・中国の割合（1960～2013年）
出所：FAOSTATより作成（2018年3月）。

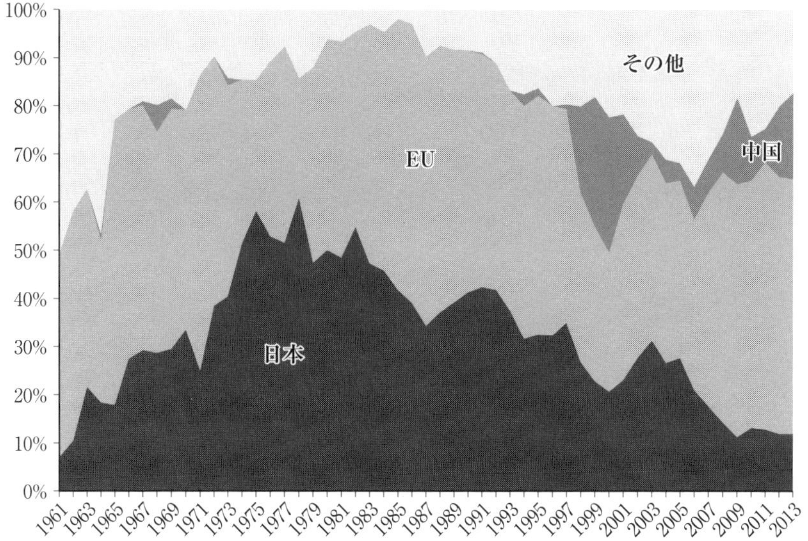

図序－4　ナタネの世界輸入量に対する日本・EU・中国の割合（1960～2013年）
出所：FAOSTATより作成（2018年3月）。

費サイドの数値データが不明瞭な現状がある。業界団体である日本植物油協会も「消費に関するマクロの統計はないのが現実」と認めているほど、植物油消費の詳細を数値的に把握することは難しい（日本植物油協会ウェブサイト n.d.）。

油脂に関する数値データの不明瞭性を示す例として、以下の実態も考えられる。

第一に、油脂の種別が植物性か動物性か、植物油なら大豆油かナタネ油かなど、その違いを明確には消費者も意識しないでいたり、勘違いしていたりすることが少なくない。一般的に日本人が食用油として思い浮かべるのは「サラダ油」や「天ぷら油」が多く、文献や記録にもこれらの名称が使われていることが多い。植物性油脂と動物性油脂の違いについても、かつてはマーガリンが「人造バター」と呼ばれたように混同の実態が垣間見られる。いわゆる「コーヒーフレッシュ」に代表されるように、乳製品（動物性食品）と思われながら実は植物油から作られている商品も少なくない。国民栄養調査においてバターと動物性油脂を「植物性食品」に計上していたという混同例も見られる[4]。

植物油についても、原料別に問えばナタネ油を思い浮かべる人が多く、パーム油を食しているとの認識は薄い。しかし実際には、現在日本において消費されている食用油脂として、１位はナタネ油（41%）だが、２位にパーム油（22%）、３位に大豆油（16%）と農林水産省は推計している。消費者の認識と実態が異なる理由として、ナタネ油は商品名などにナタネと明記されたものを消費者が購入して食することが多いが、パーム油はマーガリン類やショートニング、そして「その他加工用」、つまり、マヨネーズやドレッシング、スナック菓子など様々な加工食品の原料に使われる割合が高いため、消費者が認識しないまま食していると推測される（図序－５）。

第二に、油脂の種別の不明瞭さに加えて、食用油が消費者の家庭で使われ

4　厚生労働省健康局「国民健康・栄養調査報告」をまとめた総務省統計局掲載の日本の長期統計系列 24-1「国民の栄養摂取量」の注意書きには、動物性食品について「昭和 58 年以降は，バター及び動物性油脂を含む」、植物性食品について「昭和 58 年以降は，バター及び動物性油脂を除く」とある（最終確認：2018 年３月）。

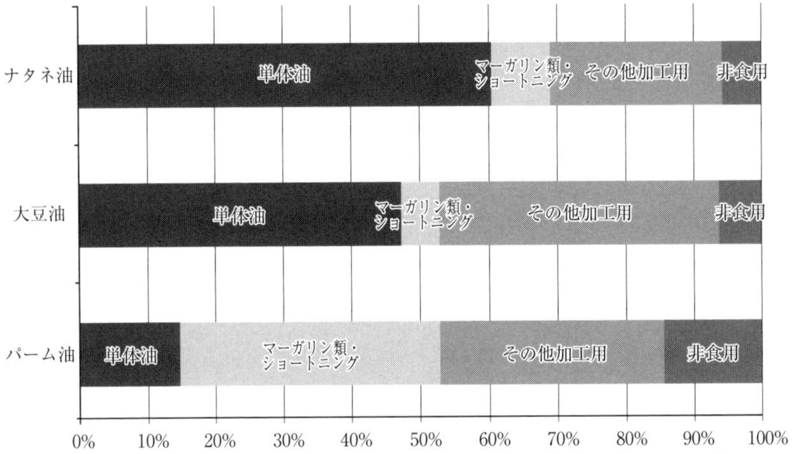

図序－５　日本におけるナタネ油・大豆油・パーム油の用途別割合（2014年油脂消費実績）
出所：農林水産省『我が国の油脂事情（2015年版）』より作成。

表序－４　国内向け植物油容器量別需要

（食用､2014年）

	原油(1,000t)	割合
家庭用	396	17%
業務用	580	25%
加工用	1,347	58%

出所：農林水産省『我が国の油脂事情（2015年版）』p.97より作成。

ているのか、外食産業によって使われているのか、食品加工業によって加工調理もしくは原料として使われているのかなど、その利用の実態も数値データによって把握しきれていない。行政や油脂業界は、実際の利用形態別消費量を追跡把握する代わりに、販売時の容器量によって家庭用・業務用・加工用別の消費量を測る目安としている。具体的には、植物油を販売する時の容器の容量が8kg未満のものを家庭用、8～16.5kgのものを業務用、16.5kgを超えるものを加工用と分類している。その内訳は表序－４の通りである。

この分類によると、家庭用17%に対して、業務用25%、加工用58%の需要があると算出される。これにより、消費者がサラダ油や天ぷら油として家庭で料理に使う量より、はるかに多い量の植物油を加工食品産業や中食・外食産業などの事業者が業務用もしくは加工用として使っていると考えられる。実際には、個人店舗など零細企業体も多い食堂や加工業者は8kg未満の容器の油を購入する場合もあるため、業務用・加工用はさらに多いかもしれないとすると、この「需要」データも出荷形態による推測の域を得ない。

第三に、近年は油脂を原料および調理に使う加工・中食・外食が増え、しかも原料（農産物）の生産から一次加工、二次加工、さらに調理や外食サービスが加わるなど消費されるまでの工程が複雑化している。また原料や中間商品が輸出入されるなど工程がグローバルに展開しているため、その消費実態の把握はますます複雑になっている。そのため、以下のように既存の統計体系が実態に対応しきれていない傾向すら見られる。日本では、植物油の生産量と在庫量は農林水産省が製油企業からの報告に基づき取りまとめており、輸出入量は財務省の通関統計で数値データを得ることができる（ただし流通段階の在庫量は把握されていない）。また、いわゆる「植物油の消費量」は「植物油の生産量＋輸入量－輸出量±在庫量の増減」の式で算出できるとされるが、これは実際には消費量というより市場に出回ったと推定される供給量を意味している。またこの数値には、直接食されるものだけでなく、産業部門の原料として供給される数量が含まれている（日本植物油協会ウェブサイト n.d.)。

実際の消費の実態を数値的に把握することは困難であるため、「需要量」や「消費量」などと表記された数値データも、実際は植物油の供給量である可能性が高い。油脂の「消費量」と見なされがちな供給量、購入量、摂取量の数値データを比べると、図序－6のようにかなりの乖離があり、とくに近年広がっている傾向が見られる。つまり、農林水産省が算出した「供給量」は増加しているものの、消費者が購入する食用油の「購入数量」は減少しており、そして、消費者が食した食品からその摂取量を推計する国民健康・栄養調査による脂質「摂取量」は頭打ちとなっている。一般的には「需要」や「消費量」として捉えられがちな油脂の供給量、購入量、摂取量の三者は実際にはそれぞれ異なる数値であり、とくに近年はこれらの数値データが互いに乖離しているといえるだろう。その背景には、消費者が自ら購入して意識的に消費する家庭での油脂利用量が減少し、逆に加工食品・中食・外食を通してあまり意識しないまま消費する油（いわゆる「隠れ油」）が増加していること

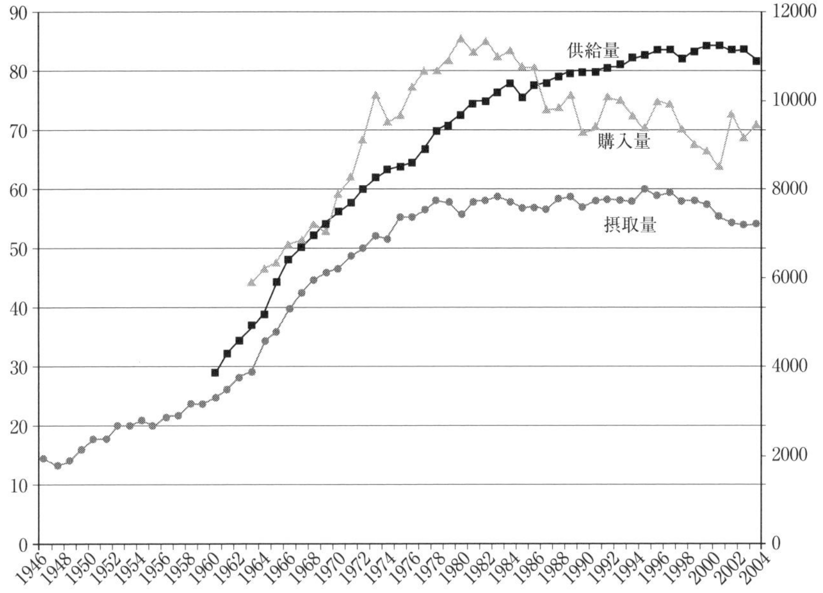

図序－6　油脂の供給量・摂取量・購入量の統計間の乖離

注　：左軸は供給量・摂取量（１人１日当たり量、単位：グラム）、右軸は食用油購入量（１世帯当たり年間購入量、単位：グラム）。それぞれ以下の値を用いた。「**供給量**」＝農林水産省『食料需給表』平成25年度版における項目別累年表２「国民１人・１日当たり供給脂質」の合計値。「**摂取量**」＝厚生労働省健康局『国民健康・栄養調査報告』長期統計より、国民の栄養摂取量１人１日当たり（合計熱量、タンパク質・脂肪・炭水化物）における「脂肪」値。「**購入量**」＝統計局統計データ『日本の長期統計系列』第20章「家計」より「1世帯当たり年間の品目別支出金額及び購入数量（二人以上の非農林漁家世帯）－全国」における「食用油」値。

出所：農林水産省『食料需給表（平成25年度版）』、厚生労働省健康局『国民健康・栄養調査報告』長期統計、統計局統計データ『日本の長期統計系列』第20章「家計」より作成。

が考えられる。さらに食材や中間原料が輸出入され生産工程がグローバルに展開しているため、従来の生産や貿易に関する統計データが現在の食料システムにおける実態を正しく反映できていないことが考えられる。

このように、現在でも油脂の消費実態に関して数値データからその全体像や構造を分析することには困難が伴う。さらに歴史的な文献においては「需要量」や「消費量」と記載された数値も実際には供給量など異なるデータを示している可能性も高い。また、近年まで原材料を正しく明記することを求める表示制度もなく、戦前や戦中の統計には正確さが疑われるほど激しく増減している数値も少なくない。さらに、油脂が重要軍需品として扱われた戦時中の文献では、その生産量など詳細を伏せ字にしたものもある（例えば、豊年製油 1944）。このような油脂の特質により、数値データに基づいて油脂の種別や用途別消費に関する歴史的変遷を分析することはきわめて困難であり、また、入手可能な数値のみを分析しても全体像を正しく明らかにすることはできないだろう。

とくに消費側における数量的な実態把握が難しく混乱が見られることも、植物油が先行研究において見落とされていた要因と考えられる。しかし、日本でも世界的にもこれほどまでに植物油の生産や消費が急増し、日常の食生活に広く深く浸透している実態を考えれば、植物油を取り上げる意義は明確だろう。本書では、これらの問題を克服するためにも、可能な限り数値データを参照しつつ、より政治経済学的なアプローチから植物油増大の構造に迫ることを目指す。

2　農業・食料への政治経済学的アプローチ

本節では、資本主義的発展に伴う「食」の変容に迫る考察をおこなうため、国内外における農業・食料の社会科学的な研究潮流を整理して、本書の理論的枠組みを検討したい。

今日、農の生産現場から食べものが消費されるまでの距離が広がり、その間に様々な政治経済的諸関係が入り込み、企業戦略や政策決定、国際的な貿易協定、さらには資本主義の新段階といわれる金融化などが食料システムに影響を与えている（Clapp 2014）。「食」の選択について、消費者個人の嗜好に加えて社会構造も大きく関係しているとの認識が欧米の研究者を中心に広がっている。例えば、高カロリーかつ低栄養な食事による肥満増加の背景には、肥満を促す食環境が社会にあり、近年ではその構造が他国へ輸出されている（"exporting obesity"）ことが議論されている（Clark *et al.* 2012）。また、「食」を扱う研究は、食品科学や栄養学など食品そのものの問題（problem *of* food）に限定されることが多いが、人々の「食」に影響を与える様々な問題（problem *around* food）を含めて取り組まれるべきとの指摘もある（Kimura 2013: 171）。

表序－5　食料政策の対象および焦点の変化

1970年代頃までの古い食料政策		2000年代頃の新しい食料政策
農業	→	加工食品
家庭での料理や食事	→	外食・中食
農村	→	都市
栄養素やカロリーの不足	→	油脂や砂糖の摂り過ぎ
農民	→	都市部の貧困層
水不足や自然災害による困難	→	国際食料価格・貿易や低所得による困難

出所：Maxwell and Slater（2003）および Lang *et al.*（2009：27）によるまとめを筆者が抽出訳。

食べものや食生活の実態が変化するにつれ、食料政策（food policy）の対象や課題が農業・農村の問題から、加工食品・小売・外食や都市部における消費の問題へ移行したとする議論もある（表序－5）。

このように、農業・食料に関わる諸関係を含めた食料システムを解明するため、欧米の学術界では農業から「食」に主眼を移した研究が、経済学、社会学、地理学など幅広い分野において展開されている。

資本主義的発展による「食」への影響を明らかにする理論的枠組みを検討するため、本節はまず、日本における農業・食料の社会科学的先行研究とその限界とを整理する。次に、欧米で1980年代以降展開され、日本の研究にも影響を与えた「農業・食料の社会学」のうち、資本主義との関係や農業食料関連企業（アグリフードビジネス）に注目した先行研究の潮流をレビューする。とくに食と資本主義の歴史を解明するフードレジーム論に注目し、そこで用いられた「農業・食料複合体（agri-food complex）概念」を本研究に有効な分析概念と考え、その特徴と限界を詳しく検討する。

2-1　日本における農業・食料の社会科学的先行研究

日本では戦前から戦後にかけて、マルクス経済学が農業の社会科学的研究にも影響を与えた経緯がある。講座派と労農派による日本資本主義論争においても農業や農村の問題が取り上げられ、マルクス経済学が農業経済学にも影響を与えながら、「専ら『農業における資本主義的生産関係の発展』という視点から農業資本主義化（＝農民層分解）を把握しようとした」経緯があった（久野 2008：82）。農業の資本主義化をめぐる議論に加えて、外から農業へ影響を与える市場や産業へも視野を広げた農業市場論も体系化された（三島 2005）。そこで対象とされたのは、農産物市場、農家購買品市場、農村労働市場、農村金融市場、土地市場などであり（三島 2005：vi）、主眼はまだ農業や農村へ置いたものが多く、市場での支配的経済主体も一国レベルの独占資本として捉えられていた（久野 2008：82）。近年ではより幅広く「川上」の農漁業から「川中」の食品製造業・食品卸売業、「川下」の食品小売業・外食産業、そして最終需要者として「湖」の食料消費を繋げ、さらに関連の諸制度・行政措置・各種の技術革新などをも対象とするフードシステム研究（白石 2003：1）も展開されている。しかし、それらは産業組織論や農産物流通論などの視点から展開されてきたこともあり、一定の企業群や部門に焦点を当てた、メソ・レベルからミクロ・レベルの分析が中心であると指摘されている（立川 2003：13）。

一方、経済過程（産業分析）と政治過程（政策分析）の接合を志向する政治経済学アプローチ（久野 2008：83）からは、1980 年代に欧米で展開された農業・食料に関する社会科学的研究（後述）を導入したアグリビジネス論が盛んになった（中野編 1998; 中野・杉山編 2001; 中野・岡田編 2007; 大塚・松原編 2004; 農業問題研究学会 2008 など）。様々な国や地域を対象に多国籍アグリビジネスの動向が取り上げられ、「資本による農業・食料の包摂」の実態が分析された。しかしながら主眼は国別や地域別の農業構造分析や農業政策分析など、やはり農業や農村を主な対象としているものが多い（久野 2008; 中野 1998）。また取り上げられた事例も、「巨大穀物商社」「穀物メジャー」と呼ばれる欧米系の多国籍企業の海外での動向や、これら欧米系企業の日本への進出に関するものが多かった[5]。他方、総合商社など日本の大資本による農業・食料への関与を取り上げた研究は、戦後の高度経済成長期に顕著化した食品コンビナートや畜産インテグレーションを対象としたもの（宮崎 1972 など）、

5　日本語による「穀物メジャー」に関する先行研究については、文献ごとのレビューも含めて小澤（2010, 2011, 2013, 2015）がまとめている。ただ、小澤は穀物メジャーを狭義の意味で捉えている傾向があり、垂直的・水平的統合により幅広い展開をおこなっているアグリビジネスとは区別している。

もしくは、近年のグローバリゼーションにおける海外進出の事例研究（大塚・松原編 2004 など）があるが、戦後もしくは近年の動向のみを対象にしたものが多い。

これら日本学術界における先行研究には、農業に「食料」を併記したものや「フード」と銘打ったものもあるが、基本的には農業や農村に主眼を置いた研究、もしくはコメや大豆など農産物を対象とした研究が多い。「食」に主眼を置いた社会科学的研究はまだほとんど見られず、日本の「食と農の社会学」はようやく緒に就いたところだと指摘されているほどだ（立川 2014：14）。そのため、「食」に主眼を移した研究を展開してきた欧米と日本には、その視座や研究蓄積に大きな差がみられる。

2-2 欧米における「農業・食料の社会学」の誕生と展開[6]

米国の学術界においても 1970 年代までは「食＝農＝農村」と認識されており、「食」の問題とは農業生産の問題であると考えられていた。当時米国の農業経済学は近代経済学の方法論をベースとしており、かたや農村社会学はコミュニティ研究や社会心理学研究が主流だった。

しかし、戦後の農業近代化や大規模化による生産量の増加にもかかわらず飢餓問題が続いたことから、食料問題は土地や生産量の不足ではなく、より構造的な諸関係によって引き起こされていることが指摘され始めた（Lappé and Collins 1979＝1982; Lappé *et al.* 1998; George 1977＝1984 など）。さらに、まだ冷戦中の 1972～73 年に、米国から旧ソ連へ大量の小麦や飼料穀物が売却され、小麦、大豆、飼料などの価格暴騰を引き起こした「大掛りな穀物奪取（great grain robbery）」が起こった（Morgan 1979＝1980：15）。世界の穀物市場を大混乱に陥れたこの巨大取引が、米国政府も把握できないまま数社の民間穀物商社によっておこなわれたとして、カーギル、コンチネンタル、ルイ・ドレフュス、ブンゲ、クックなどの「巨大穀物商社」に注目が集まった。ジャーナリストたちによって、これらの穀物商社が 19 世紀頃から欧州・

6　欧米の先行研究に関しては、原文の文献に加えて、立川（2003, 2013, 2014）、記田（2006, 2007）、久野（2008）、磯田（2016a）など、日本人研究者によるレビューも参照した。

北米間の小麦やアマニ（亜麻仁）、砂糖など、穀物・油糧種子の貿易事業を展開していたこと、第二次世界大戦後には農業大国となった米国を中心に、余剰農産物を食料援助として海外市場に輸出する国策事業によっても急成長していたことが明らかにされた（Trager 1973＝1975; Morgan 1979＝1980; Gilmore 1982＝1982; Kneen 1995＝1997 など）。

農業・食料分野における矛盾が噴出し、穀物商社をはじめとするアグリビジネスの影響力が表面化したことに加えて、1970 年代後半には米国の農村社会学分野にマルクス主義的な観点が導入されたことから、従来の農村社会学とは異なる「新しい農業社会学」、「農業・食料社会学（Sociology of Agriculture and Food）」分野が誕生した（Friedland *et al.* 1991; Bonanno 2009; 立川 2013：245）。戦前からマルクス経済学が農業研究にも大きな影響を与えていた日本と異なり、米国ではこの頃までその影響は薄く、遅ればせながら 1970 年代後半からマルクスやカウツキー、ウェーバーなどの書籍が英訳され広まった。そして「再発見」された古典に理論的影響を受けながら「新しい農業社会学」が形成された。そこでは、農業や食料供給システムが経験していた大きな転換の中で、どのような政治経済的力学が働いているのか、あるいはその変化に対してどのような対抗的方策を関係主体が講じようとしているのかが盛んに議論され、フードレジーム論、商品連鎖分析、アクターネットワーク分析など、マクロからメソ、ミクロ・レベルまで様々な理論的枠組みが構築された（Buttel *et al.* 1990＝2013; Buttel 2001; 立川 2003：10）。

多方面に展開された理論や実証研究のうち、とくに資本と農業・食料との関係に取り組んだ３つの研究潮流を次に概観する。それぞれ農業・食料に関わる諸関係を明らかにするためレタスや畜産物など特定の商品を対象とし、その生産から消費までの商品連鎖を扱っているが、研究の目的や成果が大きく異なることに注目したい。

2-3 資本による農業の包摂
——商品システム分析

まず第一に、農業生産への資本の関わりや、農業生産の資本主義的発展についての研究潮流がある。従来農業とは、農民自身が作物の生産からその保存・加工、必要に応じて販売までを一貫して手がけていた。農民は、農作物だけでなく、農業に使う道具や肥料なども自分で作り、多くは種子も自分で採種し、関連の知識も自ら蓄積し世代を通じて継承していた。すなわち、農業とは自立した営みだった。

しかし、工業的・資本主義的発展に伴い、農業は大きく変容していった。資本（工業）による農業の包摂として、「占有（appropriation）」と「代替（substitution）」の概念がグッドマンらによって提示された（Goodman *et al.* 1987）。すなわち、農業の直接的生産過程（農作業）を農民の手に残したまま、土壌や作物栽培の有機的な管理が化学肥料や農薬、ハイブリッド種子など工業的生産物（商品）に置き換えられるなど、農業生産過程が資本による工業生産システムによって分断され「占有」される現象が指摘された。さらに、動物油脂が植物油脂に、砂糖が異性化糖に「代替」される現象も着目された。自然条件や地域性によって限定されていた原料を、より大規模に工業的に製造・加工できる物質に代替することによって、資本は特定の動植物原料に依存した硬直的な需給構造を克服するとともに、原料の個別性に制約されない均質な製品の量産体制と安定的供給を可能にした。資本主義的な農業生産過程では、道具や農業資材・種子は外部で工業的に生産された製品を市場で、あるいは農産物の販売先等の契約企業から購入し（Kloppenburg 2004）、農業知識も大学・研究所や企業など外部から導入し（Lacy and Busch 1983）、生産した後の作物は別の業者（多くは企業）が貯蔵・加工して販売する。こうして農民から切り離された部分は、農業機械会社、農薬会社、肥料会社、種子会社など企業の手に渡るという、資本による農業生産や農民への影響が解明された（図序－7。Friedland *et al.* 1981; Friedland 1991）。

農業が資本主義的性格を強めるとともに、農（farming）は農業（agriculture）へと変化し、農産物は市場へ販売される商品へと商品化（commodification）された。そして、人々が食する「食べもの（food）」だった農産物は工業へ供給される「原料（raw materials）」へと転化し、農民は「食」を生産する自立した存在から、資本が率いる工業へ原材料を供給する者へと転じたことが議

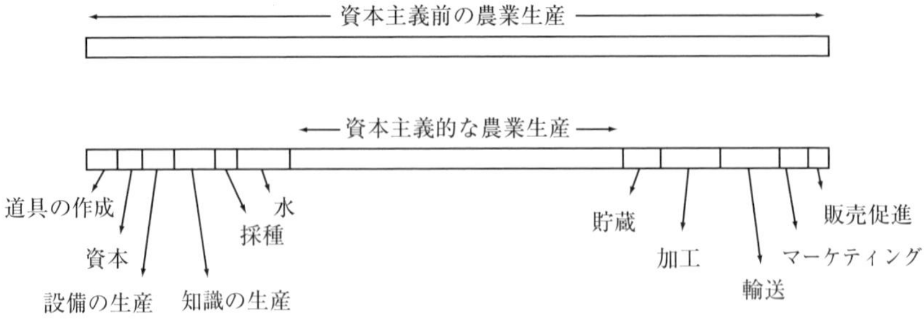

図序－7　資本による農業の包摂と労働の変化
出所：Friedland *et al.* (1981：16) より筆者翻訳作成。

論された (Bernstein 2010)。

これらの概念に基づき、フリードランドらはカリフォルニア州におけるレタス生産とトマト生産とを比較分析し、1981年に『Manufacturing Green Gold (緑色の金の製造)』を出版した。副題の「Capital, Labor, and Technology in the Lettuce Industry (レタス産業における資本・労働・技術)」が示しているように、生産方式、生産者組織、労働管理の方法、科学技術研究とその適用、マーケティング・流通方式などに注目して、資本や技術が農業の生産現場や農民・労働者にどのような影響を与えたかを明らかにした (Friedland *et al.* 1981; 立川 2003)。

このような社会学や政治経済学のアプローチから生産手段と生産をめぐる社会的諸関係を分析する手法を、フリードランドは「商品システム分析 (Commodity Systems Analysis)」として提起した (Friedland 1984)。商品システム分析には、その対象の規模によって①栽培、加工、労働、流通など生産の一部分を扱う「セグメント (segment)」分析から、②1品目の1つの流れを追う「コモディティチェーン (commodity chain)」分析、③1品目を対象としながらより広い生産から消費までのネットワークを扱う「コモディティシステム (commodity system)」分析、そして④1品目を対象としながら、その世界的な展開を扱う「フィリエール (filière)」分析があると分類した (Friedland 2005)。①セグメントや②コモディティチェーンを扱う研究は多いが、より規模の大きな③コモディティシステムとしては、フリードランドらのレタスの研究のほかに、文化的な影響も扱ったオーストラリアの鶏肉の研究（Dixon 2002）、そして④のフィリエール分析として加工トマトの世界的な生産体系に関する研究（Pritchard and Burch 2003）などがある。

2-4 アグリビジネスによる垂直的・水平的統合 ——企業クラスター分析

第二に、1970年代初頭の「大掛かりな穀物奪取」によって表面化した、巨大穀物商社などアグリビジネス群の調査分析も盛んに取り組まれた。米国ミズーリ大学の研究者を中心に、企業の合併・買収など各種企業情報から農業食料産業における企業の集中度およびその構成が具体的に調べられた。特定の商品を生産（川上）から消費（川下）までたどりながら、しかし、1つの商品を線上にたどるだけではなく、関連産業も視野に入れた「商品コングロマリット分析（commodity conglomerate analysis）」が試みられた（Constance and Heffernan 1994; Bonanno 2009）。これらの研究は「企業クラスター分析」とも呼ばれる（立川 2003：22）。これにより、1つの企業もしくは企業グループによって生産から消費まで掌握する「垂直的統合」と同時に、関連産業に幅広く多角事業展開する「水平的統合」による市場支配力の集中が明らかにされた。図序−8はその一例として、1999年当時のカーギルとモンサントを中心としたクラスターを示している[7]。垂直・水平両方向に展開されていた企業群を体系的に調査することで、コナグラ、カーギル、アーチャー・ダニエルズ・ミッドランド（ADM）、フィリップ・モリスやタイソンなどの企業は、穀物商社と食品産業が巨大な企業クラスターを構築し、大豆やトウモロコシの集荷・倉庫・エレベーター事業から、飼料製造、養鶏、屠殺・パッキングまで、しかも鶏だけでなく豚・牛・羊・七面鳥など幅広い分野に支配力を広げ、その配下に農業を従えている構造が明らかにされた。1990年代にはカーギルとモンサント、ADMとノヴァルティス、コナグラとデュポンなど、巨大資

7　この図は調査時の両社の戦略的提携関係を図示したものであり、大手企業間で恒常的なグループ分けがなされたわけではない。これらの企業は提携相手を柔軟に変えながら、場合によって重なりながら、現在も垂直的・水平的統合を広げている。

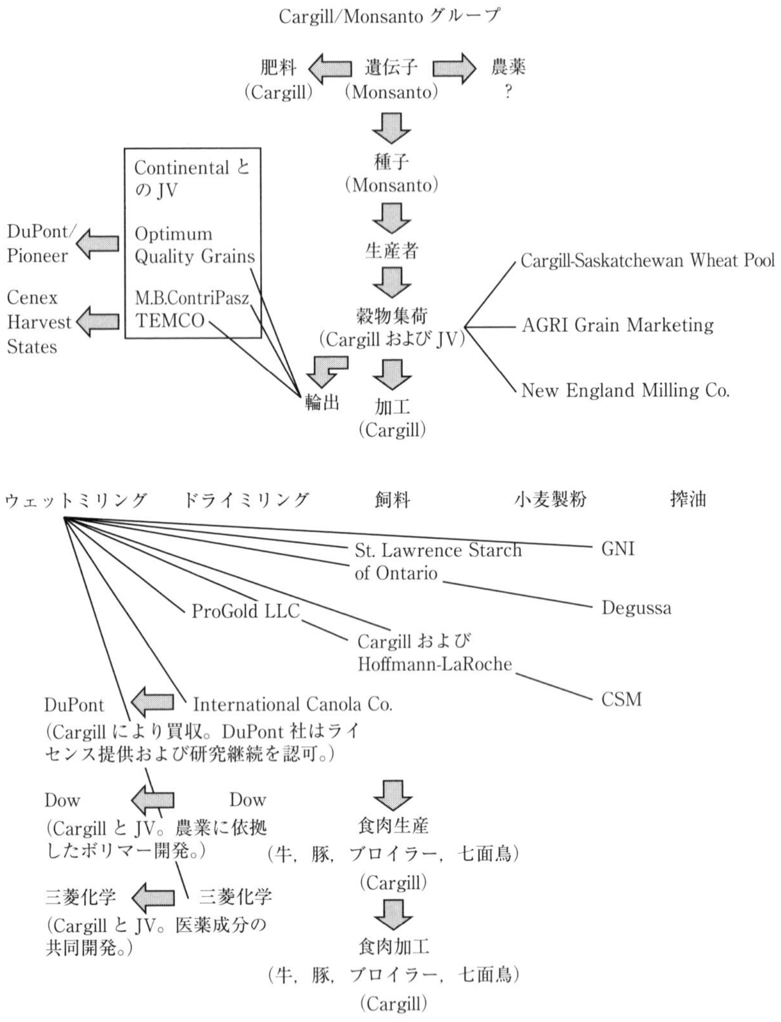

図序－8　カーギルとモンサントグループにおけるジョイント・ベンチャー（JV）および戦略的提携
出所：立川（2003：56）より転載。原資料は Heffernan *et al.*（1999）。

本同士がそれぞれ戦略的提携を通じて巨大な企業群を構成し、飼料となる大豆やトウモロコシの種子・遺伝子、肥料・農薬など農業資材から、穀物集荷・輸出、加工、畜産、食肉加工等に至るまで、食料システムの全体に強大な影響力を行使していたことも明らかにされた（Constance and Heffernan 1994; Heffernan *et al.* 1999; Hendrickson and Heffernan 2002 など）。これらの、農業・食料社会学からの研究は、産業構造や市場集中度を調べるだけでなく、巨大な企業群が、農業構造、農場における移民労働者、そして農村コミュニティにどのような影響を与えているかを念頭に分析されているのが特徴的である（Bonanno 2009）。

2-5 食と資本主義の歴史
――フードレジーム論における農業・食料複合体

資本が農業を包摂して影響を与えている現状を明らかにした上記２つの研究潮流に対して、より歴史的かつ政治経済学的なアプローチとして、農業と食料を世界経済における資本蓄積体制の形成・発展・変容の核心部に位置づけたのが「フードレジーム（Food Regime）」論である[8]。従来の経済学（政治経済学）では、農民層分解や農工間分離など、農業と工業を対立させて考える傾向があった。また、開発・発展をめぐる論争は世界的に展開する資本をいったん切り離し、国家・国民経済を分析単位にとらえるのが一般的であった。対して「世界資本主義論一般の中に農業や食料の部門を位置づけようとし」たところにフードレジーム論の特徴がある（記田 2006：192）。

近代化の始めから国境を越えて展開していた世界経済と国民国家の成立を農業・食料から捉え直すために、フリードマン（H. Friedmann）とマクマイ

8　Friedmann and McMichael（1989）がその中における農業の意義を探った「the capitalist world economy」（資本主義的世界経済）とは、世界システム論などが取り上げた「世界経済」を想定していると考えられるが特定はされていない。本書では、国民経済を超えた世界的規模での経済との意味で「世界経済（world economy）」の語を用いる。また「レジーム」の語もフードレジーム論者によって明確に定義されていないが、本書は久野（2008）がまとめた「『レジーム』とは、国家戦略・企業戦略・社会運動の絡み合いを通じて形成される、資本蓄積のあり方を調整する枠組み」（p.87）との定義に基づく。

ケル（P. McMichael）は1989年に論文「Agriculture and the State System: The rise and decline of national agricultures, 1870 to the present（農業と国家システム：国家農業の盛衰、1870年から現在まで）」を発表した。

ウォーラーステイン（I. Wallerstein）による近代世界システム論と、アグリエッタ（M. Aglietta）らによるレギュラシオン理論を参照しながら、フードレジーム論は資本主義の始まりから現在に至るまで、基礎的な賃金財である食料の世界的な調達（生産・供給）体制の確立を通じて資本蓄積体制が調整された過程を整理し、次のレジームを画定した。まず、第1次フードレジーム（1870〜1914年）は、米国・豪州などいわゆる新大陸植民地（settler-states）において世界市場へ出荷する商品（世界商品）として小麦が生産され、その小麦が安価な食料として英国などに輸入され、産業革命と資本主義的発展を進めていた欧州諸国で賃労働者を養うという国際的分業＝貿易体制を示している。その後、両大戦間期のレジーム危機＝移行期を経て、第二次世界大戦後には新たな覇権国となった米国を中心とする第2次フードレジーム（1947〜73年）が形成された。冷戦の時代に米国で過剰生産された小麦や大豆が主に「食料援助」として戦略的に日本や途上国に大量に輸出された（Friedmann and McMichael 1989）。

しかし1970年代になると、穀物価格危機とブレトン・ウッズ体制の終焉を機に第2次フードレジームは危機を迎えた。それに代わるレジームについては、論者によって「第3次フードレジーム」または多国籍企業がグローバルに事業展開する「グローバル・コーポレート・フードレジーム」（McMichael 2005）などの形成を提起するものもあるが、その有無や特徴をめぐってまだ論争が続いている。さらに、近年の「農地収奪（land grabbing）」と呼ばれる大規模農地取得や農産物商品先物取引への投機的資本の流入など「農業・食料の金融化」（Burch and Lawrence 2009; Clapp 2014）をめぐる議論や、農業・食料が資本の投資・投機・技術革新の中心になってきたとの議論（Friedmann 2016）などが加わり、「食と資本主義の歴史（food and capitalist history）」（McMichael 2013）を課題とするフードレジーム論は今なお多くの研究者の関心を集めている[9]。

フードレジーム論では、国境を越えた農業と資本、農民・企業・労働者・消費者の複合的な関係に注目するため「農業・食料複合体（agri-food complex)」というサブ概念が提起され、とくに次の３つの複合体が提示された（久野 2008：88; 中野編 1998：4-7 によるまとめ）。以下、本書では、農業・食料複合体を二重山カッコ《》で表記する。

- 北米の入植者家族農家が世界市場へ出荷するために生産した小麦をめぐる「小麦複合体」《小麦生産→穀物エレベーターによる集荷・保管→製粉→パン・パスタ・シリアル等の小麦製品の生産・販売へと連なる連鎖》。
- とくに第２次フードレジーム期に急成長した大豆・トウモロコシを飼料とする畜産をめぐる「家畜＝飼料複合体」もしくは「大豆・トウモロコシ・畜産複合体」《大豆・トウモロコシ等の飼料作物生産→集約型・加工型畜産（繁殖→フィードロットでの肥育）→屠畜・枝肉処理→食肉の加工・販売へと連なる連鎖》。
- 当時のフォード主義的な社会統合のあり方を象徴する耐久消費財のように「耐久食品」（＝加工食品）が大量生産・大量消費される「耐久食品複合体」《大豆・トウモロコシ等の油糧作物や果実・野菜などの生産→それらを原料とする加工・冷凍食品の生産・販売へと連なる連鎖》。

これらフードレジーム論で用いられた複合体の概念は、他の商品連鎖分析と同一視されることもあるが、大きく異なるものである。そこで以下では、本書が注目するフードレジーム論における複合体概念を、その他の食品連鎖研究と比較しながら整理し、その特徴（強み）と限界を検討する。

9　例えば、*Journal of Peasant Studies* は 2016 年（43 巻 3 号）において、バーンスタイン（Bernstein 2016)、フリードマン（Friedmann 2016)、マクマイケル（McMichael 2016）による議論を特集した。

2-6 農業・食料複合体のダイナミクス

特定の農産物もしくは食品の生産から消費まで、いわゆる「商品連鎖」を取り上げることは、農業・食料分野以外でも様々な研究分野においておこなわれている[10]。では、フードレジーム論で提起された農業・食料複合体の概念は、他の商品連鎖分析とどのように違うのか。

商品連鎖分析には、対象とする商品を扱う企業間での力関係や、より付加価値の高い部門への移動を目指すための分析など、対象とする連鎖（チェーン）の線上における主体間の関係に注目した研究が多い（注10参照）。それらに比べると本節で確認した農業・食料の社会学における商品システム分析や企業クラスター分析は、生産から消費までの商品連鎖を取り上げることにより、アグリフードビジネスなど資本が農業資材や種子など生産の入口から屠殺・一次加工・出荷など出口までを掌握している構造を示し、その中に農業が組み込まれ、農業生産者、とくに家族農家や農村社会の弱体化が促されていることに注目している（Friedland 1984; Bonanno 2009）。つまり、社会への影響も視野に入れながら、主眼は特定の企業群・産業部門に焦点を当て、「川上から川下に到るまでの商品や主体を媒介項とした連結構造や結合関係を明

---

10 農業・食料分野に限らず、特定の商品に注目し、その生産（川上）から消費（川下）まで調べる「商品連鎖分析（commodity chain research）」には、その研究分野や目的によって研究手法や成果に幅広い違いがある。Bair（2005）は商品連鎖研究を①世界システム論の商品連鎖分析、②グローバル商品連鎖（Global commodity chains）、③グローバル価値連鎖（Global value chains）の３タイプに分けて整理している。①はHopkins and Wallerstein（1977）が「商品連鎖」の用語を使い始め、商品連鎖分析によって、世界 - 経済の中核・周辺の間で国際労働分業を構築かつ再生産していることを明らかにすることを目的としている。②はGereffi and Korzeniewicz（1994）から始まり、組織論からのアプローチで連鎖上における企業レベルでの力関係や管理関係に注目している。そして③はHumphrey and Schmitz（2000）が国際ビジネス研究から、グローバルに展開する生産ネットワークを分析し、とくにチェーン上のより付加価値の高い部門へアップグレードすることを目指す政策決定に使われている。これらに加えて、グローバル・ヒストリーのひとつの研究手法として、とくに南米やアジアなどにおいて、生産活動や現地商人など現地からも商品連鎖に向かって積極的な参加があったことを実証し、以前の従属論的な視点からの脱却としても商品連鎖分析が使われている（Topik *et al.* 2006）。

らかにしようとした」メソ・レベルの分析手法である（立川 2003：23）[11]。

それらに比べて、フードレジーム論における農業・食料複合体概念は、他の商品連鎖分析と同じように特定の農産物の生産から食品の消費までを取り扱いながらも、その連鎖内での動きより、むしろ、その複合体が能動的に農業と食料を変容させ、複合体からの働きかけによって新たな国際分業や階級関係を形成し、世界経済の資本蓄積体制を増強しているダイナミクスに着目している点が特徴的だ。例えば、「大豆・トウモロコシ・畜産複合体」概念は、この複合体が発展するに伴い、従来の小規模な有畜混合農業が廃れ、新大陸における大豆・トウモロコシの輸出向け工業的農業と、それを輸入した欧州における畜産業、そして大量生産された肉や牛乳から「食品」を大量生産する食品産業へと農と食の変容を促したことを明らかにした。併せて、農業資材・種子企業から飼料製造・食肉加工、流通、食品加工・外食産業までの各段階で関連企業が成長するに伴い、農業を工業化しながら関連する諸産業が発展し、世界経済における資本蓄積体制を増強したことを指摘している（Friedmann 1991; Friedmann and McMichael 1989）。農業生産の現場でも、自立的だった農民たちは、農業資材を購入し食品産業に原材料を出荷する原料供給者へと転身した。また、労働者の現状に着目すると、農業生産者よりも、関連アグリフードビジネスにおける賃労働者が増えている（Friedmann 1991）。消費者側においても、放牧牛のステーキを食することができる一部の高級層と、加工型畜産・食品産業・外食産業が大量供給するハンバーガーを食する大多数の中間層と、その飼料を生産しながらも肉をめったに口にすることができない貧困層というように、「階級別の食生活（class-differentiated

11　立川は、欧米で展開された農業・食料社会学を、その対象と特徴から、①国家全体・国際関係の中における農業・食料の政治経済体制や制度の枠組み構造を対象とするマクロ・レベルの研究（フードレジーム論など）、②企業群・部門（セクター）に焦点を当て、その構成主体の競争構造や連結構造に注目するメソ・レベルの研究（産業組織構造や、商品連鎖、企業間関係の分析など）、③企業行動・企業内の組織構造、農業経営内の生産構造などに注目するミクロ・レベルの研究（アクターネットワーク視点のワーゲニンゲン学派など）と整理した。その上で、日本のフードシステム研究は、産業組織論や農産物流通論などの視点から展開され、メソ・レベルからミクロ・レベルの分析が中心と述べている（立川 2003: 12-33）

diets)」(Friedmann 1991: 88) が形成されたのである。

さらに、フードレジーム論は複合体の概念を使うことにより、農業·工業·食料との絡み合い、そして、世界経済と国民国家とのせめぎ合いを明らかにできることが強みと考えられる。とくにフリードマンはレギュラシオン理論に基づく資本蓄積様式の安定化によるレジーム形成に注目し、農業・食料部門を核心部に位置づけながら、国際的な諸関係が異なる資本蓄積様式に調整されるダイナミズムに注目している。つまり、19 世紀後半から始まる英国覇権における第1次フードレジームでは、米国など植民地からの小麦が英国などの賃労働者の安価な食料として産業革命を支え資本蓄積に貢献するという国際分業が形成された。その一方、米国では輸出用に小麦を生産する入植者家族農家が農業の工業化・大規模化を進めながら資本を蓄え、商品の購入者として米国内の各種工業の発展を支えることで、次のレジームにおいて中軸となる国民国家(この場合は米国)の形成に寄与した。

第二次世界大戦後に形成された米国覇権における第2次フードレジームでは、確立した国民国家が農業補助金などで国内の農業を保護し増産を促した。その一方では、過剰生産された小麦や大豆など穀物・油糧種子を輸出奨励する国策遂行に乗じて穀物商社が成長し、豊富で安価な原料を活用した工業的畜産業や食品産業などの成長を促し、やがてアグリフードビジネスが国境を超えて多国籍かつ多角的に事業展開することを促した。その結果、1970 年代初頭には、政府も統制できないほど企業が力をつけ、その後のグローバル・コーポレート・フードレジームの中軸となっている。そして現在では、グローバルに事業を展開する多国籍アグリフードビジネスや、WTO など国家を超えた貿易協定などにより、政府が国内の農業や食料安全保障のための政策を実施することが難しくなっている(Friedmann and McMichael 1989: 93-95; McMichael 2005; 磯田 2016a:10-15)。

このように、農業・食料複合体が能動的に大規模工業的な農業の発展を促し、それが大量生産した「原料」をもとに大資本が率いる穀物商社·食品加工·外食産業などが「食品」という商品を大量生産・大量供給するというダイナミズム、つまり農業・工業・食料が絡み合った複合体が世界経済において資本を蓄積する体制（レジーム）を調整するダイナミズムを、世界経済発展の政治経済史に位置づけられることがフードレジーム論の農業・食料複合体概念の強みといえるだろう。

上記の理由から、本書において資本主義的発展と「食」の変容を明らかにするためには、フードレジーム論の農業・食料複合体の概念が有効であると考える。しかしながら、既存のフードレジーム論では、資本主義的農業と国民国家とのダイナミクスに注目し、安定したレジームへの調整に主眼をおいたためか、レジームが変わっても継続的に資本を蓄積してきたアグリフードビジネスの動向やその意義を軽視する傾向がみられる。さらに、英語圏、とくに米国を中心として構築された理論枠組みであるため、アジアなど異なる地域や、異なる時代に世界経済に組み込まれた国や地域にそのまま援用することができない可能性がある。そこで次に既存のフードレジームの枠組みの限界を指摘し、それを超えるために日本の歴史的事例を取り上げる意義を確認する。

3 フードレジームの枠組みに日本を位置づける

3-1 フードレジーム論における複合体概念の限界

フードレジームの枠組みは、近代化論や従属論など、国民経済を１単位として経済発展を捉える議論を批判した上で、国境を越えた世界システム論的な視点に基づいて形成された。だからこそ、農業・食料分野でも国境を超え世界的に調達する体制を明らかにするため、小麦複合体、家畜＝飼料複合体、耐久食品（加工食品）などの複合体概念が提起され、そのことで農業・食料セクターが世界経済における資本蓄積体制において核心的な役割を担っていたことが明らかにされてきた。しかしながら、とくにフリードマンは、労働の国際分業や階級形成に注目していたためか、どちらかというと輸出商品としての小麦などを生産する米国の家族農家と、それらを安い食料として消費する英国の賃労働者という国際分業や、生産者と消費者における階級形成を明らかにし、それを通じた国民国家の確立を中心に議論している。そのため、例えば米国と英国という国家間の国際分業や国際貿易といった国民国家を単位とした分析がまだ強く、また、生産と消費における階級形成が主に議論されている。その一方で、巨大穀物商社やアグリフードビジネスなど、農業・食料複合体において大きな役割を担ってきた企業の能動的な役割が軽視された傾向がみられる。

企業も重要な主体として構成される農業・食料複合体について、既存のフードレジーム論ではほとんどが第二次世界大戦後の第２次フードレジームのみに議論が集中している。他方、多くの穀物商社や大手食品産業が誕生した第１次フードレジームや、農業・食料がさらにグローバル展開している近年の第３次フードレジームともいわれる状況について、複合体概念はほとんど用いられていない（例えば、Friedmann and McMichael 1989）。1980 年代以降のグローバリゼーション期に活躍している多国籍アグリフードビジネスについては、マクマイケルがグローバル・コーポレート・フードレジームを提起しているが（McMichael 2005）、ここでも複合体概念は使われていない（磯田 2006a：21）。アグリフードビジネスがグローバル展開し、しかも加工食品産業だけでなく、小売業（スーパーマーケットやコンビニエンスストアなど）や外食産業（ファストフードをはじめとする外食チェーンの展開）など、より川下に近い部分までビジネスを広げている近年こそ、農業・食料複合体の概念が有効と考えられるにもかかわらずである。

現実には、これらの多国籍アグリフードビジネスの多くは第１次フードレジーム期に誕生し、当初から大西洋貿易をはじめグローバルに事業展開しながら小麦など穀物の流通や加工型畜産の発展を担っていた（例えば、ブンゲは 1818 年、ルイ・ドレフュスは 1851 年、カーギルは 1865 年、ADM は 1902 年に創業している。Murphy *et al.* 2012; Morgan 1979＝1980）。アグリフードビジネスの多くは、続く第２次フードレジームにおいて米国の国策で進められた食料援助事業を通じて資本を蓄積し、冷戦体制下の西側世界や途上国に海外市場を拡大した。そして、その実績の上に現在はさらにグローバルに事業展開している企業が多い。

より経済的な側面、とくに大手穀物商社や食品企業など複合体の形成に参画したアグリフードビジネスの社会経済史または経営史に注目すると、原料の調達先や市場・製品を変えながらも、レジームを貫いて資本蓄積の体制を増強し続けてきた複合体の継続性をより明らかにできるだろう。小麦や砂糖、大豆などは主な産地や消費地を変えながらも、レジームを貫いて世界的規模で調達（生産・供給）される「世界商品」として発展し続けている。今日の食料システムにおいてグローバル展開している穀物商社や大手食品企業の中には、それぞれの時代の政権と柔軟に連携しつつ農業・食料を組み込んだ世界的な事業構築に勤しんできた企業も多い。多国籍企業の国際経営史に視野を広げれば、現存する多くの大企業は19世紀頃からグローバルに事業展開しており、むしろ世界大戦など国家間で対立する過程において企業の国籍が確定されたとする「ビジネス・ヒストリー」研究もある（Jones 2005, 2006 など）。歴史的事例を見ると、ビジネス・ヒストリーにおいて「第1次グローバル経済」と画定された1880～1930年代に、小麦などの国際貿易を担う穀物商社が活躍し、1929年危機により政府介入で阻止されるまではグローバルに事業展開していた（Morgan 1979＝1980）。この時代に油脂企業のユニリーバは当時世界最大の多国籍企業となり、今日もグローバルに活動している（Wubs 2008; Wilson 1954 など）。現在も活躍する日系総合商社の三井物産や三菱商事なども、当初からアジア地域を中心に北米や欧州までグローバルに展開しながら農産物貿易も手がけていた。

このことから、農業・食料複合体における重要な構成員である企業の経営史および関係する社会経済史に注目することで、レジームが変わっても複合体は柔軟に対応し拡張し続けながら農と食を変容させ、全体として世界経済における資本蓄積体制を増強し続けている様相（＝複合体の継続性）を明らかにできるのではないだろうかと考える。

そもそも「複合体（complex）」の語は、フードレジーム論者たちによって明確に定義されないまま使われていた。「農業・食料複合体（agri-food complexes）」は、世界経済における資本蓄積の中心に農業・食料セクターを位置づけるためにフリードマンの論文タイトル（Friedmann 1991）にも使われているが､そこでもcomplex自体についての定義付けはとくになされていない。政治経済学における「複合体」の語は、「軍産複合体」や「ウォール街財務省複合体」など、国家・超国家機関と民間資本の融合体としての概念もあり、また、個別企業が集まって垂直的・水平的統合を形成した企業クラスターを意味することもある（磯田 2016a：29; 2016b：67)。しかし、フードレジーム論の農業・食料複合体概念は単なる企業群や企業と政府機関の集まりでない。そのことは､フードレジーム論における複合体が､例えば《農業投入財（工業）→大豆（農業）→飼料製造（工業）→牛（農業）→冷凍食肉生産（工業）→ファストフード・ハンバーガー（サービス業)》と､「農業と工業とサービス業の、または農民と企業と労働者と消費者の複合的な連結関係」（記田 2006：196）を意味していたことから明らかである。

このように、「複合体」自体の定義が曖昧なまま提起され、かつ、主に取り上げられた時期が第２次フードレジームに限られていたとの限界はある。それでも前述の通り、フードレジーム論の「農業・食料複合体」は、単なる商品連鎖ではなく、農業・工業・食料が絡み合い、複合体自体がダイナミックに農業・食料を変容させながら拡張し、世界経済における資本蓄積を遂行することを示す概念として有効である。加えて、複合体による資本蓄積体制が増強されるにつれ、農業と工業との絡み合いを通じた食料生産・食料調達においても資本の影響力が強まり「資本による農業・食料の包摂」が推進されると考えられる。

そのため本書では、フードレジーム論の農業・食料複合体を「農業と工業とサービス業の、または農民と企業と労働者と消費者の複合的な連結関係」（記田 2006：196）とする定義を採用する。加えて、複合体を構成する大資本および大手企業に注目し、資本主義的発展に伴う複合体の形成過程を明らかにすることで、レジームを貫いて拡張してきた複合体の実態とその影響力とを明らかにし、既存のフードレジーム論を補強することを目指したい。

3-2　欧米中心の理論形成による限界

英語圏では1980年代から農業・食料の社会学などの研究が蓄積されてき

たが、その理論形成は当然ながら主に欧米の事例に基づいて進められた。フードレジーム論も、基本的には欧米、とくに米国を中心に理論が形成された。日本については、第2次フードレジームにおける米国食料援助の受入国として一部言及されたに留まっている（Friedmann and McMichael 1989; Friedmann 1991）。第2次フードレジームにおいては、マーシャル・プランなどを通じて米国の小麦部門が欧州諸国に「複製」され、一方では大豆など飼料作物を米国から欧州諸国が輸入して畜産業を再建したことから米国と欧州が「統合」され、米国と欧州を包括する大西洋農業・食料セクターが形成された（Friedmann 1993=2006）。日本も米国産小麦や大豆の輸入に依存したため、米国の食料システムが「複製」され、米国からの穀物・油糧種子の輸入によって「統合」されたと考えられる。しかし、フリードマンは、統合の鍵として米国資本による欧州への投資に注目し、米国資本がそれほど自由に投資できなかったアジア諸国については「高い水準での援助と貿易にもかかわらず、国境を超えた農業・食料複合体には統合されていなかった」と判断した。この見解は、総合商社や大手製油企業など日系資本による「統合」の動きを見落としていたことと、日本における大豆は豆腐や味噌の原材料であり「もともと主に人間の食べ物として使われていた」としてのみ認識していたことによる限界といえるだろう（Friedmann 1993=2006: 18, 38）。

他方、マクマイケル（McMichael 2000）は東アジアにおける食料輸入複合体（the East Asian Food Import Complex）の中心としてより大きく日本を取り上げた。戦前（第1次フードレジーム）におけるアジア諸国から日本への農産物輸入についても言及している。それでもやはり主眼は、第二次世界大戦後（第2次フードレジーム）における日米二国間での輸入依存体制と、1980年代以降のグローバリゼーション期における南米や東南アジアなどへ多極化した輸入依存体制におかれている。1980年代以降のグローバリゼーション期（論者によっては第3次フードレジームまたはグローバル・コーポレート・フードレジームと称する画期）においては、日本以外のアジア諸国（とくに中国）も研究対象として取り上げられることがある。

しかし、日本やアジア諸国について、国民国家が形成された段階（第1次フードレジーム）での議論や、アジアの事例に基づく理論的貢献は、国内外を問わずほとんど見られない。一部、日本の研究者が地理学的な視点からこの時期における台湾・アジア諸国から日本への国際貿易を取り上げてフードレジームを議論した研究はあるが、国際貿易データの分析が主で、食と資本主義の歴史の議論に踏み込めているとは言いがたい（荒木ほか 2007; 荒木 2011, 2012, 2013 など）。フードレジームに言及しない歴史研究においては、アジア海洋貿易と日本の資本主義的発展に取り組んだ研究として、堀和生（2009）や杉原薫（1996）などの蓄積がある。しかし、逆に農業や食料については断片的な記述に留まっている。

このように、フードレジーム論は世界経済を対象としながらも、やはり欧米中心に形成された理論という限界は否めない。そのため、既存の理論枠組みでは日本を含むアジア諸国など他地域に該当しない可能性もある。農業・食料複合体がよりグローバルに展開していると見受けられる現在において、アジアに限らず、欧米とは異なる時期に異なる文脈で資本主義化した地域を対象とするためにも理論の発展が求められている。

3-3 日本の歴史的事例に基づく理論的貢献

第２次フードレジームで日本が多少とも言及されてきたことを先に述べたが、19 世紀半ばに開国し、第１次フードレジームにおいて小麦や砂糖が世界商品として貿易され始めていた世界経済に繋がった日本は、この段階から世界的なフードレジームへ組み込まれたと考えるのが妥当だろう。

欧米に遅れて近代化を推し進めた後発国であるがゆえに、日本では政府が積極的に大資本を支援し、あるいは協調しつつ、産業革命を進めアジアへの進出を図り資本蓄積が進められた。この日本の資本主義的発展に財閥や商社など大資本が大きな役割を担ったことは知られており、財閥・商社に関する研究は蓄積が厚い。しかし、同時期にこれら大資本が、製粉業や製糖業、大豆の搾油を中心とした製油業など、農産物を処理して食材を供給する一次加工食品産業（以下、食材産業と称する）の形成にも大きな役割を担っていたことは、断片的に言及されるに留まっている。開国直後から「洋糖」（輸入砂糖）

や「メリケン粉」（輸入小麦粉）を取り扱い、「満洲大豆」の貿易や搾油業に参画していたことは既存研究でも記述されてはいるが、なぜ財閥・商社が食材産業において大きな役割を担ったのか、その関与がその後日本の農業や食料にどのような影響を与えたのか、その体系的な分析は見当たらない。

一方、今日の食料システムにおいて、製粉、製糖、製油、家畜用飼料など食材・飼料産業に、三菱商事、三井物産、伊藤忠商事、丸紅など日本の近代化に関わった総合商社が影響力を持っていることは広く認識されている（例えば、島田ほか 2006、川島監修 2009、東洋経済新報社 2016：164）。また、これらの食材産業の市場は、製粉では日清製粉と日本製粉、製油では日清オイリオとJ-オイルミルズ、製糖では三井製糖、日本甜菜製糖、日新製糖など、日本の近代化の初期に起源をもつ大手企業による寡占状態となっている。加えて、小麦粉、油脂、砂糖、動物性食品などを主原料とする加工食品類の市場も大手企業による寡占傾向にある。例えば、「上位３社の累積生産集中度（Concentration Ratio 3：CR3）」が60%を超える極高位寡占型業種として、シチュールウやカレールウ（CR3 90%以上）、調製粉乳、マヨネーズ・ドレッシング類（同80%台）、食パン、バター、小麦粉（同70%台）、チーズ、即席麺類、ソース類、食用植物油脂（同60%台）があげられる[12]。これらの原料である小麦や砂糖、大豆などの穀物・油糧種子は、食料自給率が低い日本にあっても、とくに自給率が低い品目である[13]。

このように、後発資本主義国として近代化を推し進め、近隣アジア諸国の農産物も活用しながら産業革命を成し遂げた日本は、政府や大資本が積極的に主導して農業・食料複合体を形成した、より顕著な歴史的事例を提示できると考えられる。そして現在も穀物・油糧種子に大手商社が関与し、その食料自給率が低く、これらの食材を取り扱う産業に大手企業が多いことも、日

12　2006年の数値（『農業と経済』編集委員会 2011: 220）。

13　日本の食料自給率は38%と先進国の中でも低い（カロリーベース総合食料自給率。『食料需給表』（平成28年度）における2015年の確定値。以下同じ）。コメは現在でも100%に近い自給率を維持しているが、小麦は15%、大豆7%、砂糖類33%、飼料28%（濃厚飼料は14%）と低く、とくに植物油は品目別食料自給率の中でも最低レベルの2%である。代表的農産物品目の戦後の自給率の最低値をみると、小麦で4%（1975年頃）、大豆で2%（1994年頃）、砂糖類で15%（1975年頃）を記録したことがあった。

本の自然環境や農業生産力、そして消費者の嗜好の変化という需給関係によって自然に形成されたものというより、むしろ逆に、財閥や商社など大資本が日本の近代化の一環として製粉、製糖、製油など近代的食材産業を成立させたからこそ、これらの食材の食料自給率が低く関連食品の市場集中度が高くなったことが疑われる。つまり、資本主義的発展がこれら近代的食材産業の形成に関与しており、しかもその影響は今日の食料システムにまで続いているのではないだろうか。

幸い日本には、経済史・経営史や社史研究などを含め、資本主義的発展に重要な役割を担った財閥や総合商社に関する研究が厚く蓄積されている。日本において、財閥や商社も介入して、大資本が率いる食材産業が形成されたのはなぜだったのか。本書で展開する議論を先取りして述べれば、大資本が設立した近代的大規模工場が「商品」として食材や食品を生産し始めた時、つまり食材・食品産業が農村工業から機械制大工業による資本主義的生産様式へと移行した時、国内の農業生産物よりも大量調達しやすい輸入原料が選ばれ、かつ、大量生産した商品の販売先に大手食品産業や加工型畜産を求めたことが予見される。つまり、資本主義的発展に伴い農業が工業化され、農業が資本によって包摂されていった同じ時代に、併せて、製粉、製糖、製油などの食材生産も資本主義的生産様式へと移行した。そして均質的な小麦粉、砂糖、植物油などの食材を工場で大量生産するようになり、それらを使った食品産業においても機械化・大規模化を促し、大量生産した商品の市場を開拓することで、資本主義的食料システムが構築されたと考えられる。

そのため、日本の歴史的事例を検証することによって、資本主義と「食」の関係を解明する上で独自性の高い考察が導出できると期待される。

3-4 「山工場」と「海工場」

この分析の鍵として、日本の製油業界や製粉業界で慣習的に認識されていた、いわゆる「山工場」から「海工場」への移行に注目したい。

国産の油糧作物（主にナタネ）を農村で搾油する小規模な製油所は「山工場」、対して、輸入された油糧作物（主に大豆）を搾油する臨海部の大型プラントは「海工場」と呼び分けられ、その違いが早くから認識されていた（野中ほか 2013：38)。とくに横浜や神戸など港湾部に大資本が当時最大級の工場を設立し、1918 年頃には「大豆搾油工業の全盛時代」（増野 1942：173）を築いたことから、輸入大豆（当時は満洲産大豆）を臨海部の近代的大規模工場で処理する「海工場」が強く印象づけられたのだろう。大豆の搾油には溶剤抽出技術や機械設備など高額投資が必要だった。

しかも「海工場」は過去の産物に留まらない。詳しくは本書で展開するが、1950 年代に植物油市場が混乱した際には、油脂業界誌などにおいて「山工場」対「海工場」という対立構造が提示された（月刊『油脂』1952 年 11 月；『油脂年鑑』1949 年版など)。その後、高度経済成長期を経た 1960 年代には食品コンビナートが建設されたが、輸入原料を積んだ穀物タンカーが港に横付けし、港湾部に建設された巨大サイロに荷降ろしして、大規模な製油工場や食材工場が原料を処理し、連なる食品加工工場に供給する構造は、現代版の「海工場」といえるだろう。なお「海工場」の概念は製油産業に限らず、製粉業についても、国産麦を製粉する産地立地的に展開した「山工場」と、外国麦を輸入する臨海部の大規模製粉工場としての「海工場」とが対比されている（堀口 1987：241)。飼料産業においても、かつては内陸で生産されたムギ類を原料とした「山工場」と、輸入原料に依存した「海工場」とを対比するかたちで使われている（宮崎 1972：61)。

さらに「海工場」とは呼ばないものの、似たような現象は、日本に限らず他地域においても例が見られる。近年大豆輸入量を急増させた中国において、貿易自由化と規制緩和によって欧米の穀物商社が 1990 年代半ばから進出した際に、これらの企業が従来の大豆主産地である東北部ではなく、華南の臨海地域に最新設備を備えた大規模搾油工場を建設したのはその一例である (Hiraga 2012)。また、時代を遡った 19 世紀末の英国では、世界最大の油脂企業ユニリーバが石鹸工場の多くを臨海部に建設していた（Wilson 1954: 19)。

これら「海工場」への移行は、農産物が商品化されて世界市場に入り、世界商品となった原料を大量に輸入して近代的製造業が発展し、資本主義的生産様式へと移行して「食品」の大量生産と大量供給を始めるに至った変化の過程を如実に示していると考えられる。

3-5 理論的枠組みのまとめ

本節は、資本主義的発展に伴う「食」の変容を解明するための理論的枠組みとして、資本と農業・食料との関係に取り組んだ研究潮流を整理し、とくにフードレジーム論における農業・食料複合体概念の有効性を詳しく検証した。フードレジーム論における農業・食料複合体は、単なる商品連鎖ではなく、農業・工業・食料が絡み合い「資本による農業・食料の包摂」を推進しながら、複合体自体が能動的に農業・食料を変容させて拡張し、世界経済において農業・食料を組み込んだ資本蓄積体制を形成することを示す概念として有効と考えられる。

さらに本節では、近代化の始まりからグローバルに事業展開していた企業の政治経済史に着目することで、レジームを貫いて発展を続ける複合体の継続性を解明できる可能性を示唆した。そのためにも、財閥・商社研究など経済史・経営史の研究蓄積が厚く、また後発資本主義国として政府・大資本主導で急激に近代化を成し遂げた日本の事例からフードレジーム論を補強できるものと考えられる。

世界的なフードレジームの枠組みに日本の近代的食料システムの形成過程を位置づけて考察し、かつ、日本の歴史的事例を通じて複合体の継続性を解明して理論的に補強することは、現在の食料システムにおける諸問題に歴史的な裏付けを提供し、日本に限らず他地域における「食」の変容をも明らかにする視座を提起できると期待される。日本の歴史的事例を基に、アジアも含めたフードレジームの枠組みを再構築することは、中国やインドがアグリフードビジネスの最大ターゲットとなり、「食」の変容が急激に進行中である現状を分析するためにも意義あることだろう。

4 本書の課題と研究方法

本書は政治経済学的アプローチであるフードレジームの枠組みを援用し、

日本における近代的植物油供給体制の形成過程を解明する。

具体的には、1890年代から1970年代始めまでを主な対象とする。この期間に油脂に関わった企業は多数存在するが、本書では現在まで存続している大手製油企業と総合商社を中心に取り上げ、必要に応じて他の関連企業も取り上げる。可能な限り植物油全体の状態に目配りをしつつも資料的な制約から、とくに日本の製油産業の近代化において特徴的な動きをみせた大豆油を中心に取り上げている。分析に用いる資料・史料として歴史的な一次資料や統計データも参照しつつ、経済史・経営史分野を中心に蓄積の厚い財閥・商社に関する研究や社史・産業史などの文献を用いる。それによって、植物油に関する政策決定と企業行動を日本における資本主義の歴史に位置づけながら、資本主義的発展に伴う「食」の変容の一考察として、植物油複合体の形成過程を明らかにする。

4-1 植物油に関する先行研究のレビューとその限界

植物油を体系的に取り上げた社会科学的な先行研究は国内外を問わず限られている。「油脂」の研究と称するものがあっても、ほとんどが大豆やナタネなど個別の「油糧作物」に関する研究に留まりがちだ。限られた先行研究としては、八木浩平が食品産業や飼料産業までを含めたフードシステム研究において現在の植物油と大豆粕を取り上げている。関連企業への聞き取り調査により輸入大豆のフードシステム構造を解明し（2014a, 2014b, 2015）、日本を含む東アジアにおける植物油業界の現状を報告している（2011, 2013）。ただ、主眼は現状と今後の展開に置かれており、その構造が形成された歴史的背景や要因からは切り離されている。

より幅広く歴史的背景まで含めた研究として、薄井寛（2010）が大豆油とバイオディーゼル油を「２つの『油』」という切り口でまとめているが、やはり大豆という油糧作物に関する研究に留まり、油脂全体の分析には至っていない。野中章久ら（2013）は、戦後に国産ナタネが激減した現状を農家・農村の自給領域の縮小に着目して調査・分析するとともに、簡単ながらも大豆油を含めた油脂全体の歴史についてまとめている。

その一方で、油脂関連企業や業界団体による社史・業界史はかなりの数出版されており、上記の先行研究でも多く参照されている（社史については後述）。食品産業史の一部としては、笹間愛史（1979, 1981）、および笹間も編者に加わった中島常雄編『現代日本産業発達史 18 食品』（1967）の第6編が日本の食油工業史をまとめている。さらに年代を遡ると、大浦萬吉らがまとめた『黄金の花』（大浦・平野編 1948）が、日本の植物油産業の歴史に関する基本文献として多く引用されている。

戦前期には、学術的研究とは言い難いものの、南満洲鉄道株式会社による『大豆の加工』（満鉄興業部 1924）や『満洲に於ける油坊業』（満鉄庶務部 1924）などの調査報告書や、欧米で出された研究・報告書の翻訳など、油脂に関する書物が比較的多数出版されていた。これらの歴史的文献は、各社の企業戦略や行動、および製油産業の動向についてを知るためには重要な資料・史料である。しかしながら、植物油急増の要因やその影響に関わる構造的な分析には至っていない。

日本の近代的製油産業の誕生を支えたという「満洲大豆」に関する研究は、経済史・経営史の分野において蓄積がある。これらの研究の中心は、日本の近代化、または資本主義的・帝国主義的発展の視点からの財閥・商社研究に据えられており、その一環として満洲における「大豆経済」の発展や大豆油についても言及されている[14]。ただ、大豆や大豆油をめぐる諸関係について体系的に分析されているわけではない。

4-2 本書の研究方法

本書は、資本主義的発展に伴う「食」の変容を明らかにするための理論枠組みとして政治経済学的アプローチであるフードレジーム論における農業・食料複合体概念を援用しながら、既存の経済史・経営史の研究文献や史料・資料等を分析する。このことで近代以降の日本において、政府・財閥・商社・油脂関連企業などが関与しながら近代的油脂産業を誕生させ、植物油を大量

14　主な研究として、安冨・深尾編（2009）、堀（2009）、金子（1991）、坂本（2003）、春日（2010）、木山（2009）、柴垣（1968）、安岡編（1976）などが挙げられる。

供給する複合体を形成した過程を明らかにする。

具体的には、経済過程（産業分析）と政治過程（政策分析）の接合を志向する政治経済学アプローチに基づき、「国家戦略・企業戦略・社会運動の絡み合いを通じて形成される、資本蓄積のあり方を調整する枠組み」としてレジームを捉える（久野 2008：87）。その上で、フードレジーム論の複合体を「農業と工業とサービス業の、または農民と企業と労働者と消費者の複合的な連結関係」（記田 2006：196）とする定義を採用する。この枠組みに基づき、日本の資本主義化における財閥・商社・油脂関連企業などに関する文献や資料・史料から大豆や植物油に関する記述を抽出し、植物油複合体が形成された過程を再構成する。とくに独自のアプローチとして、農業・食料複合体における関連企業と植物油供給体制の継続的な発展に注目し、植物油複合体がレジームを貫きながら拡張を続け、大豆や植物油の用途と市場を拡大し、植物油の供給と消費を増大させてきた実態を明らかにする。その上で、この日本の歴史的事例に関する考察を通じて資本主義と「食」を研究するための新たな視座を提起することを目指している。

(a) 対象とする国と油脂

日本は次の二つの点で、この課題を考察するために有意義な事例だと考えられる。一つは、後発資本主義国として急激に近代化を進める中で、近代的製油産業が満洲からの輸入大豆に依存して臨海部の「海工場」中心に始まったこと。いま一つは、バターなど動物性油脂食品がマーガリンなど植物性油脂加工食品に置換えられた西洋とは違い、日本は動物性脂肪の食用が限られていたため、植物油や油脂加工食品がより可視化されたかたちで食生活に導入されたことである。日本を事例に植物油複合体の形成過程を鮮明に解き明かすことができれば、今日も植物油の需要と供給が増加し続ける世界的な食料システムの研究にも貢献できるだろう。

本書では植物油全体を対象としてその動向を把握することに極力努めるが、主な対象として、日本における近代的製油産業を推進し、戦後の食用油供給増加を率いた大豆油を中心的に取り上げる。詳しくは後述するが、当初から輸入大豆に依存しながら、財閥など大資本によって大規模に展開された大豆搾油業は最も顕著な事例と考えられるからだ。ただし、多種多様な原料および製品の間で代替可能であるという油脂の特質があるため、大豆油に併せて、ナタネ油、牛脂や魚油、ヤシ油、そして加工油脂である硬化油やマーガリン・ショートニングなども必要に応じて取り上げる。

(b) 対象とする時期と企業

主に対象とする時期は、19世紀半ば～1970年代初めである。より具体的には、開国後、明治維新を経て新政府とその「政商」(後述) がアジア進出を始める1890年頃から、1972～73年に世界的な穀物・油糧種子市場が大きく変化し始めるまでを主な対象とする。理論的枠組みとして援用するフードレジーム論に則せば、対象時期は世界的な第1次フードレジームの発展期、その転換期、第2次フードレジームの形成・発展期といった画期に相当するが、本書では既存の枠組みを参照しながらも、日本の植物油の動向に即した課題ごとに章立てを構成した。1970年代以降は、穀物・油糧種子市場の世界的な転換に加え、貿易自由化やグローバリゼーションの進展、東西冷戦構造の終結による政治経済的諸問題の大転換に伴って世界貿易やアグリフードビジネスの動向が大きく転換したため、将来の研究において取り上げる課題としたい。

主に対象とする企業は、近代的製油産業の生成期に創業し、現在もなお日本の食用植物油市場で首位を占める日清オイリオグループ (以下、社名変更にかかわらず「日清製油」と称する) とJ-オイルミルズ (以下、「豊年製油」) に注目し、関連企業も含めて取り上げる。両グループに統合された製油企業 (吉原製油、攝津製油) や、硬化油・油脂加工企業 (日本油脂)、石鹸企業 (花王石鹸) なども視野に入れている。また、油糧作物の国際貿易ならびに近代的製油産業の形成に大きく関与した鈴木商店、大倉財閥、三井物産、三菱商事、および伊藤忠商事や丸紅など、かつての財閥グループや総合商社も対象としている。

なお、本書では長期間にわたり複数の企業を取り上げるため、また、企業の継続性に注目するため、対象企業の社名変更や組織体変更にかかわらず、1企業に対して1つの呼称を用いることをお断りしておきたい。その際、財閥の鈴木商店と、戦前は鈴木商店とも称していた味の素株式会社などの混乱を避けるためにも、それぞれの企業の代表的と考えられる呼称を用いている。社史の文献注においても、社史編纂委員会などは略して本文中で使用する企業名のみ記載した。

(c) 文献資料・史料について

本書では、大豆や油脂に関する一次資料や統計データも可能な限り参照しながら、関連企業の社史や年次報告書、および蓄積が厚い財閥・商社研究の文献などを用いた。

社史・業界史

商社や製油企業、食品企業などの個別企業の社史と、油脂関連の業界史も文献資料として参照した。後述するように、三井物産については自社による社史というより、三井文庫の文献を基に内外の研究者による研究が豊富に存在する。その他、三菱商事（1986)、丸紅（1977, 1984, 2008)、伊藤忠商事（1969）など個別の社史を参照した。

油脂関連企業については、日清製油（1969, 1987)、豊年製油（1944, 1963, 1993)、日本油脂(1967, 1988)、味の素(1951, 1971-1972, 1990, 2009)、花王石鹸(1940, 1960）などの社史を文献として用いた。加えて、丸善企業史料総合データベースから入手した営業報告書や目論見書、「企業情報データベース eol」から入手した有価証券報告書、神戸大学経済経営研究所「新聞記事文庫」、および各社ウェブサイト掲載の情報や年次報告書などを参照した。

油脂関係の業界史としては、多くの文献に引用されている『黄金の花――日本製油株式会社沿革史』（大浦・平野編 1948）をはじめ、『油脂製造業会小史』（油脂製造業会 1963)、『油脂工業史』（日本油脂工業会 1972)、『日本マーガリン工業史』（全日本マーガリン協会 1976)、『日本油脂協会十五年史』（日本油脂協会 1977)、『東京油問屋史―― 油商のルーツを訪ねる』（東京油問屋市場 2000)、『製油産業と日本植物油協会50年の歩み』(日本植物油協会・幸書房 2012)などを参照した。

財閥・商社研究

三井、三菱、住友など財閥や後の総合商社については、日本の近代化と資本主義的発展の中に位置づけられ、その特徴や体系が早くから研究されていた。後発資本主義国として工業化を急いだ日本において、財閥を特異な独占資本体としてみるもの(高橋・青山 1938など)や、その構成を明らかにした財閥論(高橋 1930など)の研究がおこなわれた。戦後には、財閥解体により内部資料が公開されたこともあり、財閥の功罪も問いながら研究成果が発表された。なかでも、柴垣和夫(1965)は金融資本論の観点から財閥商社を分析し、後進国としての日本の資本主義的発展における財閥・商社を金融資本として位置づけた。加えて、内部資料も使った経営史的な研究も進み、それぞれの財閥・商社について詳細な研究が蓄積されている(柴垣 1965, 1968; 安岡 1970; 安岡編 1976; 玉城 1976; 森川 1978など)。とくに三井物産については、政商として国際貿易やアジア進出における牽引役を担い、他社に先駆けて満洲産大豆の貿易を手がけたり、南満洲鉄道にも関与したりしながら国策遂行の一端を担ったことが明らかにされている(金子 1991; 坂本 2003; 岡部 2008; 安冨・深尾編 2009、春日 2010; 木山 2009など)。大豆搾油業や硬化油産業の成立に大きな影響を与えながら昭和初期に破綻した鈴木商店については、まとまった社史や研究が限られている。そのため、鈴木商店については、桂芳男による研究成果を中心に(桂 1976, 1977, 1987, 1989; 辻 1992)、関連企業の豊年製油、日本油脂、日商の社史も活用した。

戦後の動向については、総合商社研究などさらに膨大な蓄積がある。その中でも、総合商社の食料戦略について業界団体がまとめた文献(川島監修・美甘編 2009)や、高度経済成長期後の食品加工や流通、畜産インテグレーションへの商社の関わりを研究した文献(島田ほか 2006; 吉田 1971)などを参照した。

本書は、植物油供給体制の形成過程における財閥・商社の位置づけや役割を明らかにするためにも、これらの財閥・商社・油脂関連企業に関する経済史・経営史分野における研究蓄積を参照している。

4-3 考察の限定

本書は、日本の資本主義的発展に伴う植物油供給体制の形成過程という大きな流れを明らかにするため、これを世界的なフードレジームの枠組みに位置づけながら、あえて19世紀半ばから1970年代初めという長期間をマクロに鳥瞰している。戦後を切り取った分析や現在の需給構造の分析だけでは解明しきれない、全体構造の形成を明らかにすることが重要と考えたためである。

マクロに全体を俯瞰するからといって細部を軽視することは許されないと承知しており、文献として先行研究や既刊の社史などを用いている限界も認識している。ただ、本書は歴史研究ではなく、現在の資本主義的食料システムを解明するために、資本主義の始まりまで歴史を遡ってその形成過程を明らかにしようとするものであることを断っておきたい。

また本書は、あえて供給側の政治経済的力学に主眼を置いている。植物油に対する消費側の需要増加を所与の条件とし、その需要に応じるために油糧種子の輸入や植物油の生産が増加されたという通説を問い直すためだ。「食」の選択には個人の嗜好や食文化、栄養に関する言説なども関係していることは認識している。しかし、これらに関する文献は比較的多数あるため、本書は先行研究において見落とされがちだった供給側の政治経済的諸関係に主眼を置いている。

5 本書の構成

本書は、大まかには時系列に沿いながら課題ごとに以下のように構成する。

第1章では、19世紀の開国以降、満洲産大豆を原料として誕生した豆粕製造・搾油業について、これが近代的国家建設プロジェクトの一環として財閥・政商など大資本主導により誕生したとの仮定のもとに、植物油供給体制の形成過程を明らかにする。農業近代化のための肥料市場向けの大豆粕製造業の発展が日本と満洲における資本蓄積体制の形成に果たした役割と、「海工場」を要とする豆粕製造・搾油業の近代化・大規模化の意義を考察し、これを世界的なフードレジームの枠組みに位置づけることで「アジアの文脈における第1次フードレジーム」と結論づける。

第2章では、第一次世界大戦による欧米からの特需を失った日本の油脂企業が、大量生産した商品の販路を国内に求め、粕と油の用途拡大と市場開拓のために尽力した史実に着目する。折からの油脂工学など技術革新も活用した新商品開発のための懸命な企業努力に加えて、油脂産業を支えた大資本と政策決定に注目し、むしろ供給側から大豆粕および油脂の需要創出を促したのではないかと問う。この戦間期は、従来のフードレジーム論では「転換期」として軽視されていたが、本書はそこに複合体による積極的な働きかけがあり、それが大豆と植物油を次の第2次フードレジームにおける重要な商品へと転化させたことに注目する。

第3章では、戦時統制から、第二次世界大戦後も占領下政府による統制の下で大手企業を中心に油脂産業が再建し、程なく「山工場」を淘汰していった過程を概観する。そして、戦前・戦中まで工業用・軍需用を主な市場として強固な生産基盤を確立していた植物油複合体が、敗戦後には米国産大豆を活用しながら大手主導の植物油供給体制を再建し、今度は食用に市場を拡大したのではないかと問う。そのため、第2次フードレジームにおいて米国で過剰生産された大豆を押し付けられたと同時に、終戦までに確立されていた日本側の植物油複合体が米国からの大豆を歓迎したことを明らかにする。

続いて第4章では、戦前から引き継がれた生産基盤と政治経済的諸事情から過剰生産された植物油を販売するために、むしろ供給側から食用油の需要増加が促されたのではないかと問う。油脂業界ならびに日米両政府による消費増進キャンペーンに加えて、油脂を多用する加工食品産業、外食産業、油粕を飼料とする加工型畜産業などが大口需要者として植物油と油粕の需要を押し上げた構造を明らかにし、これを世界的なフードレジームに位置づけて考察する。第2次フードレジームにおいて、米国を中心とする複合体に日本

研究方法

序章――資本主義的食料システムを考える

……なぜ植物油に注目するのか、理論的枠組み、本書の課題と研究方法

日本における植物油供給体制の形成過程

	政策過程	経済過程 財閥・商社	経済過程 製油産業	商品・市場
第1章 **19世紀～WW1** 満洲産大豆に基づいた近代的製油産業の生成	産業革命、国際貿易、アジア進出の推進 ⇒資本蓄積 近代的国家建設	財閥・「政商」 三井物産、 鈴木商店、 大倉財閥	**豆粕製造業** 日清製油、 豊年製油	大豆粕（肥料用） 大豆油（輸出用）
第2章 **WW1～戦中期** 大豆と植物油の用途拡大と市場開拓	帝国主義・戦争へ	財閥・商社 新興財閥	**工業用・軍需用の原料製造産業** 硬化油産業 →製油・油脂加工産業	新商品として販売促進 大豆粕（工業用、醸造用、味の素原料、肥料など） 大豆油（サラダ油、白絞油、硬化油・グリセリン原料など
第3章 **戦中～WW2後** 戦時統制から戦後の米国産大豆に基づく再建	戦時統制 →占領下の政府統制 米国の大豆輸出政策	財閥解体→再編 関西系（繊維・鉄鋼）商社が総合化	**重要軍需産業** →戦後は食品産業へ	潤滑油、グルー、塗料、グリセリンなど軍需資材 →戦後は食用・工業用へ
第4章 **高度経済成長期** 食用油の需要増加を促した構造	日米政府・業界による消費増進キャンペーン 食品産業の近代化、 食品コンビナート構想	総合商社による食品・畜産インテグレーション	**食品産業として発展**	食用油・工業原料・飼料 加工食品、インスタント食品、外食、加工型畜産など
		継続的な資本蓄積体制としての **植物油複合体の形成**		もっと油を摂る食生活 「食の高度化」 資本主義的発展に伴う食の変容 **⇒資本による食の包摂**
（現在）		三井物産、 三菱商事、 丸紅、伊藤忠商事	日清オイリオ、 J-オイルミルズ、 日本油脂、花王など	

図序－9　本書の構成略図

出所：筆者作成。

は総合商社や製油産業、畜産業に率いられて積極的に「統合」されていった。同時に、その複合体が能動的に「食の高度化」を推し進めた過程を「資本による食の包摂」と結論づける。

終章では、全体を総括すると共に、資本主義的発展に伴う「食」の変容を明らかにするための研究視座を提起する。第一に、世界的なフードレジームに位置づけた日本の近代的食料システムの形成を議論する。第二に、本書で明らかにしえた植物油複合体の形成過程に基づき、継続的な資本蓄積体制の

形成と拡張について議論する。そして第三に、その農業・食料複合体が能動的に食と農を変容し、資本蓄積体制を増強してきたことを議論する。これを資本主義的発展に伴う「食」の変容、すなわち「資本による食の包摂」の一過程として総括する。

本書は日本における過去の事象分析に留まらない。現在、中国などアジア諸国においても大手商社や農業食料関連企業がグローバル展開し、かつて日本が経験したような油脂や動物性食品の増加という「食の高度化」が進行している。その要因は経済成長による需要増加という説明が繰り返される一方、かつて日本で「食の高度化」を促した日系総合商社や製油・食品企業が現在はグローバルに展開し、海外で似たような「食」の変容を促している状況も見られる。本書が日本の歴史的事例を通じて明らかにした成果を、現在のグローバルな「食」に関する研究にも提供していきたい。

第1章

日本の近代的国家建設と製油産業の成立

——19世紀～第一次世界大戦期

はじめに

近代以降、日本は大豆の輸入を増加させた。その理由は人口増加による食料不足もしくは植物油需要の増加によるもの、そして植物油の需要増加は「食の洋風化」によるものと説明されることが多い。

そこで本章では、近代日本における大豆輸入の増加や製油産業の発展の目的が、国民の食料を確保するための食料安全保障を第一義とするものだったのかどうかを問い直す。むしろその背後に、日本の近代化および資本主義的発展が関わっていたことに着目し、国内への資本蓄積と産業革命の推進、国際貿易、アジア進出という近代的国家建設プロジェクトの一環として、財閥や政商など大資本も参入し近代的製油産業が形成されたことを明らかにする。

本章の構成としては、まず第1節で、明治以前の日本における植物油と搾油業の前史を整理した上で、大豆を破砕して粕と油を製造するという新たな用途の開発、満洲における搾油業と粕の肥料利用の始まり、日本肥料市場への豆粕の輸入増加の経緯を概観する。そして、日本側の主な関係主体として、政策決定をおこなった幕府および明治政府、横浜正金銀行など特殊銀行、財閥と政商の役割に注目し、近代的国家建設に取り組む日本の事情も含めて確認する。

これらの時代背景を踏まえ、第2節では、財閥や政商など日本側主体の満洲への進出と満洲における大豆経済への参画を、①アジア進出初期と日本への豆粕輸出の急増、②日露戦争後に南満洲鉄道株式会社（満鉄）を設立して本格的に満洲大豆経済を推進した2つの画期に従って整理する。

第3節では視点を日本内地に移し、豆粕の輸入から原料大豆の輸入に移行して日本の「海工場」で搾油する近代的製油産業が誕生し、第一次世界大戦時の特需に乗じて1918年頃に日本における「大豆搾油工業の全盛時代」（増野 1942：173）を実現した様を概観する。

第4節では、上記の発展過程を経て1930年代頃には満洲が大豆および大豆製品（油と粕）の世界的な生産地へと成長し、豆粕は日本へ、大豆油は欧米へ、大豆は日本および欧米に輸出する供給源となり、大豆が「世界商品」へ転化した過程を整理する。

最後に第5節で、以上を通じて概観した日本における近代的製油産業の成立過程を世界的なフードレジームの枠組みに位置づけて考察する。とくに、日本の近代国家建設のための資本主義的発展に貢献した満洲産大豆の役割に注目しながら、その満洲産大豆を原料に豆粕製造・植物油供給の複合体が構築され、これを軸に「アジアの文脈における第1次フードレジーム」が形成されていたことを結論づける。

1 植物油の前史

1-1 近代以前の日本における植物油利用と搾油業

まず前史として、開国・明治期までの日本における植物油の利用状況と搾油業について先行文献に基づき概観する。近代以前において植物油は主に燈明用に使われており、当時ほとんど唯一の照明用燃料（エネルギー）として、寺社や朝廷・幕府など時の権力者が油の生産・流通・取引に介入していたことに注目する。

日本製油株式会社（元「桑名屋」[1]）社長の大浦萬吉らが日本の植物油の沿革史としてまとめた『黄金の花』は、明治35年（1902年）から戦後（1948年）まで改訂増補を重ねた文献で（後年には平野茂之も編集に参加）、日本の植物油に関する先行研究や、製油企業、油脂業界団体による社史・業界史の多くに引用されている。学術的に日本における製油産業の歴史についてまとめた野中ら（2013）、中島編（1967）、笹間（1979; 1981）なども、本書を参照している。この大浦・平野編（1948）『黄金の花――日本製油株式会社沿革史（改訂増補）』および中島編（1967）に基づき、日本における植物油と搾油業の前史を概観すると以下のようになる。

1　燈明用としての植物油

『黄金の花』には、近代以前の日本においてゴマやエゴマ、ハシバミ、ナタネ、後には綿実などの油糧作物から植物油が搾油されていたことが記されている。とくに、中国から仏教が伝来し、為政者・権力者が政策として仏教を普及させるに伴い、社寺や神仏への献灯用、そして貴族層の照明用として植物油の需要が増加した（大浦・平野編 1948：18）。油を奉納する搾油業者は、朝廷や幕府の庇護を受けながら発展したという。

近代以前の植物油の主な産地としては、大山崎（現在の京都府乙訓郡大山崎町および大阪府三島郡島本町）と遠里小野《おりおの》（現在の大阪市）が知られている。大山崎では、貞観元年（859年）に「長木《ながき》」を使ってエゴマを搾油していた（中島編 1967：490）。この油を燈明料として禁裏ならびに男山、大山崎両宮に奉納したことから朝廷に褒められ、「神社、仏閣の燈明油は皆大山崎より納むることとなり、神人により強固なる『油座』の団結を結び、各種の特権を得て漸次発展を加え全国製油の長となり」その後約200年間、採油と油商売を独占するに至ったという（大浦・平野編 1948：54-55）。他方、遠里小野からは住吉大社や朝廷に油が奉納され、神事をおこなう際に使われたと伝えられて

1　日本製油株式会社（元「桑名屋」）は、大阪近郊で生産した植物油を回船で江戸へ送る「江戸積み油問屋」の代表的な油問屋であり、後に精製業にも乗り出した（平野 1973：43）。

いる（大浦・平野編 1948：13-17）。近世に遠里小野で「搾め木／檮押木《しめぎ》」を使ってナタネから搾油する手法が開発され、その後、遠里小野を中心に大阪近郊でナタネの搾油が広まった。水車を使った量産や綿実からの搾油も始められ、大山崎に代わる植物油の主産地が形成された（中島編 1967：490-491）。

2　江戸幕府による保護政策

江戸時代に入ると、大都市江戸が燈明用油の大口需要地となったため、植物油を西日本から東日本へ供給する体制が構築された。当時、日本の搾油業は大阪周辺に集中していた。その理由として『黄金の花』では、それまでの植物油の大口需要者であった朝廷や寺社が京都・奈良に多かったこと、その庇護を受けながら発展した大山崎や遠里小野の搾油業者が近くにおり、そこに繋がるナタネや綿花の栽培生産も気候上の理由から西日本に多かったことがあげられている（大浦・平野編 1948：71-72）。

江戸時代の政治経済において、明かりのための必需品であった植物油は、「米に次いで最も多く消費せられ一般物価の標準を為したもの」といわれるほど貴重な物資だった（大浦・平野編 1948：105）。そのため、江戸幕府は積極的に植物油の生産と供給、消費地江戸における価格と供給量などを統制管理する政策を展開した。ナタネや綿花の増産の奨励、搾油業者の独占権の保護、取扱問屋の指定による供給の統制、さらに油の度量衡（測定方法）や価格への介入などがそうした政策の例である。

3　搾油の道具と技術

搾油技術の変化をみると、近代以前から、搾油道具の改良や、一部で水車など動力の利用により植物油の増産が図られていたことが見て取れる。「長木」は大山崎で考案されたという圧搾器で、長い木を使うことによるテコの原理を応用したものである（図１－１）。大山崎の神人たちは長木使用の独占権を与えられ製油業者として栄えた。これに代わり近世には、立木と搾め木の間に人力で楔《クサビ》を打ち込んで加圧することで、より効率的な搾油を可能とする「搾め木」が遠里小野で開発されて広まった（図１－２）。搾油作業は長く

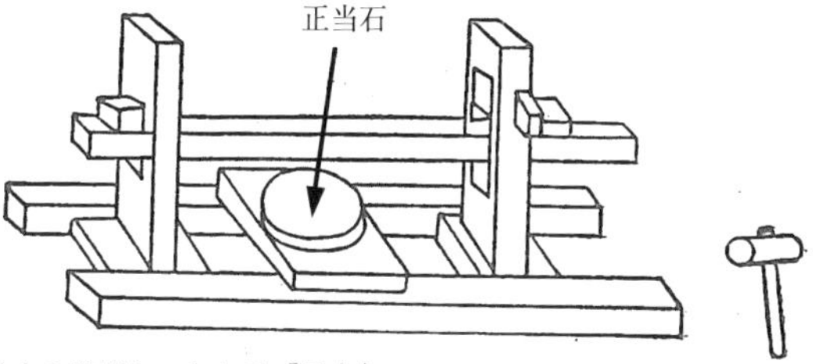

図1－1　大山崎神人の発明といわれる「長木」
出所：岡（1984：426）より転載。

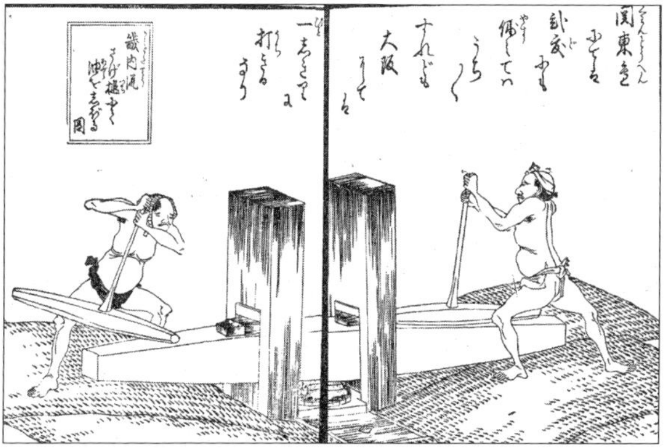

図1－2　搾め木による搾油
出所：大蔵（1836）『製油録（下巻）』より転載。

人力によっておこなわれていたが、近世にはナタネや綿実など油糧種子の粉砕に水車の動力を使う業者も現れ、幕末までに日本の搾油業はマニュファクチュア（工場制手工業）段階に発展していたと指摘されている（中島編 1967：491）。原料が含油量の多いナタネやエゴマなどであったがゆえに、上述のような比較的簡素な道具でもある程度の搾油が可能だった。

以上で概観した、近代以前の日本における植物油について次の３点の特徴が挙げられる。第１に、植物油の食用がなかったわけではないが、近代まで植物油の主な用途は燈明用であったこと。第２に、植物油は儀式執行に重要な燈油であり、数少ない照明用燃料であったため、時の政権や権力者が搾油業者に特権を与えて保護・支援していたこと。第３に、徳川幕府も植物油を重要物資と見なし、油糧作物増産と搾油業者の保護政策を積極的に展開しており、「この幕府の燈油重点主義に保護されたればこそ今日の植物油脂工業の発展があり躍進があった」(大浦・平野編 1948：105)ことである。こうして、日本では19世紀の開国までに油糧作物の生産と植物油の商品経済が発展しており、開国直後の一時期には植物油を輸出できるほどの生産力を持っていた(大浦・平野編 1948)。

近代化とともに、従来のナタネ油の主産地において、欧米から搾油機械を輸入してより大規模な搾油事業を手がける者も現れた。その先駆的な取り組みとして、1882年には三重の四日市製油[2]が蒸気を原動力とする水圧式搾油装置を輸入した。1890年には大阪の攝津製油が英国から機械を輸入して機械搾油を始めた(中島編 1967：498-501)。しかし、「満洲大豆の輸入こそは本邦植物油脂工業界に革命的興隆の動因を与えた」(大浦・平野編 1948：157)と認識されていたように、より本格的な近代的製油産業は満洲産大豆という別の方向から誘引されて躍進することになった。

1-2 肥料としての豆粕利用の始まり

日本において本格的な近代的製油産業が誕生した過程を見るために、まず、中国における大豆搾油と豆粕の肥料利用の始まり、そして満洲産大豆の増産を支えた移民と開拓について概観する。次に、日本の開国・近代化・アジア進出により、満洲から日本へ肥料用豆粕の貿易が始まり急増した背景を整理する。

1 大豆の工業原料への転化

古来日本で大豆は「畦豆」とも呼ばれ、水田の畦で栽培された大豆が主に味噌や醤油など発酵食品として食されていた。炭水化物を多く含むコメと蛋白質を豊富に含む大豆の発酵食品とをともに食することが健康的にも優れ、稲と大豆をともに栽培することが環境的にも健全な共生関係を築いていたといわれている。一方、前項で概観したように、日本でも近代以前から、エゴマ、ナタネ、綿実、ゴマなどから植物油が主に燈明用に生産されていたが、含油

2 今日ゴマ油で知られる「九鬼産業」に繋がる。

量の少ない大豆は油糧原料とは見なされていなかった。

満洲を含む中国大陸においても、搾油は主にナタネやゴマなどを原料としていた。例えば、1920年代頃に米国人研究者バックがおこなった大規模な中国農村調査『Chinese Farm Economy』(Buck 1930) の調査票において、大豆(soybean)は豆類(legumes)に分類されており、油糧種子(oilseeds)に分類されていたのはナタネ(rape seeds)、ゴマ(sesame)、落花生(peanuts)などだった。

大豆を破砕し搾油して油と粕を製造する利用法は、日本に先駆け、まず中国大陸において始まった。従来ナタネやゴマを搾油していた搾油業者が、大豆からも搾油し始めたと記述されている。中国における大豆の搾油が始まった時期やその用途については文献により諸説ある。例えば、満鉄の報告書『大豆の加工』は、中国では古来より搾油がおこなわれていたが含油量が少ない大豆は主に食用であったことを指摘し、大豆からの搾油が始まったのは約300年前の明時代であったと記している(満鉄興業部 1924:305)。1924年に出版された『満洲に於ける油坊業』では、大豆は満洲でその約100年前から搾油原料として使われ始めたと述べられている(満鉄社庶務部 1924:2)。戦前、多くの油脂関連文献に参照された報告書である『世界の大豆と工業』は、満洲における大豆搾油工業の歴史は約80年と記載している(増野 1942:160)。また、日清製油の大連支社に入社後、中国・満洲に長年滞在し、戦後には同社社長を務めた坂口幸雄は、満洲において19世紀中頃に大豆からの産油法が考案され、これを契機に大豆が食べものから油と粕の原料に転化し、豆油が灯油用や車軸用潤滑油として使われるようになったと述べている(坂口 1987:58)。

2　満洲の開拓と大豆の増産および大豆搾油業の発展

現在の中国東北部に位置した「満洲」[3]は、清朝を建てた満洲族の故郷であったことから、清朝によりこの「聖地」の開発は長らく禁止されていた。その

3　「満洲」とは、中国東北部の三省(遼寧・吉林・黒竜江)地域を意味して、19～20世紀初頭に日本人が用いた俗称である。中国では使われない語であり学術的にはカッコをつけて「満洲」と表記すべきではあるが、煩雑さを避けるため、本書ではカッコなしで表記する(安冨・深尾編 2009; 朱 2014)。

ため樹海と呼ぶにふさわしい大森林や広大な湿地帯と草原が広がっていた。しかし、清代後半になると満洲への移住や耕作も規制しきれなくなり、1870年には清朝政府が東北移民禁止令を解除したため、山東省や天津など農作物の不作地域から大量の移民が満洲に流入した。満洲の人口急増が大豆を含む農産物の生産増加を促したとともに、大豆経済の発展がまた満洲への移民と開拓に拍車をかけた（朱 2014; 安冨・深尾編 2009; 安冨 2015）。

大豆粕の肥料利用については、明代中期から農書などに記載が始まり、上海周辺で換金作物の木綿を栽培するために、豆粕が肥料として脚光を浴びたといわれている。また、中国大陸の南北を結ぶ運河を使い北部の都市地域へ穀物などの物資を輸送していた商船が、南部に帰る際の積み荷として満洲産の大豆や豆粕に注目したこともあり、大豆や豆粕の南北流通が始まった。やがて、豆粕肥料はさらに南部の華南で始まったサトウキビ栽培にも使われるようになり、運河を通じた大豆・豆粕の流通航路が中国沿岸の海路に広がっていった。清朝の弱体化に伴い運河の回航や海路（港）に関する規制も緩み、さらにアロー戦争（1856~1860年）で勝利した英国からの圧力もあって、商船が自由に行き交うようになった。そして、1865年には満洲唯一の海港だった営口（牛荘ともいう）に「油房[4]」が建設され、1868年には清国政府の許可により満洲大豆の輸出も可能となった（安冨・深尾編 2009; 安冨 2015; 足立 1978; 坂口 2003; 岡部 2008; Shaw 1911）。

こうして中国において、主に木綿やサトウキビなど換金作物の栽培に豆粕の肥料利用が広まり、大豆や豆粕の商品経済が発展した。あわせて、満洲では移民たちが開拓と大豆の増産を推し進め、満洲が大豆の産地として成長していくこととなった。そして、満洲の森林を切り開いて大豆が増産され、大豆の搾油と肥料用豆粕製造が始まっていたところに、日本の肥料業界が大口需要者として登場したわけである[5]。満洲における大豆の生産と搾油業の発

4　搾油する工房を意味する油房は、中国語ならびに日本の古い文献では「油坊」とも表記されるが、日本では滋賀県や京都府に伝わる怪火や亡霊を示す「油坊（あぶらぼう）」の語もあるため、本章では書名や引用部分を除き「油房」と表記する。

5　加えて、日露戦争において、日露両軍が大豆を糧秣（兵と馬との糧食）に用いたことが大豆の増産を促したとの説もある（坂口 1987：58）。

展に伴い、その原料や製品を出荷するための鉄道も建設され、大豆経済と鉄道が相乗効果的に発展していった。満洲には、ロシアが東清鉄道を建設し、やがて旅順・大連の港まで延長し、後にこれを日本が入手して南満洲鉄道として拡大することになる。当時、東清鉄道は薪を焚いて走っていたため膨大な木材が消費され森林が切り開かれた。同時に輸出できる港に繋がった鉄道網から馬車で繋がった広大な地域に、さらに大豆の栽培が広がった（安冨・深尾編 2009; 安冨 2015）。

こうして満洲における森林破壊と大豆栽培のための開拓、鉄道の拡張、移民の入植、さらに大豆の増産と搾油業の発展などが絡み合いながら、満洲の「大豆経済」が発展していった。それは、後に日本が支配下の満洲産大豆粕の肥料利用によって農業の近代化、産業革命、資本蓄積を推進するという「アジアの文脈における第１次フードレジーム」を形成する動きに繋がることになる。この点については後の節で詳しく考察する。

３　大豆搾油業における技術と資本の関係

ここで、満洲で始まっていた搾油業と、英国や日本など外資が参入した後の近代的な搾油産業との、技術や資本規模の違いについてまとめておきたい。

オリーブなど柔らかい果実に油分を多く含み、比較的容易に搾油・精製できる植物は世界的に限られている。ゴマやエゴマ、ナタネなどは、硬い種子を破砕する必要があるが、比較的含油量が多いため人力などで稼働する簡単な道具でもある程度搾油することができた。前述した大山崎や遠里小野における搾油業の発展にも、「長木」や「搾め木」という搾油器の開発とその独占的な利用が関係していた。

しかし、大豆種子は固い上に含油量が２割弱と少ない。古来大豆は、日本でも中国でも搾油の原料より、むしろそのまま、もしくは発酵した様々な大豆加工食品として食されていた。

日本に先駆けて満洲で始まった大豆搾油業は、人力や畜力で大豆を押しつぶす圧搾式を用いていた。先に開港された営口には、日清戦争前後に30数戸の油房があったが、いずれも畜力を利用して石臼で砕いた大豆を、楔を打ち込んで蒸圧して搾油する旧式なものだったと記録されている。この「楔式圧搾法」では効率的に油を搾り出せないため、産油量も少なく、また粕としても油分を残した低品質なものしか生産できなかった。そのため、旧式の搾油業による大豆粕や大豆油は「世界的商品として認識せらるるに至らず」（満鉄社庶務部 1924：310）、その市場は中国に限られていた。

「機械油房」を初めて満洲に導入したのは、英国資本の太古洋行が 1896 年に営口に建設した、蒸気機関を動力にして鉄製ローラーを稼働する螺旋式の機械を備えた工場だったといわれている。日露戦争後には、日本の小寺壮吉による営口工場や、日清製油（後述）による大連工場など、日系資本によって機械油房が建設された。1908 年に試運転を開始した日清製油の大連工場は、総工費 30 万円あまりで建設された機械圧搾式で、豆粕を 1 日当たり 7,000 枚（約 200 トン）製造できる能力を持ち、満洲における代表的な工場となった。1860 年頃、現地資本による油房の豆粕製造能力は 1 日当たり 100 〜 200 枚だったため、機械搾油による生産能力の大きさがわかるだろう（満鉄興業部 1924; 豊年製油 1944; 日清製油 1969）。

大豆を押しつぶして物理的に搾油する圧搾式に対して、「抽出式」はベンジンなど化学薬品を用いて大豆中の油分を効率的に抽出し、同時に油分の少ない高品質の豆粕を生産できる技術だった。しかし、当時「抽出式」は最先端の技術で、大がかりな設備も必要なため高額な投資を必要とした。1924 年に『大豆の加工』が出版された時点において抽出式の設備を備えていたのは日系の鈴木商店の大連工場のみだった（豊年製油 1944：2。詳しくは後述）。

大豆油を効率的に生産するために搾油率の高い技術が求められることは当然だが、豆粕製造にもより多く油分を抽出した物が高品質とみなされていた。そもそも肥料としての豆粕は、植物の生育を妨げる油分を大豆から取り除くために「搾油」（= 油分を除去）して製造されていた。搾油技術による油や粕の生産量とその品質の違いは表 1 − 1 の通りである。豆粕は搾油技術によって形状が異なったため、その形状によって呼び分けられていた。人力や畜力で圧搾して製造した「丸粕」、機械も導入して圧搾した「板粕」、そして化学薬品を用いて油分を抽出した「散粕」で、それぞれ豆粕の品質が異なってい

表1－1　搾油技術による大豆油の収量および豆粕の収量・残留成分の違い

豆粕の形状	搾油技術	大豆油の収量（%）	豆粕の収量（%）	豆粕中の残留油分（%）	豆粕中の蛋白質（%）
丸粕	圧搾（600～700封度）	約10	約86	8	40
板粕	圧搾（1700～2000封度）	約12	約84	5	43
撒粕	ベンジン抽出	約15	約80	1	45

注　：「封度」はポンドとして最高毎平方圧力を示す。
出所：増野（1942：159）より作成。

たことがわかる。

このように、満洲においては、日本が進出する前から人力や畜力による大豆搾油業が始まっていたが、機械や最新技術を用いた近代的な搾油産業の誕生は、日本を含む外資が牽引した。そして、満洲から豆粕の輸出を促し、大豆産業の成長に拍車をかけ、大豆を世界商品へと発展させたのが、農業の近代化を図った日本の肥料市場からの需要だったのである。

4　日本における農業近代化と購入肥料の需要増加

明治政府は、従来の農業の欠点を「淺耕・排水不良・少肥」と特徴づけ、農業を近代化し生産増加を目指す「明治農法」として、「畜力耕・乾田・購入肥料施用」の諸技術を推奨した。購入肥料（金肥）として、近世末には綿花など換金作物の栽培に干鰯や油粕などが使われ始めており、北海道ニシンの搾り粕も使われていた（牛山 2003：43-44）。硫安（硫酸アンモニウム）など化学肥料はまだ国産されていなかったため希少だった。そこへ、満洲から大豆粕が紹介されたのである。日本へ肥料用大豆粕の輸入が始まった時期や経緯にも諸説ある。大豆粕は1890年代頃から少量輸入され始めた（日清製油 1969：53）、もしくは、中国商人が満洲から日本の肥料産業へ大豆粕を輸入したなどとされている（満鉄興業部 1924）。いずれにしても19世紀末から日清戦争前後に満洲から日本の肥料市場に向けた豆粕の輸出は急激に増加し、この商品の主要な販売先は日本となった（雷 1981）。

前述のように、中国華南において豆粕を換金作物の肥料とする用途が見出され、満洲で大豆からの搾油が始まり、移民も流入して満洲の開拓と大豆の生産も増加し始めていたところに、日本から農業近代化のための肥料用として豆粕の需要が急増したのである。ちょうどその頃、日本の領事館や政商が満洲と日本の通商体制を確立し、アジアへの進出と国際貿易の商機を探していた。このため日本の肥料需要を受けた満洲産大豆粕は絶好の貿易商品となったと考えられる。

1-3 日本における近代的国家建設プロジェクト

次に、満洲からの大豆粕輸入に関与し、その後の近代的製油産業を率いていく主体として、近代化を急いだ日本政府と、そのために政府が支援した特殊銀行、財閥と政商、そして国策会社満鉄について整理する。

19世紀の開国後、近代的国家建設を急いだ日本は、欧米による植民地化を回避するべく、欧米からの投資や商人の進入を防ぎ、日本国内への資本蓄積と産業革命を推し進めようとした。そのために政府は急ぎ金融機関および商社を育成し、国際貿易とアジア進出を奨励した。こうした近代国家形成のための政策決定と、それによって支援された特殊銀行（とくに横浜正金銀行）、そして政府の商人「政商」として保護・育成された財閥の商人たちが、日本の近代的製油産業誕生の一翼を担うことになる。

1　資本蓄積のための政策決定

1853年の黒船来航による開国後、日本は資本主義化の道を歩み始めた。欧米諸国に比べると遅い出発だった。そのため、日本は列強による植民地化を危惧し、政府による上からの資本主義化を推し進めた（柴垣 1968：3-5）。幕府は日米和親条約や日米修好通商条約を受け入れるなど、欧米諸国に治外法権を認め、関税自主権を放棄する不平等条約を締結した。しかしその時、幕府は外国人による通商を居留地に制限し、外国資本や商人による国内への投資や通商を阻止しようと尽力した。条約交渉において駐日アメリカ総領事ハリスと激しく対決しながらも、日本は当時アジアにおいて唯一、国内通商禁止の規定を持つ条約を確保することができた。加えて、日本には江戸時代に国内商品経済と高利貸両替商など金融業の発展によって資本を蓄積していた実績もあった。そのため有力商人が日本側の引取商として外国商人たちに対応し、彼らを居留地に留めることができた。欧米資本の国内進入を実質的に食い止め、日本での資本蓄積を可能にした実力と環境が、19世紀アジアにおいて日本だけが産業革命を遂行できた要因の一つと考えられている（石井 2005）。

2　近代的金融機関の設立

欧米商人を居留地に留めるとともに、外資の進入を防ぎ正貨を日本人の手に留め、さらには産業革命を推進する資本を国内に蓄積することが日本の緊急課題だった。そのため、新政府は横浜正金銀行、日本銀行、国立銀行を中心とする近代的な金融制度の確立にも尽力した。

幕末の不平等通商条約締結時から外国為替業務は外国銀行に牛耳られ、金と銀の国内交換比率と国際比率が異なっていたこともあり、日本から金貨約50万両という大金が流出してしまった。また、近代化と産業革命のために、欧米諸国から機械などを購入し技術を移植するためにもさらなる資本が必要だった。外資導入も求められたが、その受容が欧米諸国による植民地化に繋がることを恐れた明治政府は極力これを避けようとした。様々な困難を経ながらも日本政府は1870年代に国立銀行制度を制定し、1880年に横浜正金銀行を、1882年に日本銀行を設立し、外国資本と対峙できる体制を急速に整備した。とくに横浜正金銀行は外国の銀行に対抗して正金（正銀）を運用供給し、政府公金と商社との資金取引も仲立ちし、正貨を日本に留めつつ日本人による国際貿易と海外進出を支える特殊銀行として機能した（土方 1980; 石井 2012：61; 木山 2009：235-236）。

3　政府に支援された財閥と「政商」[6]

当時日本を取り巻く世界では、インド・東南アジア・中国にまたがるアジ

6　三井・三菱・住友など、いわゆる「財閥」グループは、明治初期には「政商」、後には「富豪」、大正末期には「財閥」、戦後は「資本グループ」や「企業集団」と時代により呼称が変わっている（柴垣 1968：4-5 ）。時代によりその機能や構成メンバーも変化しているが、本書では大枠で財閥グループをくくっている。

ア間貿易も盛んであり、日本人は、欧米商人だけでなく、中国やインドなどのアジア商人とも競争する必要があった(杉原 1996)。西洋諸国による植民地化を退けるだけでなく、この激戦のアジア地域に進出し、国際貿易によって日本に正貨を蓄積するためには、強い日本商人が必要だったのである。そのためにも新政府は既存の有力資本を支援して、世界市場に食い込めるよう日本商人を政商として強化しようとした。「政商」とは、日本の資本主義形成期に明治政府が与えた特権的な保護を背景に、資本を蓄積して財閥形成の出発点となった豪商を意味した。なかでも三井と三菱は、それぞれ大蔵省と内務省から保護を受け、政府の目論見を達成する「政府の商人」の役割を担った。国内において、三井は地租改正によるコメの現金化や官公預金の取り扱い業務などを担当し、三菱は海運と付随する荷為替や保険・倉庫業務などを担当しつつ、財閥の基盤を築いていった(大石・宮本編 1975)。

とくに、三井物産は一民間企業でありながら、1社で日本の総輸出高の5分の1近くを占めるほど巨大化し、「日本株式会社商事部」として日本のアジア進出を牽引した(春日 2010：1; 坂本 2003)。三井は17世紀初期から江戸時代を通じて越後屋呉服店と幕府御用を務める両替店などで資本を蓄積していた。その後、井上馨が設立した貿易商社先収社を後に三井が引き継ぎ、1876年に設立されたのが三井物産である。設立の翌年には上海に支店を設置し、輸出促進のため政府間の借款を手がけ、アジア進出の政策を遂行するなど「政府の商い」を担った。三井物産は満洲の営口にもいち早く進出し、満洲大豆と大豆製品(豆粕・豆油)の国際貿易を最初に手がけたともいわれている(柴垣 1968; 日本経営史研究所 1976; 春日 2010など)。

こうして、黒船の到来によって開国し、欧米による植民地化を回避しながら後発資本主義国として近代的国民国家の建設を急いだ日本から、領事館・横浜正金銀行・三井物産など政商が「三位一体的に」海外、とくにアジアへの進出に乗り出した(春日 2010)。国際貿易の商機を求めていたこれら諸主体の前に、満洲における大豆搾油業と日本からの肥料用豆粕の需要が現れたわけである。そして、国家建設プロジェクトという国策とそれを遂行する諸主体が満洲の大豆経済に参画し、それを一躍発展させることになった。

2　満洲への進出と大豆経済への参入

満洲において大豆搾油業が誕生したところに、アジア進出と国際貿易の機会を求めていた日本の財閥や商社が日本への肥料用豆粕の輸入事業の可能性を見出した。この節では、日本側主体の満洲への進出過程と、彼らによる満洲大豆の搾油事業および満洲産大豆・大豆製品の国際貿易への参入と促進過程を整理する。

2-1　満洲への進出と大豆貿易の開始

満洲では、まず英国が1861年に営口を開港させた。そこへ日本領事館が1876年に開設され、1890年に三菱系の日本郵船が営口と日本の間に定期航路を開き、1890年代には三井物産が進出し、1900年には横浜正金銀行が営口に支店を開設した（金子 1991：28; 日清製油 1969：18など）。こうして営口－日本間に貿易体制が整った頃、満洲で育ちつつあった大豆搾油業が生産する豆粕に日本の肥料市場が注目し、これを商機と捉えた政商たちが豆粕の満洲日本間貿易に取り組み始めたのである。新たに日本の肥料市場から大口需要を得て、満洲における搾油業と豆粕の貿易は急成長し始めた。

日本の肥料市場からの満洲産豆粕への需要は、満洲における大豆搾油業を刺激し、満洲大豆とその製品（粕と油）を国際貿易商品へと発展させる一大要因となった。日本の需要の意義は、当時の貿易統計を見ても明らかである（表1－2）。1870年代から1900年代までの貿易統計によると、営口からの輸移出品の取引額のうち7～8割を大豆三品（大豆・豆粕・豆油）が占めており、1890年代には営口からの輸出に占める日本向けの割合が9割以上に達している（金子 1991：22-23）。豆粕の日本への輸出は日清戦争後にさらに急増し、満洲産大豆の搾油業と国際貿易に日本からの資本も参入するようになった。

2-2　満鉄による大豆経済への参画

日露戦争（1904～1905年）を経て日本が満洲を掌握することで、日系資本の

表1－2　日露戦争前の営口貿易（1872～1904年）と営口対外直接貿易の国別構成（1891～1904年）

（単位：千海関両）

	営口貿易			輸出先				
	輸移出	内、大豆三品	大豆三品割合	日本	日本向割合	香港	英国	合計
1872	2,001	1,740	**87.0%**					
1873	1,582	1,254	**79.3%**					
1874	1,754	1,374	**78.3%**					
1875	2,688	2,215	**82.4%**					
1876	2,639	2,090	**79.2%**					
1877	3,130	2,389	**76.3%**					
1878	4,387	3,511	**80.0%**					
1879	3,655	3,152	**86.2%**					
1880	3,353	2,719	**81.1%**					
1881	3,552	2,802	**78.9%**					
1882	3,626	2,961	**81.7%**					
1883	3,913	3,242	**82.9%**					
1884	4,123	3,282	**79.6%**					
1885	4,574	3,577	**78.2%**					
1886	4,527	3,136	**69.3%**					
1887	5,477	4,008	**73.2%**					
1888	5,686	4,358	**76.6%**					
1889	5,568	3,987	**71.6%**	日本	日本向割合	香港	英国	合計
1890	7,198	5,070	**70.4%**					
1891	8,070	6,363	**78.8%**	460	**99.9%**			461
1892	9,066	6,496	**71.7%**	1,173	**100.0%**			1,173
1893	9,310	7,065	**75.9%**	1,732	79.9%	433	0	2,167
1894	8,532	6,676	**78.2%**	1,129	84.6%	181	0	1,335
1895	5,605	4,579	**81.7%**	54	9.8%	441		550
1896	11,277	9,455	**83.8%**	3,104	87.3%	433	1	3,556
1897	13,809	11,373	**82.4%**	5,114	92.2%	414	9	5,548
1898	17,448	14,075	**80.7%**	6,683	93.1%	433	5	7,179
1899	20,616	16,686	**80.9%**	8,092	93.1%	589	0	8,691
1900	11,470	9,643	**84.1%**	3,458	88.6%	426	3	3,905
1901	18,742	16,089	**85.8%**	6,562	89.9%	597	1	7,303
1902	17,525	14,314	**81.7%**	8,019	91.8%	604	2	8,733
1903	19,982	14,636	**73.2%**	9,374	92.1%	695	13	10,179
1904	12,159	8,751	**72.0%**	1,084	69.0%	449	38	1,571

注：　太字は筆者による強調。
出所：金子（1991：22-23）より抜粋転載。

満洲進出も増加し、満洲産大豆に基づく搾油産業は大きく発展した。財閥・商社も引き続き他の日系企業を先導しながら大陸へ進出した。日本の国策会社として1906年に設立された南満洲鉄道株式会社（満鉄）の経営は、満洲大豆関連産業に支えられるところが大きく、満鉄も積極的に大連を中心とする大豆経済の建設を支えその成長を促した。1908年には満洲産大豆油が英国に紹介され、満洲の大豆が「油糧種子」として欧米に認識されるきっかけとなった。

1　大倉財閥と肥料商人による日清製油の誕生

満洲には「油房」と呼ばれた搾油工場が先行して稼働していたが、それらは小規模で設備も旧式なものが多かった。そこへ外資が進出し、日系資本も満洲における大豆粕製造・大豆搾油業と、満洲からの大豆製品輸出に参入した。

当時、満洲の大豆搾油業に進出した代表的な日系企業に、現在の製油業界大手、日清オイリオグループの起源である日清製油がある（以下、社名変更にかかわらず日清製油と称する）。同社は、国策に則って満洲への進出を狙っていた大倉財閥の大倉喜八郎と、満洲の大豆粕という新たな肥料原料に注目した肥料業者の松下久治郎とが、1907年に設立した「日清豆粕製造株式会社」を起源としている。

大倉財閥研究会によると、大倉財閥は「一貫した政商的蓄積様式」（大倉財閥研究会 1982：3）を特徴として政府に密着し、とくにアジア進出において政府と協調した政商だった。その創始者で1837年生まれの大倉喜八郎は、1854年に江戸に出て丁稚奉公を経て乾物商を興し、開国直後に横浜で外国船から新式武器が輸入される光景を目撃して鉄砲の売買に乗り出した（大倉財閥研究会 1982：21）。また1872年には自ら欧米視察に出かけ、旅先で岩倉具視使節団など明治政府の要人と面識を得たことが政商としての成長に貢献したといわれている（大倉財閥研究会 1982：25）。加えて、大倉は積極的に海外進出を図り、とくに中国大陸における活動の活発さが特徴だった。大倉財閥は1874年の征台の役（台湾出兵）から政商として関与しており、日清、日露、第一次世界大戦、日中戦争なども契機に大陸事業を拡大していった。

このような政商大倉が、満洲における豆粕製造・搾油業の成長および満洲から日本への豆粕の輸入増加に注目し、肥料業界で活躍していた松下と組んで設立したのが、現在日本の家庭用食用油市場における最大手企業と目される日清オイリオグループの起源、「日清豆粕製造株式会社」だった。同社創立時の役員と大倉との関係は表１－３の通りである。役員に大倉財閥関係者が多く見られ、大倉財閥が主力の一つとなって新会社を創立したことが明らかである。

表1－3　日清製油1907年創立時の役員と大倉財閥との関係

役職	氏名	大倉財閥との繋がり
取締役社長（内地担当）	高島小金治	明治21年（1888）年大倉組入社、大倉喜八郎の長女と結婚。
取締役（大連担当）	松下久治郎	肥料商。
取締役	柴田虎太郎	長年の大倉組社員。
監査役	喜谷市郎右衛門	薬種商。大倉家と親交があった。
監査役	大倉粂馬	大倉土木の責任者。大倉喜八郎の次女と結婚。
監査役	皆川廣量	（記載なし）
顧問	大倉喜八郎	大倉財閥の創始者。
顧問	浅田徳則	外務省通商局長、長野・新潟・廣島などの県知事、貴族院議員、大倉喜八郎と親交あり。
顧問	井口半兵衛	肥料商、松下商店をバックアップ。

出所：日清製油（1969：5-7）より作成。

創立時の「豆粕製造」という社名は、豆粕が同社の主な製品だったことを示している。同社の社史にも設立当時は肥料用に豆粕の需要が高まっており、「大豆油のほうは現在のように高度に食用化されておらず、むしろ併産品というべきもので、したがって大豆の利用は製油よりも豆粕の製造が主体となっていたのである」と記述されている（日清製油 1969：5）。日清製油に限らず、当時は大豆搾油をおこなう企業の多くが「井上豆粕製造所」「日本豆粕製造」「尾張豆粕製造」「徳島豆粕製造」など、「豆粕製造」を社名にあげていた（中島編 1967：508）。

日清製油は東京で創立したが、直後に取締役が満洲に渡り、営口に出張所を開設し大連に工場を建設するための交渉に入っている。創立直後に社長を含む首脳陣が「大陸との往来があわただしかったのも、彼地に当社事業の重点がおかれていたからである」と記されたように、同社の生産拠点は満洲で始まった（日清製油 1969：16）。陸軍省から借地の許可を得て建設された日清製油の大連工場は1907年12月下旬に完成し、満洲における日系製油工場の先陣を切って1908年8月に試運転を開始した（図1－3）。軍用地を借り受けて建設したこの工場は、埠頭に隣接し、豆油倉庫、税関、満鉄の鉄道引込線もあって、原料の引き取りや製品の出荷（輸出）も円滑におこなうことができた（図1－4参照）。同工場は当時最大規模の工場であり、敗戦まで満洲における大豆産業の代表的工場であり続けた（日清製油 1969：16-17; 朱 2014）。なお、その隣の②三泰油房は、三井物産が現地資本と設立したものだった。こうした事実からも、日本の財閥や政商の中国における豆粕製造・大豆搾油事業への進出は、軍部や満鉄など日本の満洲支配体制と密接に結びついていたことがうかがわれる。

2　満鉄と大豆経済の相互支援関係

1905年のポーツマス条約により、旅順や大連の租借権、長春以南の東清鉄道と付属する用地や関連利権を得ることで、日本は翌年、南満洲鉄道株式会社（満鉄）を設立した。株式会社の形態をとりながらも満鉄が日本の植民地国策会社だったことは周知の通りである。資本金の半額は政府出資であり、発足当初の役員には後藤新平総裁の下に官僚や特殊銀行出身者、そして三井物産出身者が加わっており（金子 1991：88）、事実上、政府・特殊銀行・財閥商社の三位一体による満洲進出のための機関だった。

この国策会社である満鉄の経営を、少なくとも初期に支えたのが満洲産大豆および大豆製品の貨物収益だった。満鉄の収益構成を分析した金子文夫によると、設立直後の満鉄は当初の予想を上回る収益を上げたが、その収益は鉄道部門の高収入によってもたらされた。とくに貨車収入が7割以上を占め、大豆と豆粕が大きな貢献をしたのである（表1－4）。つまり、満鉄にとって大豆と豆粕がもっとも重要な貨物であり、「その輸送量を伸ばすことが満鉄経営を支え、ひいては日本の満洲経営を支える意義をもっていた」（金子 1991：107）。表1－4が示しているように、満鉄本線重要貨物の輸送収入金額のうち、大豆と豆粕の貨物輸送は1908年には57.4％を占め、その後は石炭など他の割合が増えているものの、第一次世界大戦までは大豆と豆粕が輸送収入の約4割を占め続けていた（金子 1991：106）。

日本の満洲支配を支えるために大豆輸送業務の重要性を認識していた日本政府と満鉄は、満洲の大豆経済をさらに発展させるため、豆粕製造・搾油業とその流通に関する諸制度を整備して、大豆および大豆製品の輸出を促す政

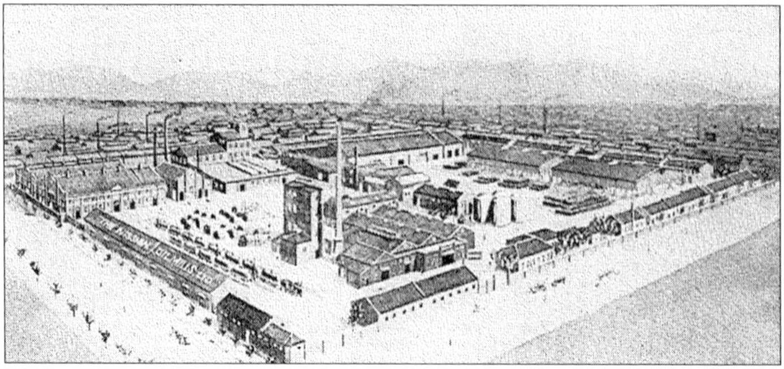

図１－３　日清製油の大連工場（1923年頃）
出所：日清製油（1969：16）より転載。

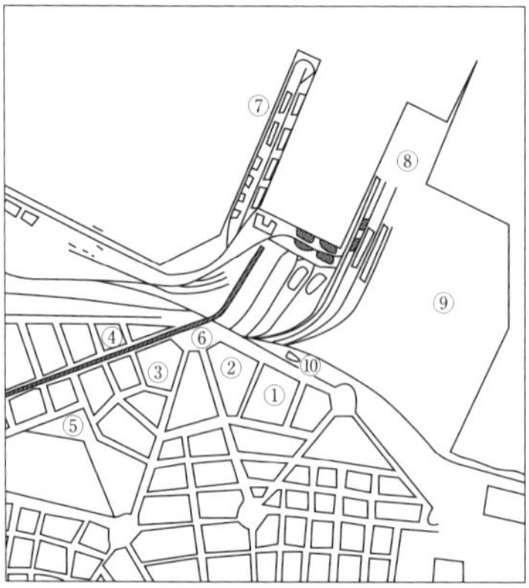

①　日清豆粕製造㈱大連工場
　（後の日清製油㈱大連工場）
②　三泰油房
③　恒昌公油房
④　税関敷地
⑤　陸軍専用地
⑥　東広場
⑦　西埠頭
⑧　東埠頭
⑨　埋築地
⑩　豆油倉庫

図１－４　1911年頃の大連市街図
出所：日清製油（1987：24）より転載。

表１－４　満鉄本線重要貨物の収入金額割合（1907～1914年度）

（単位：%）

	普通貨物		社用貨物	
	大豆・豆粕	その他	石炭	その他
1907	37.3	45.4	4.1	13.2
1908	57.4	28.4	8.1	6.2
1909	48.6	33.0	11.1	7.3
1910	48.8	33.2	12.8	6.1
1911	43.4	35.6	15.4	5.6
1912	38.1	36.9	21.4	3.6
1913	35.9	33.2	26.5	4.4
1914	44.9	29.9	23.0	2.2

出所：金子（1991：106）より抜粋転載。原資料は満鉄『十年史』。

策を推進した。具体的には、以下のような政策が進められた（金子 1991; 中島編 1967; 満史会 1964）。

「大連中心主義」
満鉄の鉄道路線、港湾設備、倉庫、宿泊設備などを充実させ（その機材・資材購入の多くは三井物産が請け負った）、大豆およびその製品を満鉄沿線から集荷して、大連経由で輸移出する体制を整えた。
「開港発着特定運賃制度」および「大豆三品貸切扱特定運賃制度」
それまで主な輸移出港であった営口への路線を、満鉄と大連経由に誘導するため、特別な運賃を設定した。
「混合保管制度」
大豆製品の格付けによる品質の標準化と保証券の発行により、特産品の大量取引を円滑にした。

このように、国策会社であると同時に鉄道会社でもあった満鉄が収益を上げるために取り組んだ満洲大豆産業の促進政策が、出荷のための制度を整え、満洲大豆三品の品質向上を促し、大規模に輸出できる世界商品へと発展させることに寄与したといえるだろう。

3　満鉄中央試験所と鈴木商店による豊年製油の誕生

満鉄は、1907年に開設した満鉄中央試験所を中心に、満洲大豆産業を技術面からも支援した。中央試験所は、大豆から効率的に油分を抽出するベンジン抽出法の技術をドイツから取得し、ドイツから購入した機械設備を備えた試験工場を建設した。そして、その技術と工場を1916年に鈴木商店に払い下げたのである。これが、今日まで大手製油企業として存続してきた豊年製油（現在のJ-オイルミルズ。以下、豊年製油）の始まりだった（豊年製油 1944：14）。

当時、日本最大とも称される有力財閥であった鈴木商店は、昭和初期に倒産し、内部資料も散逸してしまったことから、社史や体系だった研究が限られている。桂芳男による稀有な研究（1977, 1987, 1989）や、関連企業である豊年製油、日本油脂、日商岩井などの社史を総合的に検証すると、鈴木商店は大豆搾油や硬化油事業（詳しくは次章参照）に積極的に取り組み、その巨額の投資によって日本における近代的油脂産業の誕生に大きく貢献していたことがわかる。

鈴木商店自体は、明治維新期に鈴木岩治郎によって創業され、神戸の居留地貿易において「洋糖」（輸入砂糖）の引取商として始まった。日本における砂糖の供給は、江戸期の鎖国時代には長崎・出島を通した幕府管理下による輸入か、薩摩藩など藩の管理による生産に限られていたが、開国とともに香港で精製された安価でより甘い砂糖が輸入され始めた。鈴木商店はこうした輸入砂糖の取引に乗り出し、鈴木岩治郎の没後に事業を引き継いだ未亡人よねを番頭の金子直吉が補佐して事業を急激に拡大させた。金子は日清戦争後に日本が植民地として領有した台湾において、当時は重要物資だった樟脳の事業などに取り組み、後藤新平など政府要員や台湾銀行とも繋がった。そして、鈴木商店は第一次世界大戦による大戦景気に乗じて、三井物産を超える大財閥に急成長した。しかし、台湾銀行との癒着や第一次世界大戦後の不況、関東大震災による打撃などにより、昭和２年（1927年）に倒産した（桂 1977, 1987, 1989; 辻 1992; 豊年製油 1944; 日本油脂 1967）。鈴木商店に起源をもち今日まで続く大手企業は各分野に多数あり、食品関係分野にも豊年製油、日本油脂、大日本製糖、日本製粉、日商（現在の総合商社双日の前身の一つ）などがあげられる（桂 1987 他）。

油脂に関して、鈴木商店は1907年頃から朝鮮沿岸部の魚油を集荷・製油して欧州に輸出していたが、漁業資源の枯渇により魚油の生産が減少しつつあったため、満洲における大豆油にも関心を持った。満鉄がベンジン抽出法の特許権とその設備を備えた付属工場を払い下げようとした際、鈴木商店は三井物産を退けて買収に成功したといわれている（朱 2011; 豊年製油 1944）。

鈴木商店は満鉄中央試験所から引き受けた大連の工場の製造規模を、１日当たり原料処理量250トンまで拡張した。続いて同社は同じ抽出設備を備えた工場を日本国内にも３か所建設し、満洲産大豆を日本で搾油することで、日本における近代的大規模搾油業を牽引した。その規模は、清水工場（１日当たり原料処理量500トン)、鳴尾工場および横浜工場(同各250トン)と巨大であり、日本における搾油可能量を一気に拡大した(豊年製油 1944:2)。第一次世界大戦に突入していた欧米諸国からの油脂需要急増を受けて「天恵の時運に乗じ」(豊年製油 1944:41)、鈴木商店製油部は大豆搾油業界の大手へと台頭した。

しかし、1920年代の経済的・政治的混乱により、鈴木商店自体が苦境に陥ったため、1922年にその製油部は「豊年製油株式会社」として分離独立することとなり、同社が大連・鳴尾・清水・横浜の4工場とその営業権を引き継いだ。生産能力を拡張したものの、戦後はその規模に見合う原料調達力や販売市場が不足したため、工場の操業を停止したり、販路を求めて苦戦したりすることになる(朱 2011。詳しくは次章)。

3 輸入原料と近代的製油産業

3-1 日本での大豆搾油業の始まり

満洲からの豆粕輸入の増加を受け、鈴木商店による工場建設より先にも日本内地で大豆を搾油する大豆粕製造業・搾油業が始まっていた。『黄金の花』によると、日本における大豆搾油工業は、1902年に福井県敦賀港に大和田製油所が建設されたことに端を発するとされる(大浦・平野編 1948:158)。同製油所は、日本海側に面した港湾地区に建設された、圧搾法による大豆粕製造・搾油工場だった。こうして日本も「大豆諸工業の本格的発達の段階に入った」(大浦・平野編 1948:157)。政府も徐々に関税障壁を撤廃し、大豆粕を輸入するより、原料の大豆を輸入して日本で豆粕製造・搾油することを推奨する方向に切り替えていった。1906年には、満洲産大豆を肥料目的に搾油(=大豆粕製造)した場合は、輸入大豆にかけられていた関税を払い戻す「関税払戻」を始めた。さらに、1912年には、横浜と神戸の両港および愛知、三重、静岡などの指定地に輸入した大豆については輸入関税を払い戻すという「関税仮置場制度」により関税障壁を実質上撤廃した(大浦・平野編 1948:156-

159)。

こうした保護政策にも促され、すでに大正期には、兵庫県の井上豆粕製造所、愛知県の日本豆粕製造株式会社、山本豆粕製造所、井口豆粕工場、萬三豆粕工場、徳島県の美馬豆粕製造合資会社、徳島豆粕製造株式会社などが相次いで建設された。その多くが輸入原料を処理するのに適した港湾部に建設された「豆粕製造」を社名に持つ「海工場」だったことに注目したい。これらの工場は大豆を物理的に押しつぶして油を搾り出す圧搾式にとどまり、「未だ規模も小さく、設備も不完全なりし為め、尚充分なる発展の域には達することが出来なかった」（大浦・平野編 1948：159）という。

一方、当時最新の大豆搾油技術だった抽出式は「圧搾法に比し多額の資本を固定し、而も機械設備複雑にして生産費亦高価」（大浦・平野編 1948:160）だった。そのため、財閥などの大資本がその導入を牽引した。前述のように、第一次世界大戦に伴う欧州からの戦争特需を受け、鈴木商店が満鉄から獲得したベンジン抽出法による工場を清水、鳴尾、横浜に建設したことがその代表例である。こうした過程を経て、1915〜1919年（大正4〜8年）には、日本国内における大豆搾油工業の「黄金時代を現出するに至った」（大浦・平野編 1948：160)。しかし、それはむしろ「豆粕の黄金時代」（日清製油 1969：72）であり、日本で大豆油が食用油として普及する前のことであった。

3-2 「海工場」による豆粕製造工業の全盛時代

このように1918年頃には、満洲産大豆の輸入に依存して、日本における「大豆搾油工業の全盛時代」（増野 1942：173）が到来した。その主な搾油工場の所在地（表1－5）が示すように、主な大豆搾油工場は臨海部に建設された「海工場」だった。

日本における大豆搾油工場の建設地としては、「原料満洲大豆の輸入関係と製品の需要関係を考慮して大阪、兵庫、神奈川、愛知、福岡、静岡等の各地が選ばれ」たと当時の文献にも記述されている（豊年製油 1944:26）。つまり、満洲からの輸入原料を大量に処理し、商品の大豆油を輸出するために適した臨海部が選ばれている。

表1－5 「大豆搾油工業の全盛時代」(1918年頃)における主な大豆搾油工場

工場名	所在地	方法	大豆一日処理能力(トン)
松下豆粕製造所［日清製油］	横浜［神奈川県］	圧搾式	120
横浜豆粕製造株式会社	横浜［神奈川県］	圧搾式	100
鈴木商店製油所	横浜［神奈川県］	抽出式	150
鈴木商店製油所	清水［静岡県］	抽出式	300
矢野製油所	熱田［愛知県］	抽出式	100
鈴木商店製油所	鳴尾［兵庫県］	抽出式	200
日華製油	若松［福岡県］	抽出式	100

注　：工場一覧から大豆一日処理能力100トン以上の工場を抽出した。[］内は筆者による追記。
出所：増野（1942：174-176）より作成。

3-3 輸入原料に依存しての産業発展

これらの臨海部に建設された大規模工場、すなわち「海工場」によって、日本内地の大豆油の生産量も急増した。増野によると、1913年には3万8千石だったものが、1917年に15万石、1919年には18万石と増加している（増野 1942：185-186）。この生産の急激な増加は、豊年製油社史に「満洲大豆の輸入こそは本邦植物油脂工業界に革命的興隆の動因を与えたるもの」（1944：20）と記されたように、原料として満洲大豆の輸入に依存していた。他の史料にも戦前日本の油脂工業が年間必要とする80～90万トンの油糧原料のうち約95%は輸入に依存しており、「我国の植物油工業は全く満洲国及び支那に依存して居ると言ふも過言ではない」（村山 1941：24）と認識されていた。

当時、日本が輸入に依存していた油糧作物は大豆に限らない。大豆搾油はほとんど手がけていなかった吉原製油も、製油原料の9割を満洲や中国から輸入しており、「製油原料の、天恵の宝庫ともいうべき中国大陸がお隣にあったからこそ、日本の製油業はここまで発展できた」と認識していた（平野 1973：98）。油糧作物の輸入元を国別に見ると、大豆・蘇子・麻実は100%満洲から、綿実は中国75%・満洲17%、ヒマシは満洲65%・英領インド15%、ナタネは100%中国、ゴマは中国70%・満洲25%、落花生は満洲90%・中国

10%、アマニは中国67%・イラク25%・満洲および英領インド8%、コプラは蘭印(現インドネシア)90%・フィリピンその他10%の割合と報告されている(村山1941:24)。

上記から、日本の近代的製油産業は、その誕生期から満洲産大豆をはじめとする輸入原料に依存しており、大豆に限らず、ナタネやゴマなど日本でも生産できる油糧作物も含めて、戦前すでに原料の大部分を輸入に依存していたことは明らかであろう。つまり、輸入原料に依存し、それを「海工場」で搾油し、植物油を大量供給する体制をこの当時すでに形成していたのである。しかもそれは、日本において食用油の摂取がまだ少なく、食用大豆油の市販が始まる前のことだった。

4 大豆の国際貿易の発展

4-1 粕は日本へ、油は欧米へ

これまで述べてきたように、アジアの伝統的な食べものであった大豆は、豆粕と油を製造するための原料へと転化した。同時に大豆および大豆製品(大豆粕と大豆油)は、満洲の開港と日本の開国、日本の農業近代化のための肥料用豆粕の需要増、そしてアジア進出と国際貿易の商機を求めていた財閥や政商も参入して世界的に貿易される商品へと発展した。第一次世界大戦による油脂の特需は、日本国内に大規模搾油業の急成長を促したと同時に、大豆油輸出も急増させ、欧米において大豆が「油糧種子」として認識されるきっかけともなった。大豆は世界商品へと転じたのである。

この時代、大豆粕を日本へ、大豆油を欧米へ、1920年頃からは原料の大豆を日本と欧州へという貿易パターンが形成された。それをいくつかの統計で確認しておこう。

まず、当時の貿易統計『北支那貿易年報』に基づき、1930年に南満洲3港(大連・営口・安東)から出荷された大豆粕・大豆油・大豆の輸移出仕向国別量の割合を示したものが図1－5である。大豆粕の輸出仕向先の大部分を日本が

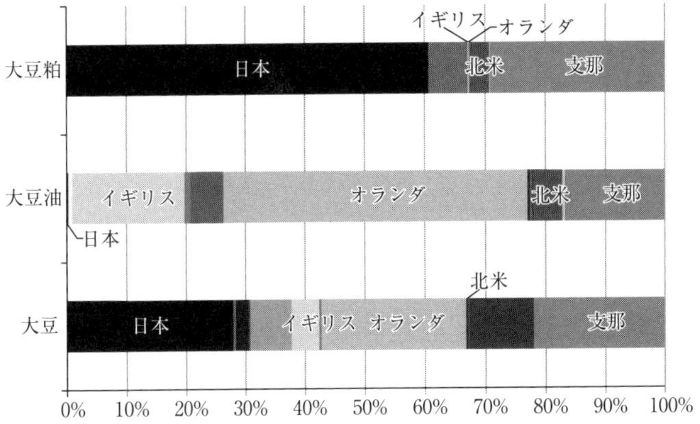

図１－５　南満洲三港からの大豆粕・大豆油・大豆の輸移出仕向国別の割合（量）
出所：満鉄『北支那貿易年報（昭和５年版上編）』pp.17-22より作成。

占めているにもかかわらず、大豆油の日本向け輸出はゼロに近かった。大豆油は欧米、とくに英国と、欧州への物資の集積港であるオランダが多かった。原料の大豆については、この頃までに搾油業の発展により日本への輸出も増えていたことを示唆している。ただ、『北支那貿易年報』の統計は年ごとに掲載国が変わり極端に増減する数値もあるため、経年で推移を比較するのは難しい。

当時の満洲からの貿易が、粕を日本へ、油は欧米へという構造となっていたことは、社史などや先行研究も指摘しているところである。例えば、豊年製油の社史は、大豆粕は日本に多く輸出されていたことを示している（図１－6）。大豆油の輸出量をみると、日本への仕向量はグラフに描かれていないほど少量で、ほとんどが欧米へ輸出され、とくに第一次世界大戦時に米国向け輸出が急増したことを示している（図１－7）。

雷（1981）がまとめた貿易統計によると、大豆粕は日本に（図１－8）、大豆油は欧米に（図１－9）、そして第一次世界大戦後には原料としての大豆が日本、そして欧州への輸出を増加させている（図１－10）。堀（2008）もこの統計を参照して、大豆粕の輸出先としては日本が圧倒的な首位を占めるが、大豆油については日本はほとんど輸入しておらず、1920年代頃からは満洲から日本へ大豆粕に代わって原料の大豆が輸出されたこと、また、第一次世界大戦後に

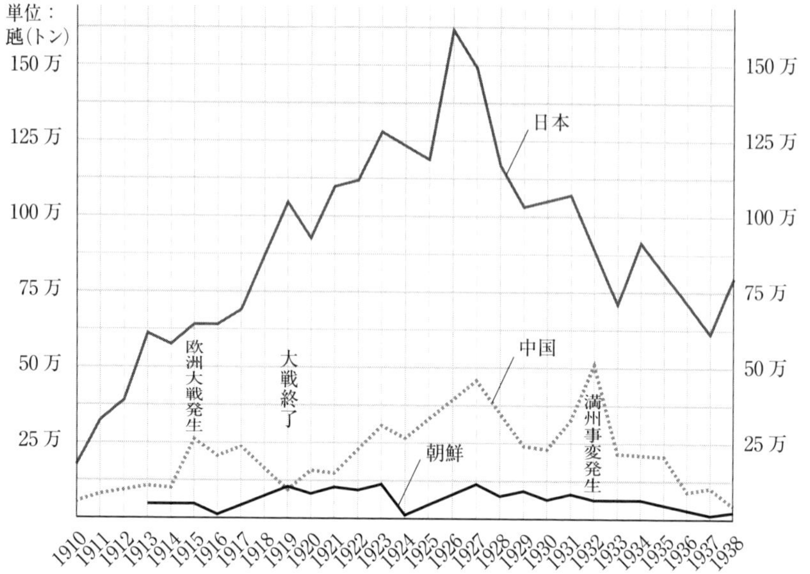

図1－6　満洲大豆粕の仕向国別輸出統計（1910～1938年）

出所：豊年製油（1944）図表ページよりトレースして再作成。1926年の値はグラフ不鮮明のため推測。

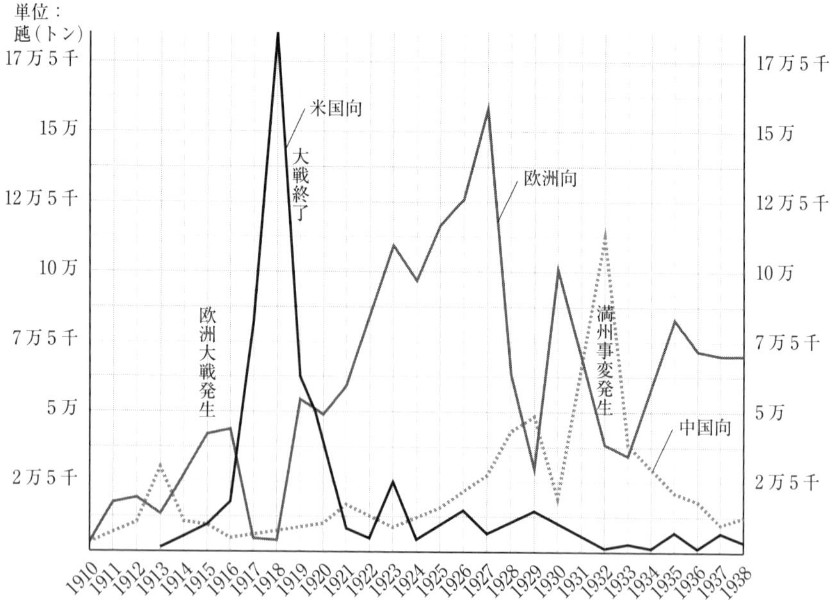

図1－7　満洲大豆油の仕向国別輸出統計（1910～1938年）

出所：豊年製油（1944）図表ページよりトレースして再作成。

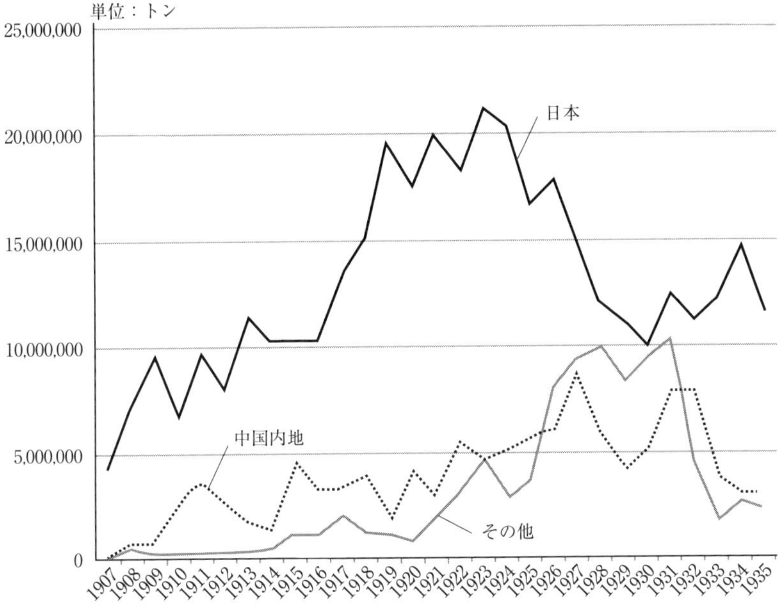

図１－８　満洲からの大豆粕の輸移出先別の推移（1907～1935年）
出所：雷（1981）より作成。

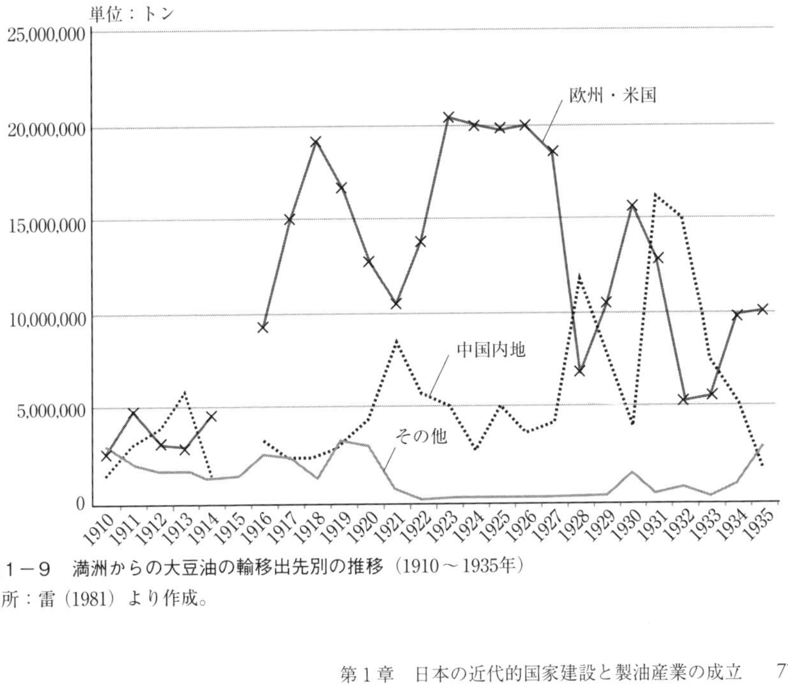

図１－９　満洲からの大豆油の輸移出先別の推移（1910～1935年）
出所：雷（1981）より作成。

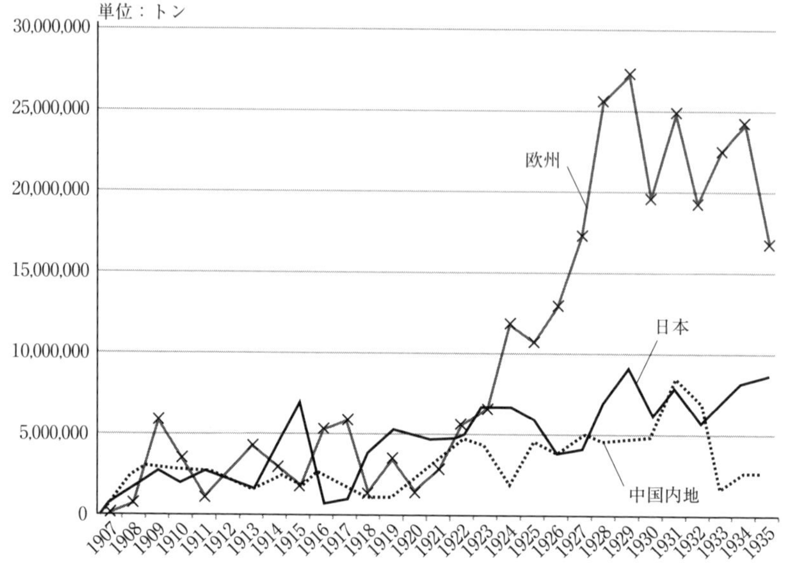

図１－10　満洲からの大豆の輸移出先別の推移（1907～1935年）
出所：雷（1981）より作成。

はドイツの化学工業が満洲産大豆を原料に採用したため満洲から欧州への大豆輸出が増加したことを述べている。

これらの統計からも、近代以降、日本が大豆の輸入を増加させ、国内にも近代的大規模搾油工業を樹立させたのは、植物油に対する国内需要の増加がみられたからというより、大豆粕が必要とされたからであり、大豆油については欧米への輸出市場に全面的に依存していたことが明らかである。ましてや、消費者の「食の洋風化」による食用油の需要増加に応えるためではなかった。

4-2 米国における大豆栽培の促進

最後に、大豆の世界商品としての発展が米国と満洲に与えた影響について補足しておきたい。

米国では、第一次世界大戦期に満洲からの大豆油輸入が急増し（図１－７参照）、これをきっかけに大豆へ関心が高まった。米国では19世紀頃に大豆の栽培が興味本位から始められたといわれており、豆の収穫を目的に栽培されるより、茎葉部を飼料にするため、もしくは採種用に栽培されていたに過ぎなかった（Berlan *et al.* 1977）。米国における大豆油の生産は輸入大豆を原料として始まり、その生産量は1922年に公式な統計に掲載され始めるまで少量に留まっていた（Eisenschiml 1929）。しかし、満洲からの大豆油の輸入増加を見て、それまで綿実を搾油していた西海岸の工場が輸入大豆を搾油し始めたといわれている（Eisenschiml 1929）。そして1920年代に米国大豆協会（American Soybean Association：ASA）が結成され、1929年には米国農務省がアジアに使節団を派遣して大豆についても調査させている（USDA 2009）。その後、1930年代には米国における大豆生産が急増し、第二次世界大戦が終わるまでに世界的な大豆生産国へと成長した。これが、米国覇権下の第2次フードレジームにおいて大豆が重要な農作物となるきっかけとなったと考えられる。

4-3 満洲における大豆経済の発展と軍閥の台頭

満洲における大豆経済の発展は、現地の商人や資本家の台頭も促した。満洲における大豆の生産は主に現地の農民や中国他地域からの移民によって担われた（安冨・深尾編 2009）。また、農民からの大豆の買付は、慣習の違いや複雑な貨幣制度などから、日本の商社を含む外国勢力には手を出せない領域だった。そのため「糧銭」と呼ばれた現地の商人たちが、大豆の買付から販売、保管、運輸、農家への融資、日常生活用品の提供などの機能を担っていた（糧銭については朱 2014 に詳しい）。やがて台頭した奉天軍閥の張作霖も満洲大豆や大豆製品の輸出から得られる外貨に注目し、大豆産業に介入し始めた。張は1910年頃から満洲の土地を集積し、1920年代には搾油工場や糧桟の経営にも乗り出した。やがて日本の満鉄と平行する鉄道路線を開通させたり、独自の信用通貨で大豆を買い占めたり、大豆の輸出で得た外貨で外国産武器を購入して軍事力を強化したりするなど、日本側と対立するようになっていった（朱 2014; 安冨 2015：104）。大豆をめぐる対立と軍事的対立の因果関係にはここでは立ち入らないが、歴史はその後、1928年の張作霖爆殺事件、1931年の満洲事変、1932年の「満洲国」設立へと続いている。

5 考　察

前節までに概観した日本における近代的製油産業の成立過程について、本節では、とくに資本の論理に注目しながら、1　商品と市場、2　技術と生産設備、3　企業・資本・政策に分けて考察する。最後に、4　この日本における歴史的事例を世界的なフードレジームの枠組みに位置づけて考察する。

1　商品と市場
――肥料用豆粕と工業原料としての大豆

日本の近代的製油産業は満洲産大豆を搾油し、主に肥料用に大豆粕を生産することから始まった。日本においては肥料用大豆粕として農業の近代化ならびに輸出商品の増産を促すことで資本蓄積と産業革命に貢献した。満洲においては、開拓や鉄道網の発展を伴いながら満洲を世界的な大豆生産・輸出地へと成長させ、大豆経済の発展に貢献したと考えられる。こうして、大豆はアジアの伝統的な食べものから工業原料へと転化し、大豆および大豆粕・大豆油は、欧米諸国もその価値を見いだし世界的に貿易される商品となった。

当時、大豆粕は主に肥料用として生産・輸移出されたが、その肥料利用も食料生産が第一義ではなかった。本章で概観したように、中国においても大豆粕は購入肥料として、まずは上海周辺の木綿増産のための綿花栽培に、次に華南の砂糖増産のためのサトウキビ栽培に利用された(足立 1978)。木綿も砂糖も自家消費用というより商品として販売することが主目的の換金作物だった。その大豆粕が日本にも輸入され、後には満洲産大豆を原料に日本内地でも製造されるようになった。大豆粕は日本農業の近代化を推し進め、主に購入肥料としてコメや桑の栽培に使われ、その増産を促すことで外貨節約もしくは外貨獲得に貢献した。日本は当時、食料を自給して外貨の流出を防ぐと同時に、さらに外貨を獲得するため生糸や絹製品など主要輸出商品を増産する必要に迫られていたが、大豆粕が肥料としてコメや桑などの栽培に施肥されることによって、これらの目的が達せられることになったのである。

日本の近代化においては、小生産者が農村に残ったまま農業あるいは農業と結びついた家内工業に従事し、輸出品やその原料を安価に産出することを通じて日本資本主義の発展に大きく寄与したと、農業経済学の先行研究が明らかにしている（牛山 2003：40）。つまり、満洲産大豆に依存した大豆粕の大量輸入および大量生産が、肥料として、当時の主要輸出商品だった生糸や絹製品の増産を支え、間接的にではあるが、日本における産業革命と資本主義的発展に貢献したといえる。

他方、満洲においても「大豆経済」の発展が満洲への資本蓄積を促し、後にはそれを通じた軍閥の政治的・経済的な台頭を支えた。満洲への移民の流入と森林を切り拓いての大豆の増産、糧銭（地元商人）による集荷・金融業務など、大豆輸出のための農業生産および搾油産業の拡大を通じて現地の大豆経済を発展させた。さらには大豆貿易から得られる外貨に目をつけた軍閥の台頭をも支えることになった。1920 年頃には奉天軍閥は満洲地方最大の地主となり、油房の経営を始め、日本と対立するに至る（朱 2014）。これだけが原因とは言い切れないが、その後の歴史は軍事衝突と日本による傀儡国家の建国へと繋がっていく。

こうして、大豆は東アジアにおける伝統的な食べものから粕と油を製造する工業原料へと転化し、かつ、世界的に貿易される「世界商品」へと発展した。大豆は、大豆搾油産業および国際貿易を発展させるとともに、大豆粕＝購入肥料として商品作物の増産を促し、日本および満洲における資本蓄積に貢献したといえる。こうして「大豆」という食べものは、大資本が扱う商品へと転じ、資本蓄積体制に組み込まれていったのである。

2　技術と生産設備
——機械制大工業としての「海工場」

大豆が資本蓄積体制に組み込まれた背景として、大規模な資本を必要とする抽出法や工場設備を備えた機械制大工業による豆粕製造・大豆搾油が財閥や国策会社の手によって促されたことが重要である。含油量の比較的少ない大豆を「oilseed」と呼ばれる油糧種子として今日まで続く代表的な穀物商品へと転化させたこと、すなわち大豆を世界商品へと発展させたことの一端を、日本の財閥や大手製油企業が担ったわけである。

日本では近代以前からエゴマやナタネなど在来の比較的含油量の多い油糧種子を原料に植物油が搾油されており、主に燈明用として特権を受けた製油業者が長木や搾め木などの道具を用いたマニュファクチュア的な搾油業をおこなっていた。しかし、圧搾への機械動力の導入や化学薬品で油分を抽出するなどの技術革新により、搾油業は機械と技術を備えた大工場において粕と油を大量生産する産業へと移行した。大豆に限らず、これらの機械と技術により、ナタネなど他の植物油も工場で大量生産することが可能となった。

満洲においても、大豆の搾油が始まったころは人力や畜力で道具を使って搾油する小規模な油房が主であり、動力に機械を使う「機械油房」を導入したのは英国や日本などの外国資本だった。日清製油が建設した大連工場は、圧搾式だったが機械油房として大豆粕を大量生産することができた。また、当時の先端技術であったベンジン抽出法を大連で始めたのは、国策会社で資金とエリート層を備えていた満鉄中央試験所であり、それを引き継いだのは当時日本最大の財閥だった鈴木商店だった。このとき製油業が大資本を必要とする機械制大工業へ移行したと考えられる。

資本による機械制大工業は、その大量生産体制のために、原料の大量調達を国内農業より満洲から輸入する大豆に求め、生産した商品である大豆粕を日本の肥料市場へ供給する一方で、日本には市場がなかった大豆油については海外に市場を求めて欧米に輸出した。つまり、資本主義的生産様式である「海工場」は、その機械制大工業としての大量生産体制のため、当初から輸入原料に依存して誕生したといえる。現在日本が植物油自給率2～3%とその原料を全面的に輸入に依存している体制は、一般的に説明されるように第二次世界大戦後の「食の洋風化」による需要増加によるものというより、近代的製油産業の誕生時に製油業が「海工場」という資本主義的生産様式へと移行したことに起因していたといえるだろう。

3　企業・資本・政策
——政府と大資本による近代的国家建設プロジェクト

資本主義的生産様式としての製油産業は大資本を求める。近代以降の日本においては、当時、政府とともに日本の資本主義的発展に寄与した財閥や政商が、近代的製油産業の誕生と大豆の国際貿易を牽引した。

後発資本主義国として19世紀後半に近代化を始めた日本は、政府主導による資本主義化を急激に推し進めるためにも、封建時代から成立していた大資本を財閥として支援しながら、近代的金融機関を整備し、政商を育成してアジア進出へ乗り出した。また、大倉財閥や鈴木商店のように、居留地貿易や軍需など近代化に伴う経済的な変化の中で台頭した新興財閥とも協調した。これらの財閥（もしくはその商事部門）が政商としてアジア進出と国際貿易に乗り出した際に、石炭や繊維製品に加えて製糖業やコメなど他の農産物の開発や国際貿易も担った。満洲産大豆および大豆製品はその典型例だったといえるだろう。

日本の領事館・特殊銀行・財閥政商が三位一体的に（春日 2010）アジアに進出したちょうどその時、満洲において大豆の増産と豆粕製造・搾油業が始まっていたのは歴史の偶然かもしれない。いずれにしても、満洲産の大豆粕は、商機を求めて満洲に進出した三井物産などの政商に大きなビジネス機会を提供した。また、国策会社とはいうものの鉄道会社として自ら経営を支える必要があった満鉄にも貨物輸送という収益機会を提供した。満洲産大豆の搾油産業と貿易の発展が満鉄の経営を支え、間接的に日本の満洲支配を支えた（金子 1991）。さらに満洲産大豆は、石油資源に乏しい日本が掌握していた貴重な油糧資源として、日本が帝国主義化を強め戦争を拡大する動きをも支え続けることになる。これについては次章で取り上げる。

結果として、開国後、近代的国家建設を急いだ日本では、国内における資本蓄積のためにアジア進出と国際貿易の発展を図った政府の政策決定と、その国策の下で政府に支援された財閥・政商、そして国策会社（満鉄）の企業行動が、満洲産大豆から肥料用大豆粕や輸出用（後には軍需用）油脂を製造する産業として近代的製油産業を誕生させた。そしてこれら日本の主体が満洲産大豆の豆粕製造・搾油業および大豆・大豆製品の国際貿易によって資本を蓄積し、今日まで続く企業の基盤を構築することができたと考えられる。

4　大豆粕・植物油複合体の形成とアジアの文脈における第1次フードレジーム

満洲産大豆を原料に日本の財閥・政商・大手搾油企業が牽引して大豆粕製造・植物油供給の複合体が形成された。具体的には《満洲において移民が森林を開拓して大豆を生産→馬車と鉄道網で集荷→大豆粕製造・搾油業によって粕と油の生産→大豆・大豆粕・大豆油の国際貿易→大豆粕が肥料として日本の農業近代化を促しコメと桑を増産→生糸・絹製品の生産と輸出による外貨獲得および産業革命の促進→日本における資本蓄積と資本主義的発展》という複合体が形成され、満洲と日本の農業および大豆を組み込んだ資本蓄積体制が構築された。この大豆粕・植物油複合体が成立するとともに、満洲は大豆および大豆製品(粕・油)を世界的に供給する大豆産地へと成長し、日本では大豆粕が肥料として間接的ながら資本蓄積に寄与し産業革命を支えた。同時にこの複合体に参画した満鉄や財閥・商社、大手製油企業等が成長し、満鉄以外は今日に続く企業体の基盤を築くという、自己再生産的な資本蓄積の体制(レジーム)が形成された。第1次フードレジームに関する先行研究では、新大陸植民地の米国で生産された小麦が英国の賃労働者の食料として輸入され、英国の資本主義的発展を支えたと議論されている。満洲の大豆は、当時、日本の賃労働者の食料として輸入されたわけではなかったが、大豆粕が肥料として間接的に日本の資本主義的発展を支えたことから、これを「アジアの文脈における第1次フードレジーム」と捉えることができる(Hiraga 2015)。

同時に、大豆油が欧州や米国にも輸出されたことで、満洲産大豆が油糧種子として欧米諸国にも注目されることとなった。とくに米国は、1930年代から国内で大豆の生産を急増させ、第二次世界大戦後には世界的な大豆の生産・輸出国となった。このことにより、大豆は、米国を新たな覇権国とする第2次フードレジームにおいて重要な役割を担う商品へと発展した。世界商品・油糧種子としての大豆の「需要増加」はその後も続けられ、その生産地は、1970年代にはブラジルやアルゼンチンなど南米に広げられ、現在ではアフリカへと、さらなる生産拡大が謳われている。「大豆が森林を食いつぶす」プロセスは満洲から始まり、今日まで世界各地で続いているのである（安冨 2015：102）。そして、満洲で始まった世界規模での大豆の発展プロセスを顧みると、その当初から今日に至るまで日本が深く関わり続けていることに改めて気づかされる。これについては、後続の章で明らかにしたい。

おわりに

本章では、日本における植物油供給体制の形成過程を政治経済学的に検証することによって、満洲産大豆に依存した近代的製油産業誕生の背景に、資本蓄積と産業革命、国際貿易の推進、アジア進出を図る近代的国家建設プロジェクトがあり、その国策遂行の一環として、財閥・政商、国策会社、そしてそれらに支えられた大手製油企業が、大資本主導による資本主義的生産様式としての近代的製油産業を成立させたことを論証した。

これまでの考察から、日本における近代的製油産業の誕生およびその原料としての大豆の輸入増加が、食料を確保するためという食料安全保障を第一義の目的としていたとは考えにくい。当時、植物油、とくに大豆油はまだ食用として普及しておらず、大豆粕の肥料利用も食料確保というより、外貨節約および輸出用の商品増産による外貨獲得のためだった。国家建設プロジェクトの一環として資本主義的発展のために取り組まれたからこそ、財閥・政商など大資本が率いる形で大豆粕・大豆油供給体制が形成されたと考えるべきである。

さらに、この時代に大資本が建設した「海工場」は、手工業的な搾油業から、近代的な機械制大工業による資本主義的生産様式への移行を示すものだった。機械制大工業は大量の原料を求め、そこで大量生産した商品の販売先を常に必要とする。飽くなき資本蓄積を進めるためには、さらなる生産拡大を支える原料が欠かせない。海運で大量調達できる輸入大豆が求められたのはそのためであろう。つまり、近代的製油産業は初めから輸入原料に依存して誕生し、第二次世界大戦前にはすでに油糧原料の大部分を輸入に依存する体制が形成されていたと考えるべきである。資本蓄積の過程に組み込まれたことによって、大豆はアジアの伝統的な食べものから粕と油を製造するための工業原料へと転化し、やがて油糧種子として今日まで続く世界商品へと発展したのである。

こうして形成された大豆粕・植物油複合体は、満洲においては大豆増産と大豆経済の発展を促し、日本においては資本蓄積と産業革命を促進させ、資本主義的発展を促した。そして、日本を中心に「アジアの文脈における第1次フードレジーム」が形成されていったと考えられる。

次章では、輸入原料に基づく資本主義的生産様式によって大量供給体制を構築した大豆粕・植物油複合体が、大量生産した粕と油の販路を確保するために用途拡大と市場開拓に邁進していく様子を取り上げる。

第2章

油脂産業の発展と油粕・植物油の用途拡大

——世界大戦戦間期を中心に

はじめに

日本の近代的油脂産業は、肥料用の豆粕製造を主な目的として誕生し、欧米からの第一次世界大戦による油脂特需に乗じて急成長した。しかし、戦後にはこの輸出市場を失ったため、大量生産した商品の販売先を開拓する必要に迫られた。本章では、主に第一次世界大戦期から日本が日中戦争・太平洋戦争へと突き進む戦中期までを対象とし、第１章でその形成を確認した植物油複合体の発展過程を明らかにすることを課題とする。とくにこの発展過程において、技術革新や新商品開発に尽力した企業努力に加えて、油脂産業を支えた大資本の関わりと政策決定に注目し、供給側から商品の販売市場を求めて油脂および大豆粕の用途拡大と需要創出を促したとの仮説に基づき考察をおこなう。

本章の構成は、まず第１節で、油脂増大の要因分析や油脂に関する統計、油脂原料や揚げ油などに関する先行研究や史料を検証し、対象時期の時代背景を確認する。第２節では、大豆油に先駆けて食用を含む新たな市場を広げていたナタネ油産業の発展過程について整理する。その上で、第３～６節において、大豆粕と大豆油の用途拡大と新たな市場開拓の経緯を明らかにする。第３節では、国内外の政策転換、満鉄における調査・研究、そして、主に油脂関連企業による大豆粕と大豆油の需要創出への努力について取り上げる。

第４節では、新たな油脂加工製品として登場した硬化油について、とくにその原料となる油脂を巡って争われた言説にも注目しながら整理する。第５節では新興財閥も含めた食品産業全体における資本独占の動きについて、第６節では石油化学が発展する前の戦時下における軍需と植物油の関係について、それぞれ取り上げる。

最後に第７節で、以上を通じて概観した近代的油脂産業の発展過程を資本主義的発展過程と世界的なフードレジームの枠組みに位置づけて考察する。そして、このレジーム間の転換期に、大豆を中心とする油糧作物が、食用・非食用・軍需を含む多種多様な工業の「原料(raw material)」として用途と市場を急激に拡大し、続く第２次フードレジームのありようを左右する作物に成長したことを結論づける。

1　先行研究と時代背景

1-1　先行研究による油脂増加の要因分析

第二次世界大戦前から植物油の供給が増加していた要因については、一般的な言説のみならず研究文献においても、人口増加や「食の洋風化」に由来すると説明されることが多い。例えば、日本におけるナタネ栽培と搾油の歴史をまとめた野中らも、江戸時代まで主に燈明用として生産されていたナタネ油について、明治期以降にその消費が増加した理由を「洋食の普及や食生活の改善に伴って需要が拡大した」ことに求めている(野中ほか 2013：12)。近代食油工業を食品産業史の観点からまとめた中島編(1967)も、1918 年頃に到来した日本における「大豆搾油工業の全盛時代」(増野 1942)の後に、大豆油の精製技術が進んだことから食用油としての供給が増加し、ナタネ油と競合するようになったと述べている。また、1928～29 年に大豆油の生産が増加したことについても「食用油としての消費量が増大しつつあったためであろう」と述べている(中島編 1967：515)。さらに、1920 年代に大豆油が食用油として市販され始めた時期に発生した関東大震災(1923 年)が、食用大豆油の普及に図らずも貢献したことが指摘されている。すなわち、ナタネの収穫と搾油を終えナタネ油の在庫が豊富だった時期（9月1日）に関東大震災が発生し、東京の油問屋が大量に抱えていたナタネ油が焼失、その不足を大豆油が埋めたことが「ダイズ油に対する消費者の偏見を破る一つの契機」となり、その後、大豆油も単体で市販される食用油としての市場が拓かれたと分析されている（中島編 1967：515；東京油問屋市場 2000）。

このように戦前における植物油の供給増大についても、消費者の嗜好変化による需要増加を前提とする説明が繰り返されている。確かにある程度食用もあったが、それだけを要因として戦前からの油糧作物の輸入や大工場における植物油生産の急増を説明できるだろうか。以下、統計データを確認する。

1-2 油糧作物と植物油に関する統計データ

実際、戦前までに油脂はどれほど増加していたのか。断片的ではあるが現存する文献を基に、油糧作物と植物油の生産および輸出入に関する統計データによって検討する。

まず、大豆とナタネの油糧作物の輸入量と国内生産量の経年変化を比べてみたい。図２－１において、日本における大豆搾油産業が急成長した1918年頃以降、大豆の輸入量が急増していることから、近代的製油産業が輸入原料に依存して発展したことが確認できる。これに対して、同時期の大豆国内生産量は増減を繰り返しながらも全体としては減少気味だったことが図２－２において見てとれる。

先行研究でも満洲からの輸入増加が指摘されている大豆に対して、代表的な国産油糧作物であるナタネについては、戦後の高度経済成長期に輸入が増加するまでは自給率が高かったと考えられることが多い。しかし、ナタネの需給量を統計で確認すると（表２－１）、近代的製油産業が発展した1920年代頃すでに大量に原料を輸入しておりナタネ自給率はそれほど高くなかったことがわかる。1930年代後半から戦況激しくなる頃に自給率が増加したが、ナタネの国内生産量が飛躍的に増加したのは第二次世界大戦後であり、その自給体制が確立したのは戦後だったことがわかる。また、ナタネ油の生産量

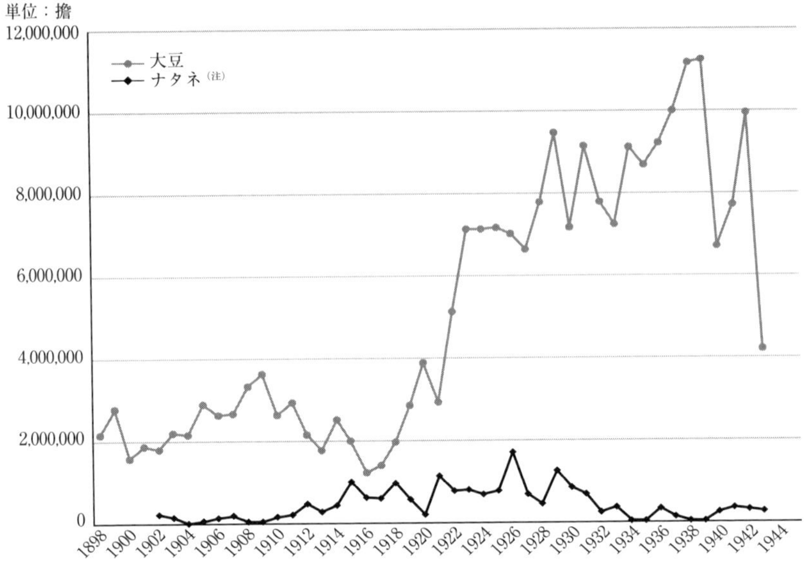

図２－１　大豆とナタネの輸入量の推移（1898～1945年）

注　：ナタネの項目名は1915年までは「菜子」、以降は「菜子及芥子」。

出所：大浦・平野編（1948: 58-61）「植物性油脂原料輸入高統計」より作成。原資料は大蔵省外国貿易年表。

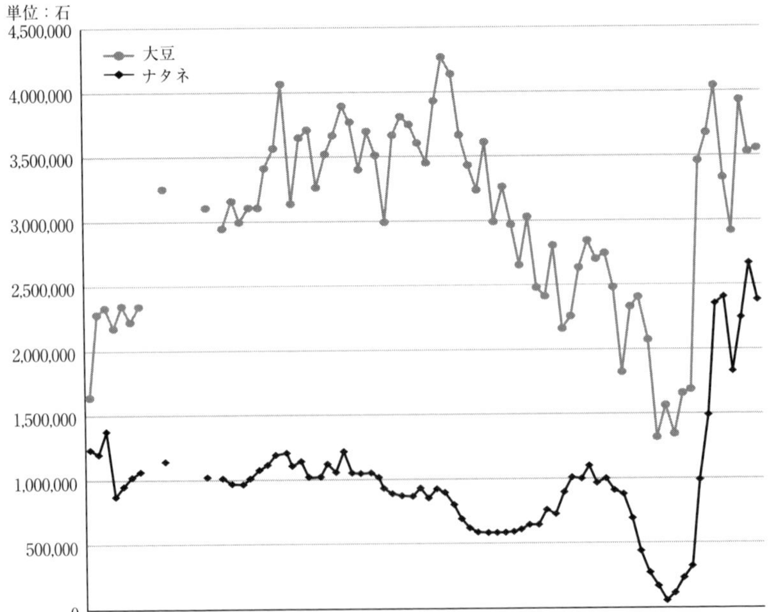

図２－２　大豆とナタネの国内生産量の推移（1878～1956年）

出所：油脂製造業会『製油要覧（1958年）』「推定実収高」p.105（ナタネ）、p.45（大豆）より作成。原資料は農林省累年統計表、農林省統計表など。

表２－１　ナタネおよびナタネ油の年次別需給実績（1927～1955年）

単位：トン（M/T）

	ナタネ（原料）					ナタネ油（製品）			
	国内生産高 A	輸移入高 B	輸移出高 C	国内供給量	自給率概算	国内生産高 A	輸移入高 B	輸移出高 C	国内供給量
1927	71,138	40,958	1,317	110,779	64%	41,311		15,393	25,918
1928	71,480	26,516	486	97,510	73%	30,023		6,134	23,889
1929	74,568	74,703	1,716	147,555	51%	35,465		11,653	23,812
1930	79,798	50,584	746	129,636	62%	32,556		14,924	17,632
1931	77,152	40,271	545	116,878	66%	33,117		8,160	24,957
1932	91,456	14,147	1,574	104,029	88%	30,445		5,732	24,713
1933	89,941	21,157	2,384	108,714	83%	30,878		7,092	23,786
1934	108,063	46,608	3,715	150,956	72%	43,141		16,369	26,772
1935	121,386	65,587	3,304	183,669	66%	59,115		30,526	28,589
1936	121,157	17,942	1,083	138,016	88%	53,332		26,612	26,720
1937	132,316	6,934	1,817	137,433	96%	34,720		9,626	25,094
1938	116,467	509	133	116,843	100%	34,204		6,817	27,387
1939	120,276	27	2,140	118,163	102%	61,482		12,138	49,344
1940	108,787	14,884	576	123,095	88%	39,995		3,164	36,831
1941	105,931	19,694		125,625	84%	45,000		3,470	41,530
1942	83,527	16,856		100,383	83%	44,000		168	43,832
1943	52,962	12,276		65,238	81%	21,000	322	81	21,241
1944	32,544	5,314		37,858	86%	14,000	103		14,103
1945	20,040	6,920		26,960	74%	4,176	12		4,188
1946	6,926			6,926	100%	4,130			4,130
1947	13,640			13,640	100%	2,661			2,661
1948	27,238			27,238	100%	5,060			5,060
1949	38,431	1,841		40,272	95%	8,588			8,588
1950	119,431	807		120,238	99%	39,605		274	39,331
1951	178,524	302		178,826	100%	59,000		1,233	57,767
1952	282,300		14	282,286	100%	93,154		1,322	91,832
1953	288,900		1,079	287,821	100%	94,932		3,969	90,963
1954	219,700			219,700	100%	74,700		1,288	73,412
1955	269,500	20,056	176	289,380	93%	94,332	7,020	60	101,292

注　：国内供給量はA+B−Cの計算式で算出し、ナタネ（原料）については国内生産高Aを国内供給量で除して自給率を概算した。

出所：食糧庁『油糧統計便覧：含大豆食品・飼料（昭和31年）』pp. 88-89より作成。

を見ると、1933年頃から急増しているが、同時期に輸出量も急増しており、ナタネ油を輸出市場向けに生産増加したことが示唆されている。そのナタネ油の輸出が1930年代後半から減少したのは、後述するように米国による輸入禁止的な関税設定という政策決定が影響していた。

戦前の統計資料は、同じ政府統計でも掲載文献によって数値が異なり、石（容量）とトン（重量）など異なる単位も混在しているため、数値の精査・検証だけで別途研究を要するほどである。これらの統計データから近代以降の長期間における需給量推移およびその構成変化を正しく把握することは難しい。しかし、その他の文献による知見も踏まえて次のことがいえるだろう。第一に、第1章でも述べたように、戦前から、満洲の大豆に限らず、ナタネなど国内で生産できる油糧作物も相当量を海外、とくに中国・満洲から輸入していたことである。「製油原料の、天恵の宝庫ともいうべき中国大陸がお隣にあったからこそ、日本の製油業はここまで発展できた」（平野 1973：98）との認識に反映されているように、日本の植物油生産はその原料の大部分を中国・満洲からの輸入に依存していた。上記で概観した統計データも、大豆に限らず、ナタネもかなりの量が輸入されていたことを示している。つまり、一般的には日本の植物油自給率は第二次世界大戦後の高度経済成長期に激減したと説明されるが、視野を広げると実は戦前からすでに大部分を輸入油糧原料に依存していたと考えられる。第二に、大豆油の販売先は欧州への輸出市場に依存していたことを述べたが、ナタネ油もかなりの量が継続的に輸出されていたことを統計データが示唆している。つまり、ナタネ油の生産も必ずしも国内需要に応えて増加されたわけではなく、輸出市場を狙った増産だったことがうかがわれる。ナタネ油の輸出については、次節で改めて取り上げたい。

1-3 食用より工業用としての需要増加

生産量や輸出入量に比べて、植物油の消費量やその用途別利用実態は数値データで把握することがさらに難しい（序章参照）。しかし、限定的ではあるが、第二次世界大戦前から日本における植物油の用途別利用量を記録し、食用油の需要増加について疑問を呈するデータも存在する。例えば、後年（1956年）に食糧庁がまとめた『油糧統計便覧』は、1934～1936（昭和9～11年）における年次別油脂消費実績の平均値を、食用78,000トン、工業用167,373トン、輸出用98,435トンと算出している（同期間の供給実績は、国産149,524トン、輸入194,284トン）（食糧庁 1956：6）。つまり、食用よりはるかに多い量の油脂が工業用として消費されており、輸出も食用より多かったことを示している。別の統計による1945年の植物油用途別配給実績は、太平洋戦争末期とはいえ、食用9,560トン、食品産業用106トンに対して、軍需用13,068トン、液体燃料28,550トンとある（大浦・平野編 1948：181。原資料は農林省油脂課）。

他にも、洋食や油料理が広がったとはいえ、植物油が戦前それほど食されていたのか、疑わしい記述がある。戦前の日本におけるトンカツ料理法をまとめた文献によると、明治期に揚げ油として使われていたのはヘット（牛脂）やラード（豚脂）など動物脂肪であり、大豆油や落花生油など植物油が登場するのは戦後のことである（岡田 2000：192-93）。また、和食の代表格である天ぷらも、江戸時代中期から都市の屋台などで食べられるようになったが、江戸では「胡麻揚げ」とも呼ばれたように、主にゴマ油で揚げられていた（露木 1963；大浦・平野編 1948：127など）。

油脂加工食品の原料としても植物油の利用は限定されていたと目される。例えば「人造バター」と呼ばれていたマーガリンは戦前から作られていたが、必ずしも植物油を原料としていたわけではなく、鯨油・魚油・牛脂・豚脂など動物性油脂を原料とするものの方が多かった。戦後1970年においてもマーガリン・ショートニングの原料油脂使用実績は、植物油36.2%に対して、魚・鯨を含む動物油は62.4%であった（『油糧統計年報』昭和46年版：129　硬化油・中性油の合計値）。欧米でもマーガリンの原料は時代と場所によって大きく異なっている。戦前英国では鯨油が、米国では南部の綿花プランテーションから副産物として生産されていた綿実油が、マーガリン原料油の大きな割合を占めており、大豆油の割合が増加したのは1930年代以降だった（UK Commonwealth Economic Committee 各年データ）。米国で初めて1912年に市販されたショートニングの原料は綿実油だったと記されている（Dyer *et al.* 2004：

51-52）。

断片的ではあるが、ここまで確認した統計データや史料からも、油料理や油脂加工食品がいくらかは広まったといっても、「食の洋風化」が主要因として植物油の国内需要の増加および油糧作物の輸入増加をもたらしたとする言説は正確とはいえないと判断できる。現在の植物油を取り巻くデータ分析上の困難に加えて、戦前の統計制度の不完全な集計、さらに軍需品としての情報秘匿などのため、統計数値を基にこの時代の植物油の用途別消費実態の全体像を正しく把握することは難しい。それでも、第二次世界大戦前から、油糧原料の大部分を輸入に依存しながら油脂産業が発展し植物油の供給量を増加させたのは、国内の食用需要増加が主要因ではなかったことは指摘できるだろう。

なお、当時は満洲、中国や朝鮮、東南アジアにも日本資本が進出し、例えば日清製油や豊年製油など単一企業が大連と日本内地で搾油工場を稼働するという、今日的な意味での「多国籍」事業展開をしていたことにも留意しておきたい。当時から原料や半製品（粗油）や製品（粕と油）を企業内貿易していた可能性も加味すると、油糧原料と油脂の輸出入増減、その用途や消費実態の数値的把握はさらに不明瞭になる。

そこで以下では、政策決定と企業行動から当時の植物油増大の政治経済的諸関係を紐解いていきたい。

2　近代におけるナタネ油の市場開拓

大豆油より先に食用油として消費され始めていたナタネ油の動向は、主に大豆油を搾油する企業も食用への市場拡大の参考にしていた。ナタネ油業界の動向は日本における植物油全体の用途および市場拡大に影響を与えたと考えられるため、時代が少し遡るが、近代におけるナタネ油の増大過程を概観する。

江戸時代までに、主に燈明用としてナタネや綿実から搾油する家内手工業的製油業が発展し関西から江戸への流通経路が確立されるなど、植物油の商品経済が成立していた。しかし、明治時代の始まりとともに石油ランプやガス灯など化石エネルギーによる照明が広まり、油の最大用途であった燈明用の需要が激減した。明治10年代には年間100万円以上相当の石油が輸入され、在来の魚油や植物油による行灯は石油ランプに置き換えられていったという（東京油問屋市場 2000；中島編 1967：493）。油問屋の中には、従来の植物油から石油へと取り扱い商品を変えた者、自ら原油の精製事業を始めた者、そして産業革命の進展とともに需要が増加した機械の潤滑油としてナタネ油を精製した「白絞油《しらしめゆ》」を販売する者も現れた。白絞油は精製した油の名称として今日では普通名詞的に使われているが、もとは江戸時代に綿実油をある製法で精製した油を意味していた。その製法は「灰直し法」と呼ばれ、加熱した油に貝殻と綿実の灰を加えて攪拌し、不純物や遊離脂肪酸を除去する方法である。ナタネの白絞油は機械の減摩油（潤滑油）に適していると認められていた（辻本 1916：331）。日清戦争の勃発により、機械（輸送機関や武器を含む）の潤滑油や鉄の焼入れ油としてナタネ白絞油の需要が増えたこともナタネ油の市場拡大に貢献した（東京油問屋市場 2000）。ナタネ油は鉄道の燈油としても使われたため、鉄道局など政府機関や軍部が大口需要家として近代以降のナタネ油の需要増加を支えた（大浦・平野編 1948：26）。

江戸積み油問屋の老舗だった「吉原商店」（以下、社名変更にかかわらず吉原製油と称する）[1]は、日清戦争の開戦とともに、大阪の砲兵工廠、海軍工廠、続いて海軍省、陸軍省、鉄道省から大量のナタネ白絞油の注文を受け発展した。「菜種油の粗油を精製した白絞油は機械の潤滑油、鉄の焼入れ油に、戦争がすすむにつれて需要は激増し」、この戦争による「突然の、降って湧いたような大量の軍需が契機となって」、吉原製油は問屋業から脱却して、自ら油の精製事業も手がけるようになったという（平野 1973：33）。

同じく大阪の有力油問屋だった「桑名屋」は、1909年に農商務省から嘱託研究費1,000円を得て、当時油脂の研究で著名だった辻本満丸工学博士を招

1　当時、油問屋の大手として、桑名屋、吉原商店、滋賀県能登川の奥田平八が三つ巴でしのぎをけずっていた。なかでも桑名屋は､江戸積み油問屋では随一の老舗だった（平野 1973: 43）。吉原商店は1934年に吉原定次郎商店から「吉原製油株式会社」へと改組し、後に豊年製油（現J-オイルミルズ）グループに統合した。

聘し、白絞油の製法を発展させた苛性ソーダ精製法を開発した(辻本 1916：301；大浦・平野編 1948：33)。この苛性ソーダを用いた精製法による白絞油は、辻本自身は「其風味に於て灰直し法に劣る」(辻本 1916：301)ためさらなる研究が必要と述べているが、後に日清製油や豊年製油などが大豆油を食用に市場開拓するための技術として注目したものである(後述。日清製油 1969；豊年製油 1944)。

また、ナタネ油は開国直後から、かなり積極的に海外市場へ輸出されていた。桑名屋の大浦萬吉は、明治30年代(1900年代頃)においてもナタネ油の販路は「内地よりは寧ろ外地を主とする」と述べ、ナタネ油を主に扱う製油企業にとっても海外が主たる市場だったことを示している(大浦・平野編 1948：143)。吉原製油も日清戦争後には台湾と香港向けにナタネ油の輸出を始め、その量を順調に増加したと記録している(平野 1973：34)。ナタネを機械搾油していた「攝津製油」[2]は「国内市場だけでは、安定した操業ができないといった観点から」(攝津製油 1991：63)積極的に海外市場を開拓した。そのため、世界各地で開催された万国博覧会に何度も出展し、1900年パリ万国博覧会ではナタネ油で金賞牌を受賞し、その受賞歴も活用していた(攝津製油 1991：63-73)。1920年代末からの数値データになるが、戦前かなりの量のナタネ油が輸出されていたことは表２－１でも確認できる。

ナタネ油業界では、国産と輸入の原料(ナタネ)、国産と輸入の製品(ナタネ油と油粕)、家内工業的な搾油業と資本による機械搾油企業とが複雑に拮抗したため、その動向については別途詳しい調査研究が必要だろう。大枠としては、ナタネ油は燈明用という従来の主要市場を失った代わりに、近代以降は産業革命により急増した機械の潤滑油や工業用としての需要、加えて新政府による軍需を得ることができたとうかがわれる。工業用・軍事用の需要増加に加えて、ナタネ油は大豆油に先駆けて食用油としての市場も拡大しつつ、より積極的に相当な量をアジアや欧米市場に輸出しながら、機械化によって生産規模を拡大した企業はその販売先を確保していったといえる。つまり、

2　攝津製油は1890年に英国製水圧式搾油機を導入してナタネの搾油を開始した（攝津製油 1991: 10)。なお、攝津製油の創立については、辻（2004）に詳しい。

ナタネ油の需要拡大においても、一般消費者からの食用需要よりも、むしろ政府機関や陸海軍などによる非食用需要および輸出による需要の増加が顕著だったことが指摘できる。

3 大豆粕と大豆油の用途拡大と新たな市場開拓

3-1 国内搾油産業を保護する政策へ

大豆油が欧州で認知されたのは、1908年に満洲から英国へ輸出され、石鹸の原料として使われた時だったといわれている。加えて、欧州諸国が第一次世界大戦(1914～18年)で急増した油脂需要を、日本ならびに満洲産の大豆油の大量輸入でまかなったことが、満洲産大豆が油脂資源として世界的に重視されるきっかけとなった。とくに大戦中に油脂の輸入を遮断されて苦戦したドイツは、大戦後、国内の製油産業を重要産業として位置づけ、1920年代に満洲産大豆の輸入を急増させた。ドイツが国内の製油産業を保護するため、製品(大豆油)へ高率関税を設定し、原料(大豆)の輸入を推奨しながら、自ら大豆搾油国へと成長していった様子は先行研究でも言及されている(堀 2008：116；薄井 2010：40)。

米国は第一次世界大戦中の油脂不足に対応するため、一時的ではあるが満洲からの大豆油の輸入を急増させた。1918年には3億3594万3148ポンドと、当時米国において重要だったアマニ油の国内消費量の約半分に匹敵する量を輸入し、アジアからの大豆油が米国政府および関係業者の注目を集めた。そのため、綿実油を搾油していた製油工場が満洲産輸入大豆からの搾油を手がけ始めた。西海岸の製油工場を中心に輸入大豆の搾油が徐々に広がり、1922年に米国内における大豆油の生産量が初めて政府統計に記載された(Eisenschiml 1929)[3]。その後、1930年代から40年代にかけてアジアにおける戦況が

3　米国における大豆搾油の開始時期についても諸説ある。増野（1942: 17）は、初めてアジアから米国へ搾油目的で大豆が委託輸送されたのが1910年で、搾油に米国産大豆が使われたのは1915年以降と記している。

激化するにつれ、米国政府は国内で栽培した大豆と綿実を主な油糧原料とすることを国策として奨励した（Berlan *et al.* 1977）。その他にも大豆増産を推進する農業政策を実施し、米国は1930年代から大豆の国内生産を増加させ、第二次世界大戦後には世界的な大豆生産・輸出国に発展した。

欧米諸国が大豆を油糧種子（oilseed）として見出し、自国の製油産業の保護・育成を図る政策をすすめたころ、日本も製品の輸入より内地における搾油を奨励する策を取り始めた。満洲から大豆粕の輸入が始まった当初、日本政府は1899年関税定率法において、購入肥料として重視されていた大豆粕への関税を無税にして国内農業の生産性向上を図る一方で、大豆や大豆油には関税（大豆100斤に対して12銭9里）を課していた。その後、日本政府は原料の大豆を輸入して国内で搾油する方が有利となる方向に関税条件を段階的に変更していった。まず、肥料原料として大豆を大量輸入した場合には関税を払い戻す制度を導入し、1912年には「関税仮置場制度」を制定して、横浜や神戸の両港および指定工場に輸入された大豆については大豆100斤につき70銭を払い戻すことで関税障壁を事実上撤廃した。さらに1914年には大豆油への関税を引き上げた。つまり、肥料としての大豆粕輸入を重視する政策から、日本内地――とくに関税仮置場に指定された臨海部の「海工場」――における大豆粕製造・大豆搾油業を保護する政策に転換したのである（大浦・平野編 1948：158-160；中島編 1967：508-509）。

さらに、日中戦争から第二次世界大戦へ戦局が深まるに伴い、大豆および油脂産業に対して、国内産業保護を目指す通常の政策のみならず、軍需を満たすために政府や軍部が油脂産業に積極的に介入している。日本の場合は世界的な大豆供給地であった満洲を掌握していたこともあり、国策会社である満鉄（とくにその中央試験所）において大豆に関する技術開発とその技術の事業化が積極的に取り組まれた。

3-2 満鉄による大豆の用途拡大

1 満鉄による大豆や油脂に関する調査研究

第１章で述べたとおり、満洲統治のために設立された国策会社の満鉄は、自らの経営基盤を支えるためにも満洲における大豆経済の発展を必要としており、その発展を促す努力をおこなっていた。満洲の資源を利用した技術を開発し産業化を進める取り組みの一環として、満洲産大豆を工業資源とみなし、その油と粕の用途拡大を図っていた。

満鉄は、強力な調査機能も備えていた。満鉄の創立直後の1907年４月に発足した「満鉄調査部」をはじめ、複数の部署に調査機関が設けられ、満洲の政治経済歴史など社会的事情の調査に加えて、小麦の生産や製粉業、砂糖、肉類加工業など農業や食品産業に関する調査も実施し、膨大な量の報告書を残している。満洲経済において重要な役割を担っていた大豆については、『大豆の加工』（1924年）や『滿洲に於ける油坊業』（1924年）をはじめ、『油脂市場の經濟的研究』（1927年）、そして満洲に限らず海外の大豆事情に関する研究成果、例えば『米國の大豆と豆油』（1924年）、『世界經濟界における大豆の地位』（1930年）など文献を多数出版しており、大豆の物性・化学的な研究から、大豆に関する政治経済的諸関係まで幅広く調査研究をおこなっていた。

2 満鉄中央試験所による大豆の技術開発と事業化

満鉄の調査機関の中でも「満鉄中央試験所」[4]は、豊富な資金と人材を活用しながら約40年間にわたり幅広い試験研究をおこなった。同所の成果には純粋に学術的な研究もあったといわれるが、むしろ工業化試験を経て実用化・事業化を目指したものが多かった（満史会 1964：577）。満鉄中央試験所における研究成果を事業化した化学工業関連企業のうち、大豆と油脂に関する企業を表２－２にまとめた。

満洲の農林産資源を活用した産業発展を目指し、大豆油のベンジン・酒精

4　1907年10月に関東都督府令によって設立された試験研究機関を満鉄が1910年に継承して設立した。

表２－２　満鉄中央試験所の大豆・油脂関係研究を事業化した化学工業企業

研究対象技術・製品	企業名（株式会社）
大豆油ベンジン抽出	豊年製油
硬化油	大連油脂工業
豆粕醤油	三共
大豆油アルコール抽出法	満洲大豆工業

出所：満史会（1964：581）から筆者抜粋。

（アルコール）抽出工業、大豆油からの硬化油工業、および大豆蛋白の工業原料化が研究され、これらの技術が事業化されていたことがわかる。第１章で取り上げた、満鉄中央試験所による大豆のベンジン抽出法の研究と工場建設、そしてその技術と設備の鈴木商店への払下げもその一例であった。硬化油を含めた油脂加工業と大豆蛋白からの塗料・プラスチックの製造に注目すると次のようになる。

満鉄中央試験所は、大豆油を原料とする硬化油製造の技術も研究し、1916年にこれを満洲で初めて工業化したといわれている。満鉄が硬化油製造のために設立した「大連油脂株式会社」は、大豆油にニッケル触媒を使って水素ガスを作用させ、液体の大豆油を固体化して石鹸・蝋燭の原料となる工業用硬化大豆油を年間7,200トン、ショートニングなどとなる食用硬化油を1,100トン生産できる能力を持っていた（表２－３）。また、満鉄中央試験所は硬化油製造だけでなく、関連の研究として大豆油から高級アルコール、また「人造石油」を作る研究もおこなっていた（増野 1942：168-169）。

油脂の活用に加えて、大豆粕由来の大豆蛋白を工業原料として活用する技術も研究され、その実用化が模索されていた。『大豆の加工』が出版された1924年当時、蛋白質工業は欧米で研究が急速に進められていたところだった（満鉄農務課 1924：516）。その世界的にも最先端の技術に満鉄も取り組み、大豆粕から塗料や可塑性物質（プラスチック）を製造する技術を研究し、工業化を試みている。1913年には同所の鈴木庸生が大豆蛋白質から水性塗料「ソーライト」の特許を取得し、1915年には佐藤定吉が大豆蛋白から可塑性物質を製造することに成功し、これを「サトウライト」と命名した（満鉄農務課

表2－3　大連油脂株式会社の年間生産能力

工業用硬化大豆油（石鹸・蝋燭用）	7,200トン
食用硬化油（人造ヘット[牛脂]、人造ラード[豚脂]、人造バター）	1,100トン
食用液体油（大豆サラダ油）	3,000トン
工業用液体油（重合油各種）	500トン
化粧石鹸	300,000打
洗濯石鹸	108,000函
グリセリンその他	[n.d.]

注　：[] 内は筆者追記。
出所：増野（1942：168）より作成。

1924：516-524）。

満洲からの大豆資源は、日本が戦争に突き進み石油資源など海外からの輸入が途絶えるにつれ、国家安全保障の意味も帯びながら、日本が掌握していた資源としてますます重要度を増すことになる（詳しくは後述）。

3-3 大豆粕拡大への企業努力

1　輸出市場に依存した日本製油産業の発展

第1章で述べたように、日本の大豆「搾油」産業は、実際は肥料用の大豆粕製造業として満洲および日本内地で始まった。大豆油の販売先は欧米への輸出市場に依存しており、とくに第一次世界大戦による特需に乗じて急激に生産規模を拡大した。日本内地における大豆粕・大豆油製造能力は一気に増加したが、戦後はその製造能力に見合う商品の販売先を求めて、粕と油の市場開拓が必須な状態に追い込まれた。

2　化学肥料の普及による肥料用大豆粕の需要縮小

第一次世界大戦の終結による欧米油脂市場の喪失に追い打ちをかけるように、1920年代後半には国内における重化学工業の成長により合成硫安などの化学肥料が安価で普及し始めたため、日本の肥料市場における大豆粕需要が縮小し始めた。また米価・繭価の下落によって農家購買力が減退し、換金作物の生産を支える購入肥料としての豆粕の需要は、地域によって一様ではなかったものの、全体的に減少もしくは伸び悩むようになった(坂口 2003)。1928年頃の日清製油の営業報告には、豆粕需要の伸び悩みが次のように説明されている。「従来豆粕の最大顧客たる吾国農家は打続く連年の不況に施肥を減じ或は価格低廉なる化学肥料を購いて割高なる豆粕に代用せんとするの傾向著しきものあり為に豆粕の消費を激減するに至れり」(日清製油「営業報告書」昭和3年8月〜4年7月)。米価・繭価の下落による農家購買力の減退は営業報告書に繰り返し記載され、同社の主力市場に対する懸念が示されている。

豊年製油は、「肥料方面への販路を唯一の生命」(豊年製油 1944:45)と捉え、縮小傾向の豆粕市場においても同社製品の抽出法による「撒大豆粕」の販路を広げるため、積極的な宣伝活動ならびに販売店の組織化を始めた。農家は長年の慣習から丸粕[5]を好むとの認識から、その農家にも「豊年撒豆粕」を売り込むために全国の実需家を啓蒙し、各都道府県の農会、農事試験場、農学校、肥料検査所やその他の関係官庁に働きかけ、さらに朝鮮・台湾へも販売促進活動を広げた。また、当時利用可能なメディアを活用し、パンフレットやポスター、新聞・雑誌などの広告媒体でも積極的に宣伝した。抽選景品券や利用者による懸賞募集もおこなっている。併せて、1918年頃から全国の特約店を「豊年会」として組織化し、豊年製油の製品のための販売網を構築していった(豊年製油 1944:78-82)。

3　食品工業の原料としての市場開拓

肥料用に加えて、大豆粕を味噌や醤油など醸造工業向けの原料として販売する試みが始められた。豊年製油は「大豆蛋白利用工業発展の上に新分野を築く」(豊年製油 1944:50)として、肥料の「ユタカ豆」に加え、味噌醤油醸造原料としての「桜豆」や、膠着剤として「豊年グルー」など、大豆粕を「大豆蛋白質」として新たに商品化し、市場創出を図った。現在では脱脂大豆も

5　大豆の搾油方法によって異なる大豆粕の形状から呼び習わされていた。旧式の搾油機によって製造され古くから輸入されていた物が「丸粕」であり、その後、機械搾油によって「板粕」が登場した。豊年製油などの抽出法では大豆を押しつぶさないため、塊ではない「撒大豆粕」ができる。

様々な食品の原料として使われているが、当時はまだ食品業界から「粕」を使うことに抵抗があった様子で、豊年製油の杉山社長が次のようなエピソードを残している。大豆粕からも立派な醤油が作られることを、大蔵省の醸造試験場に依頼して技術官に試験結果を出して証明してもらったが、天下のキッコーマンが豆粕から作った醤油を売っていると知られたら商標に傷がつくといわれ、醤油の種麹だけに大豆粕を使うことになった。それでも工場に搬入するとき「豊年豆粕」の焼印があると困るから無印で搬入して欲しいと頼まれたという（杉山 1957：170-171）。また、関東大震災直後の危機的な事態を乗り越えるために大豆粕が食料として提供され、「このことによって、豆粕が一般に食糧として僅かながらも認識され出したのである」と回顧されている（日清製油 1969：81）。大豆粕は必ずしも当初から食料と認められていたわけではなく、食品工業の原料として市場を開拓するためにも相当な企業努力が必要とされた様子が見てとれる。

また、大豆粕をグルタミン酸ソーダ、つまり「味の素」の原料として活用するための研究も進められた。1920年には、味の素[6]が大豆粕（脱脂大豆）を原料に使ったグルタミン酸ソーダの製造を企業化して、新たな市場を開拓した（菊池 1994：45）。小麦粉に代わる「味の素」の原料を求めていた同社は、1919年頃から大豆粕を原料とするための基礎的試験研究を始め、続いて実用化のための試験工場を建設して、1933年に大豆粕からの「味の素」製造を商業レベルに引き上げた。当初は他社から大豆粕を購入していたが、やがて本格的に大豆粕利用を決めた味の素は、1935年に子会社「宝製油株式会社」を設立して大豆を搾油し、その大豆粕を「味の素」の原料として使い始めた（味の素 1971：291, 307-311）。このことが、後に味の素がJ-オイルミルズの一翼を担いつつ、「Ajinomoto」ブランド名で同社の油脂製品を販売する現状に繫がっている。

6　商品の「味の素」は1909年からこの名称で市販され、関連の文字や美人印の商標登録もその前後におこなわれているが、同社が「味の素株式会社」と社名変更したのは第二次世界大戦後の1946年だった。それ以前は合資会社や株式会社の社名に「鈴木商店」など使っていた。本書が取り上げた同名財閥の「鈴木商店」との混同を避けるため、本書では、同社を社名変更にかかわらず一貫して味の素と称する。

4　蛋白質工業の原料としての市場開拓

大豆粕は、食品工業の原料としてだけでなく、むしろそれ以上に、非食品工業の原料として注目された。とくに戦況が激化するにつれ、石油資源に乏しい日本の政府および軍部にとって、石油など輸入素材を代替できる大豆蛋白質工学の技術は重要度を増した。満鉄中央試験所においても、大豆蛋白質から水性塗料の「ソーライト」や、可塑性物質（プラスチック）の「サトウライト」を開発していたのは前述のとおりである。

大豆蛋白を原料とする製品開発の中で重要性を認識され、急遽量産されたものに「大豆カゼイン」がある。当時、膠着剤（グルー）として牛乳の蛋白質から作るミルクカゼインが使われていたが、畜産業がまだ貧弱だった日本では、1940年頃、北海道で年間50～60トンのミルクカゼインが生産されるのみで、毎年5,000～6,000トンをオーストラリアやアルゼンチンから輸入していた。カゼインは合板（ベニア板）製造のための膠着剤に加え、人造繊維の原料としても使われていたが、さらに飛行機のプロペラや機体の接着剤・塗料などとしても重要度が増していった。これを受けて豊年製油は清水工場で研究を始め、1933年に特許を取得し「豊年グルー」として販売し始めた（豊年製油 1944：117-119；1963：48-49）。硬化油業界（後述）の代表的企業である日本油脂も大豆カゼイン製造に成功し、軍部の保護と奨励を受けて1939年下期には4トンだった生産量を1940年上期には23トンへ急増させた（日本油脂 1967：344-345）。1942年には、豊年製油、大日本セルロイド、江戸川工業所、宮内グルー、日本栄養食料、日本油脂、日清化学研究所、日清化学工業、山本徳三郎製造所などが大豆カゼインを生産していたと報告されている。ベニア板製造のための膠着剤としての用途に加えて、当時、大豆カゼインは自動車工業、飛行機工業、種々の軍需品製造工業に必要な素材と見なされ、戦争遂行のためにもさらなる品質改善と量産が奨励された（増野 1942：198-199）。

他にも、日本油脂は大豆カゼインから農薬の展着剤としてカゼイン石灰とニッサン展着剤も製造し、これらは農林省の保護の下に増産が促された（日本油脂 1967：347）。大豆蛋白から羊毛に代わる人造繊維を製造する技術も1930年代末に工業化され、1941年には企業6社がこれを工業化し、その他にも7～8企業が研究を進めていた。なかでも大規模に事業化していたのは昭和産業で、同社の茅ヶ崎工場は日産能力が12トンあったという（菊池 1994：45）。

当時の新聞記事は、大豆粕を「カゼイン羊毛或は味の素として、わが衣食問題解決の資源として尊重しなければならない」と、蛋白資源としての大豆粕の重要性を報じている（『台湾日日新報』1938.5.27）。

5 軍需品原料としての大豆粕の重要性

このように、石油などの資源に乏しい日本において、戦争遂行のためにも大豆蛋白質を工業素材とする技術は当時大きな期待を集めた。1940年には「日本大豆蛋白質製品組合」が設立され、商工省などと協力しながら、大豆カゼイン、大豆グルー、大豆蛋白可塑物（プラスチック）、大豆蛋白繊維などの製造発展を促した（増野 1942:203）。増野は、大豆工業の新しい方向性として「むしろ大豆蛋白質を主たる目的として、一方同時に大豆油も従来よりも純良で収量良く製造し得られることが望ましい」と提言している（増野 1942：205）。戦況が深まるにつれ、大豆はますます重要な工業原料かつ軍需品原料へと発展していった。

3-4 大豆油拡大への企業努力

1 油の新たな市場創出の必要性

他方、大豆粕製造の副産物として日本で生産された大豆油は主に欧州市場へ輸出され、「漸次其地位を高め第一次欧州大戦前後に於ては完全に一大貿易品たるの地位を確立するに至った」（豊年製油 1944：8）。第一次世界大戦による「油脂並びに『グリセリン』に対する世界的需要」が日本における大豆油工業ならびに硬化油工業の「非常なる発達を促した」と記されたように、日本の油脂産業が欧米を主な市場として大飛躍したことが当時から認識されていた（花王石鹸 1940：572）。しかし、第一次世界大戦後には、満洲産大豆を油糧資源と見いだした欧米諸国が、製品の油の輸入に代えて原料の大豆の輸入を優遇し、それぞれ自国内の油脂産業を保護する政策を進めた。国際経済も不安定になるなか、アジアから欧米への油脂輸出は伸び悩み、大手製油企業にとって日本国内における大豆油および油脂加工商品の市場開拓が喫緊の課題となった（豊年製油 1944：45）。

2　大豆油の食用化への企業努力

日本国内における大豆油の市場開拓は、極めて厳しい状況にあった。近代以降は機械の潤滑油として新たな市場を確保し、食用への転用も比較的容易に進みつつあったナタネ油と違い、「豆油の普及に就いては正に想像以上の苦心を要した」（豊年製油 1944：48）という。大豆油は安価だったため（表2－4）、比較的高価なゴマ油やナタネ油に混合して売られることはあったが、単体油として販売することは難しかった。

大豆油の食用市場を切り拓くため、製油企業は新たな設備投資も含めて新商品の開発に取り組んだ。日清製油は1923年にドイツから大豆油精製機械を購入し、油の精製技術の権威だったメルク博士を招聘して技術指導を受けることで、「大豆油の精製・食用化の先鞭をつけ」（日清製油 1969：83）、大豆油の食用化を手がけている。合計12万7000円を投資して精製工場を建設し（日清製油 1969：83-84）、1924年に今日まで続く「日清サラダ油」の販売が始まった。同社はそれまで食品業界との繋がりがなかったため、食用大豆油という新商品販売のために、新たな販売組織として「日清商会」を設立している。食用大豆油の宣伝のため、宮内庁の寮や日本女子大学の家政科などにアプローチしたり、各地で天ぷらの実演や金券付き特売、新聞広告をおこなうなど、積極的に売り込んだ（日清製油 1969：306-310）。

同じ頃、豊年製油も大豆油の精製技術を模索していた。工学博士を招聘してナタネ油の精製法を開発した桑名屋を視察して新たな技術を学び、静置槽・ろ過機・撹拌器の設備を増設するなどして精製技術を開発し、1923年から「大豆白絞油」として食用大豆油の市販を始めた（豊年製油 1944：48-50）。大豆油販売のために、同社の豆粕と同じように販売組織「豊年会」を設立し、日本全国および台湾や朝鮮に積極的な販売促進活動を展開した（豊年製油 1944：82-83）。それでもまだ「大豆油に対する世人の関心は未だ薄く、これが普及

表2－4　1918（大正7）年度の各種植物油の生産量および単価

油名	生産量（石）	石あたり単価(円)
大豆油	147,188	73
綿実油	16,152	78
落花生油	12,883	81
ヤシ油(ココナッツ)	141,121	84
ナタネ油	170,455	87
桐油	5,080	92
榧（かや）油	200	92
エゴマ油	21,514	97
ゴマ油	18,358	99
アマニ油	19,708	108
ツバキ油	2,490	305

出所：農商務省工務局（1922）『主要工業概覧 第2部 化学工業』pp. 96-97より作成。

に就いては我社の倦まざる宣伝と製品の逐次改良」が必要な状態だった（豊年製油 1944：95）。

食用大豆油を発売するにあたり、日清製油および豊年製油が販売組織や販売ルートを新設しなければならなかったこと自体が、食用に大豆油を販売するためには新たな市場創出が必要だったこと、かつその困難性を示していよう。国内には江戸時代から続く問屋組織の影響下に植物油の供給体制が構築されていたが、そこではナタネ油と綿実油のみが扱われていた。1907年頃に大阪油取引所で大豆油を取り扱うための陳情が出されたが認可されなかった（東京油問屋市場 2000）。こうしたことから、大豆油は既存の油問屋中心の流通制度を切り崩しながら市場を新規開拓する必要があった。だからこそ、関東大震災によって既存の油問屋が大きな打撃を受けたことが、大豆油の市場を広げる一つの契機になったと考えられる（中島編 1967；東京油問屋市場 2000）。

こうして、日清製油および豊年製油は多大な努力と資金を投入して、大豆油の食用市場を創出し、その周知と販売拡大のために懸命な宣伝活動を展開した。その市場の狭隘さは、自社製品のみ、もしくは大豆油のみを宣伝するのではなく、「食卓に油を」などとして、植物油を食用として普及させることに尽力せざるを得なかった状態だった（豊年製油 1963：31）。しかし、この積極的な販売促進活動にもかかわらず、第二次世界大戦終戦まで国民１人当たりの食用油消費量は１日平均約３ｇに留まり[7]、食用植物油の「本格的な普及は第二次世界大戦後を待たねばならなかった」という（豊年製油 1963：34）。

このような植物油の食用化と食用市場開拓のための企業努力の実態からも、「食の洋風化」による需要増加が植物油の供給増加を促したわけではなかったことは明らかであろう。

4 硬化油と総合的な油脂加工産業への発展

食用油としての市場開拓と並行して、大豆油のその他の用途開発や市場開拓も進められた。その一つに硬化油の原料としての利用があった。

19 世紀末～20 世紀初頭には欧米を中心に油脂工学が発展し、動物・植物・魚類から抽出した油脂を化学的に加工して様々な油脂関連製品を製造する技術の開発が進んだ。その一つに硬化油があった。「硬化油」とは常温（摂氏 20 度前後）で液体の油脂に水素添加して固体化したものだ（原田ほか 2015：81）。この技術は、液体の植物油から固体の動物脂肪の代用品（例えばマーガリンやショートニング）を作るためにも使われ、近年では水素添加の際にトランス脂肪酸が作り出されることで知られている。

日本における硬化油の製造は、第一次世界大戦の油脂類に対する戦争特需に応えて、欧州への輸出市場を主な販売先として始まった。その後、油脂関連産業は、搾油・製油に加えて、油脂から硬化油や石鹸、グリセリンなどを加工製造する総合的な油脂加工産業へと急速に発展した。高度な技術と多額の資本を必要とする硬化油生産に「官公立大学の応用化学出身の技術者が参加し、従来の石鹸の職人的技術者に代わって高度技術を駆使し、油脂化学を国際レベルにまで高め」（日本油脂工業会 1972：41）、その後、技術者が経営者として活躍したことも、油脂産業を大きく変える転機となった。

7　植物油脂の国民１人・１日当たり供給量は、戦後最大時（2002 年）に 37.7g まで増加している（農林水産省『食料需給表』）。

表２－５　日本における硬化油の用途別量（1936年）

	消費量（トン）	全体比
洗濯石鹸用	45,000	37.7%
化粧石鹸用	10,000	8.4%
紡績ヘット用	3,000	2.5%
蝋燭原料	12,000	10.0%
食用油脂	4,800	**4.0%**
オレイン、ステアリン原料	2,500	2.1%
輸出硬化油及脂肪酸	39,350	32.9%
分解脂肪酸より分離リスリンの出来高	2,800	2.3%
	119,450	100.0%

注　：久保田は日本の14社によって生産された硬化油の量は1936年に119,450トンと述べている。全体比は筆者計算。
出所：久保田（1937：372-379）より作成。

これらの油脂関連産業が飛躍的に成長して確固たる基盤を築き上げた時、硬化油とは「日本に於ては石鹸とグリセリンの問題」（久保田 1929）といわれたほど、主に非食品工業用だった。表２－５が示しているように、戦前における硬化油の用途としては石鹸用をはじめとする非食用工業の原料としてが多く、食用は約４％とごく僅かであった。当時、石鹸製造の副産物として製造されていたグリセリンは、戦争が激しくなるとともに軍需的にも重要度を増していった。

しかし、第二次世界大戦後1950年頃には、硬化油の用途のうち食用の割合が急増し、1955年には20％を超えるようになる（日本油脂 1967：455-457）。その時、マーガリン製造における３大メーカーは日本油脂、旭電化、ミヨシ油脂という、戦前に非食用硬化油を製造して発展した企業だった（ライオン油脂 1979：148）。つまり、戦前に工業用油脂の生産によって技術・人材・資本を蓄積し基盤を固めた企業が、戦後に食用硬化油を増産する主体となったわけである。このため硬化油産業の形成過程も後の食用油供給拡大に影響を与えるものとして注目し、以下に検討する。なお、この頃の動物性・植物性油脂や硬化油は石鹸製造にとっても重要な原料であったため、本節は石鹸産業にも言及する。

4-1 大戦特需による硬化油産業の急成長

日本において硬化油製造を最初に手がけたのは、外国資本のリバー・ブラザーズ[8]だった。東洋進出の拠点として尼崎を選び、原料処理から硬化油・石鹸・グリセリンなどの製品生産まで一貫作業を行える大規模な工場を建設し、1913年から硬化油の販売を始めた（日本油脂工業会 1972：43）。他方、農商務省工業試験所の研究者たち（辻本満丸やその門下の上野誠一ら）が横浜魚油株式会社に集まり、独特の理論と方法によって1914年に硬化油の工業化に成功した。

しかし上記2社の事業はその後衰退したため[9]、日本の硬化油産業を本格的に始めたのは、その生産規模と事業の継続性から鈴木商店と見なされている。抽出法による大規模な大豆搾油産業を牽引した鈴木商店は、搾油とは別に1915～16年頃から硬化油事業にも取り組んだ。鈴木商店は魚油の輸出も手がけていたが、欧州で硬化油の製造法が開発されたことを知り、輸出市場の可能性を見出して、兵庫工場において硬化油製造の研究を始めた。加えて、新たな硬化油製造工場として保土ヶ谷工場および王子工場を建設した（日本油脂 1967；鈴木商店記念館ウェブサイト n.d.）。鈴木商店はこの硬化油事業に当時の金額で約500～600万円という巨額を投資したといわれている（日本油脂 1967：35）。この時の鈴木商店による硬化油事業部門が、先述のリバー・ブラザーズの工場や政府補助で設立された日本グリセリン工業株式会社も吸収し、後の日本油脂株式会社へと繋がっていった。

8　現在も存続する世界最大級の油脂多国籍企業ユニリーバの前身の一つ。当時は英国資本。英国の石鹸メーカーだったLever Brothers Ltd.と、オランダのマーガリン・メーカーだったMargarine Unie N. V.が1929年に合併してユニリーバとなり、今日に繋がる。

9　リバー・ブラザーズは尼崎に進出したが、1925年には尼崎工場を神戸瓦斯へ売却し、上海に拠点を移した。この尼崎工場は、後にベルベット石鹸、合同油脂、そして日本油脂に繋がる（日本油脂工業会 1972: 44）。横浜魚油株式会社は、上野誠一工学博士が技術参加していたが、同氏退社後1922年に解散した（上野 1927）。

4-2 牛脂関税問題にみる原料油脂をめぐる対立

しかし、第一次世界大戦が終了すると、「折角開拓した海外市場は、全く火の消えたる如く、忽然として輸出は途絶した」（花王石鹸 1940：571）。そのため、硬化油も日本国内における市場開拓の必要に迫られた（日本油脂 1967：38）。硬化油業界による国内市場開拓の必死の取り組みは、輸入牛脂に対する関税の問題を巡って 1920～1926 年に繰り広げられた硬化油業界と石鹸業界との対立に如実に示されている。輸入原料を使いたい石鹸業界側の花王石鹸と大豆油や魚油を原料とする硬化油業界側の日本油脂の社史からその論争をまとめると次のようになる（花王石鹸：569-585；日本油脂 1967：92-96）。

石鹸は様々な油脂を原料として作ることができるが、近代的な石鹸工業は主に輸入した牛脂とヤシ油[10]を原料として成長していた。石鹸業界から要請を受け、また、国内のグリセリン工業を保護するためとして、政府は 1920 年に牛脂輸入税（100 斤当たり 80 銭）を全廃した。この「石鹸製造業者を狂喜せしめたとともに、反面、硬化油業者に対しては、ほとんど致命的とも言うべき凶報」（花王石鹸 1940：571）だった政策決定に対して、硬化油業界が異を唱えた。翌 1921 年、鈴木商店と旭電化をリーダーとする硬化油業界は、石鹸およびグリセリンの原料として魚油と大豆油から製造できる硬化油の重要性を強調し、これの「国家的保護育成の必要を力説する」（花王石鹸 1940：572）意見書を政府に提出した。さらに、硬化油業界は神奈川県平塚の海軍火薬廠にも意見書を提出して、硬化油グリセリンが牛脂グリセリンに品質面で劣らないことを主張した（花王石鹸 1940：578）。石鹸業界は、国産の硬化油が量・品質・価格とも輸入牛脂に劣ることを主張したが、海軍は 1924 年にグリセリンの原料として従来の牛脂の他に硬化油も認めるよう方針を変え、政府は 1926 年に輸入牛脂への関税率を調整することで両者の妥協を図った（花王石鹸 1940：585）。

10 「ヤシ油」とは、主に今日でいうココナッツ油を指す。しかし、統計や文献によってはパーム油（アブラヤシの油）を混同していると疑われるものもある。牛脂、ココナッツ油、パーム核油などは常温で固体の油脂であり、当時は工業用原料として重宝されていた。

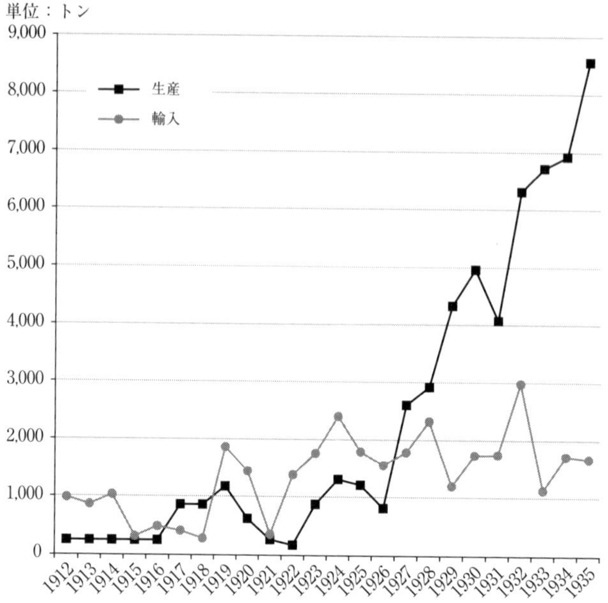

図２－３　グリセリンの輸入と生産量（1912～1935年）
出所：日本油脂（1967：59）より作成。原資料は、生産は工場統計表、輸入は外国貿易対照表。

このとき、国産硬化油の市場確保を目指す硬化油業界側が、政府に対して油脂工業は国家が保護すべき事業であるとの主張を展開し、「我国に於て、軍事上、絶対必需品たるグリセリンを自給自足せんと欲するに於てをや」（花王石鹸 1940：581）と、国家安全保障上の理由を強調している点が興味深い。戦況が激しくなる時代も反映して、その後、グリセリン自給体制の重要性を硬化油業界が主張する言説が多く見られるようになっていく。

統計データを確認すると、1920年代後半から日本におけるグリセリンの生産量は輸入量を超えて急増している（図２－３）。戦争遂行に重要な油脂加工品、とくにグリセリンを製造するために、輸入原料より、日本が掌握していた満洲産大豆と近海の魚油から日本企業が製造する硬化油を原料とすべきという主張は、日本が戦争に突き進む時代に説得力があったものであろう。

4-3 総合的な油脂加工産業としての発展

牛脂関税問題を巡る対立を経て、硬化油企業は自らも石鹸製造を始める一方、石鹸企業も自ら硬化油製造に乗り出した。結果的に、両産業は技術の拡張によって統合され、動植物性油脂を原料に硬化油・石鹸・グリセリン・その他油脂関連製品を製造する総合的な油脂加工産業として成長していった。各社が経営規模を拡大するとともにカルテルを組み始め、協定を結んだ日本油脂、旭電化、酸水素油脂の３社が硬化油市場のほとんどを占めることとなった（上野 1953）。一方、石鹸業界は「全国石鹸製造業連合会」を 1925 年に結成して連携を強めた（花王石鹸 1940：632）。

市場の寡占化に加えて、大資本が参入し資本集中が進んだ。1935 年以降には財閥が参入して、「独占資本による吸収合併の嵐の襲来するところ」と表されたほどだった（花王石鹸 1940：637）。鈴木商店に起源を持つ日本油脂のほか、大川系の合同油脂、古河系の旭電化、後に日曹コンツェルンの中心となった日本曹達などがあった（日本油脂 1967：158）。加えて、朝鮮周辺の魚油資源を掌握した日本窒素グループと日本産業グループ（日産コンツェルン）が積極的に油脂加工産業へ乗り出し、朝鮮・日本の魚油生産と、それを利用した油脂加工業とを統合していった。対して 1937 年には朝鮮総督府の斡旋のもと、三井グループが朝鮮油肥連と提携して朝鮮協同油脂株式会社（後に三井油脂と改称）を設立した。こうして日産、日窒、三井などコンツェルンによる資本投入も受けて、硬化油・石鹸・グリセリン製造を包含する産業として油脂加工産業が一層巨大化していった（花王石鹸 1940：678；日本油脂 1967：158-159）。

日産コンツェルンは、水産業の工業化を図る鮎川義介のもと、日本食料工業株式会社による水産油脂事業から油脂工業界へ進出し、リバー・ブラザーズ尼崎工場に由来するベルベット石鹸株式会社などを統合し、さらに、鈴木商店の兵庫・王子・保土ヶ谷工場に由来する合同油脂株式会社を合併して、巨大な油脂化学総合会社「日本油脂株式会社」を 1937 年に発足させた（日本油脂 1967）。

5 財閥・商社による食材産業の支配

第一次世界大戦後の1920年代は日本経済全体が不況に苦しんだ時期だが、同時に「コンツェルン体制を確立した財閥の支配圏拡大の、絶好の舞台であった」(柴垣 1968:7)。日本の資本主義化に併せて成長し、当初の政商からすでに金融資本に転化していた三井や三菱をはじめ、銀行や商社を中心としたコンツェルン体制が確立し、多数の企業を傘下におさめたピラミッド型の支配体制を形成した。その過程において、油脂産業や食品産業もその支配圏に組み込まれていった。

従来の財閥研究では金融や重工業分野が大きく取り上げられ、食料関連産業については断片的に言及されたに留まっていた。しかし、食料システム側に主眼を置いて見ると、財閥が大きな影響力を持っていたことが見て取れる。日本食品工業史をまとめた笹間愛史は、第一次世界大戦後にはすでに原料的食品工業において財閥中心の独占的体制が確立していたことを指摘している(笹間 1979:377)。近代的な製粉・製糖・製油など食材産業は第一次世界大戦後の不況期までに成熟し、大手企業による寡占体制が形成されていた。製粉業では日清製粉と日本製粉の2社が生産量の8割程度を占め、製糖業では大日本製糖、台湾製糖、明治製糖の3社が台湾および日本の市場における寡占を強めていた(中島編 1967;笹間 1979)。こうした状況に加え、三井物産、三菱商事など財閥系商社が食品工業との関係をより深め、「その資本力で原料的部門の掌握に努め、食品工業経済の支配を強化した」(笹間 1979:377)。この時代すでに、後に総合商社となる大資本が原料調達および製品販売という商社機能だけでなく、食料システムにおける諸企業の「大株主、債権者としての地位を確立し」ていたのである(笹間 1979:377)。

こうした製粉・製糖における系統と寡占状況を、ある戦前の財閥研究(高橋・青山 1938)は次のように算出した(表2－6)。

製油産業については言及されていないが、本書が述べてきたように、その成立には大倉財閥や鈴木商店など財閥の資本が大きく関与していた。日清製

表2－6　1937（昭和12）年頃の主要製粉・製糖会社の系統と寡占状況

製粉	日清製粉	日本製粉	日東製粉
日産能力計（バーレル）	26,500	20,800	5,000
比率（注）	約38%	約30%	約7%
系統	三菱	三井	三菱
製糖	台湾製糖	明治製糖	大日本製糖
産糖高比率	27.8%	20.2%	26.4%
系統	三井	三菱	藤山

注　：製粉の生産能力比率は、各社の日産能力数を外地工場を含む合計69,300バーレルで除して算出した。
出所：高橋・青山（1938：250-253）より作成。

表2－7　日清製油の大株主一覧（1919年3月現在）

松下久治郎	25,437株
大倉喜八郎	9,200株
高島小金治	6,200株
大倉粂馬	3,640株
古澤丈作	1,256株
株数合計	60,000株 （旧株12,000株、48,000株）

注　：旧株・新株合計1,000株以上の大株主を抽出。各員の大倉財閥との関係については、前章表1－3「日清製油1907年創立時の役員と大倉財閥との関係」を参照。
出所：日清製油「営業報告書」（大正7年4月～8年3月期）より作成。

油においては創設者の大倉財閥と肥料商人松下久治郎の関係者が大株主を占めており、松下が2代目社長に就任していた1919年当時の営業報告書によれば、同社の大株主は表2－7のとおりだった。一方、鈴木商店製油部から独立した豊年製油は、杉山金太郎社長が個人的に全株式を引き受けるという特殊な状態にあった。杉山は米国貿易会社などで経験を積んだ実業家で製油業界の出身ではなかったが、豊年製油が鈴木商店から分離独立したころ、台湾銀行や大蔵大臣井上準之助などの紹介で豊年製油の経営に乗り出した。その後、鈴木商店の株式をいったん引き受けていた台湾銀行から頼まれて、1930年に豊年製油の全株式を杉山個人が700万円で譲り受けることになったという（杉山・日本経済新聞社 1957：158-164）。この状態は第二次世界大戦後に豊年製油の株式が公開されるまで続いた。

硬化油など総合的な油脂加工産業には、鮎川率いる日産コンツェルンなど

表２－８　1930年主要輸出商の特産物輸出高

（単位：トン）

商店名	仕向先	大豆	豆粕	豆油
三井	日本	37,947	234,512	17
	朝鮮	213	12,413	
	支那	36,174	5,441	260
	南洋	35,597	70	
	欧州	224,135	2,357	51,800
	米国			2,687
	計	334,066	254,793	54,764
	%	**17%**	**17%**	**45%**
三菱	日本	29,464	260,775	
	朝鮮		927	
	支那	570	938	394
	南洋	13,062	36	
	欧州	100,083	14	27,148
	米国		4,237	1,839
	ソ連			614
	計	143,179	266,927	29,995
	%	**7%**	**18%**	**25%**
豊年	日本	162,200	30,630	4,027
	朝鮮		4,930	
	欧州		510	
	計		36,070	
	%	**8%**	**2%**	**3%**
日清	日本	11,081	115,523	
	朝鮮		12	1
	支那		28	18
	南洋	4,484		
	欧州	19,396	2,763	9,489
	米国	41	12,916	2,083
	計	35,002	131,242	11,591
	%	**2%**	**9%**	**10%**
日系４社による割合合計		**34%**	**46%**	**83%**

注　：仕向先の名称は原文ママ。
出所：満鉄『満洲経済の発展』（1932：95-96）より作成。

新たに台頭してきた大資本が積極的に参入した。財閥研究によると、1930年代前半に、日産、日曹、森、日窒、理研などの「新興財閥」が軍需や電気化学工業中心に台頭した。新しい産業部門の樹立を目指す一部の資本家や中規模企業、科学研究団体の支配者たちが、満洲事変以降に急増した膨大な軍事費支出を背景に、政府と軍部の下で信用と保証を得ながら、高利潤の軍需発注を受け新興財閥として急速に成長した（玉城 1976：371-373）。なかでも、硬化油企業の日本油脂や日本水産を傘下に育てた日産コンツェルンは、満洲・朝鮮から日本に繋がる硬化油・グリセリン・石鹸・魚油・水産など油脂関連企業の系列を築いた。

他方、油糧作物や油脂製品の通商部門では、財閥系商社が引き続き旺盛だった。先駆けて満洲大豆の取引に乗り出した三井物産に加えて、三菱商事はその前身である三菱合資時代から肥料用大豆粕を扱い、1919年頃から本格的に大豆の取引を始めた。神戸に油脂部を発足させ（1920年）、大連油脂工業会社の油房を買収し（1921年）、これらを足場に大豆・大豆製品の取引に本格的に乗り出した三菱商事は、満洲特産3品（大豆・大豆油・大豆粕）の対日および対欧貿易で大きな実績をあげた。この大豆取引は、第二次世界大戦まで同社の油脂・肥料部門を支える柱の一つだった（三菱商事 1986 上巻：188-189）。

満洲が世界的な大豆の生産・輸出地域となった1930年頃には、満洲からの大豆・大豆製品の輸出において、三井、三菱、豊年製油、日清製油の日系4社が大きな存在だったことを示す数値もある。満洲からの輸出統計データ（表2－8）によると、大豆油の輸出の45%を三井が、同25%を三菱が担い、これらに豊年製油と日清製油を加えた日系4社で8割以上を取り扱っていたことがわかる。

これら商社にとって大豆や大豆製品は貿易の取り扱い商品としての意義もさることながら、投機対象としての重要性も大きかったことに注目したい。三菱商事は満洲大豆を「相場により買い付け、利が乗れば売り、さもないと自己の油坊で油と粕にして売り捌く、すなわち油坊を一種の緩衝機関として相場商品に臨んだ」（三菱商事 1986 上巻：189）と述べている。豊年製油の経営に乗り出し満洲を訪れた杉山も、「とにかく製油業は非常に投機的なもの」と述べ、当時大連にあった日系の油房（豆粕製造・搾油工場）について、「そこにいる連中は皆、油をタネに投機をするのがおもな目的で、油房は定期取引のバクチの補助機関のように聞いていた」と記している（杉山・日本経済新聞社 1957：160）。日清製油も1933～1934年頃までは「本来の目的たる製油業を従とし満洲特産の売買を主たる業務として経営すること」に陥っていたと報告している（日清製油「営業報告書」昭和8年8月～9年7月期）。企業経営としては利潤を確保するために時によっては投機的な取引をおこなうことも当然の行為といえる。ただ、大豆など食料に関してはその取り扱いの増加や事業拡大が「食料を確保するため」と説明されることが多い。そのため、この点について指摘しておきたい。

6 石油化学工業発展前の軍需と植物油の関係

6-1 重要軍需物資だった大豆と油

石油化学工業が本格的に発展する前の時代、とくに第一次世界大戦頃には、動物・魚・植物を原料とする油脂が産業革命や軍需のために重要だった。欧米諸国は第一次世界大戦を経て、油脂が重要軍需物資であることを深く認識し、油脂資源の確保と国内油脂産業の保護を推し進めた。このことを、世界の油脂工業を調査した日本油脂の村山も『世界油脂工業の趨勢と我が油脂国策』に報告している（村山 1941：1）。当時、動植物由来の油脂は「火薬原料としてのグリセリン、航空機潤滑油としての蓖麻子油［筆者注：ヒマシ油］、船舶機関潤滑油としての菜種油、鋼の焼入油としての鯨油、菜種油等々重要軍需物資として戦争には欠くことの出来ぬ役割を持って」（村山 1941：1）いたのである。戦争遂行のためには、爆薬に限らず大量の機械や武器を製造し稼働する必要がある。[11] そのため、グリセリンをはじめ、航空潤滑油、大豆グルー、大豆カゼイン、ゴム代用品、ヒマシ油代用品など、幅広い軍需製品の製造者として、油脂企業は重視された。だからこそ、豊年製油が設立した杉山産業化学研究所も「大豆報國の信念の下に」これらの開発を進めた（豊年製油 1944 前文 p.3）。主にナタネや綿実など大豆以外の植物油の精製や輸出を扱っていた吉原製油の吉原定次郎の伝記も、軍需によって吉原製油ならびに日本の製油産業が成長したことを繰り返し述べている。近代以降、植物油

11 火薬の原材料はグリセリンだけではないがゆえにグリセリンと戦争との関係を否定する言説もあるが、グリセリン需要と戦争の関係については、ここでは立ち入らない。当時の戦争においては、火薬に加えて、戦闘機を含む機械類の潤滑油や、防水・防錆・塗料、接着剤、その他、様々な場面において油脂が使われたことを指摘するに留める。

の燈明用途が消失していたところへ、陸海軍や政府機関から大口注文を受けた日清戦争から始まり、日本の製油産業の飛躍的な発展を支えたのは「日清、日露、第一次世界大戦という特殊な需要」だったのである(平野 1973：54)。

吉原製油にとって「カストル油」(castor oil、ヒマシ油)も陸海軍から納入指名を受けた重要な製品だった。ヒマシ油には下剤という医薬用途もあるが、その潤滑性の良さから工業・産業分野の潤滑油、切削油、研削油などとして重要な植物油であり、現在も潤滑油の大手企業「カストロール」の社名として残っているほどである。石油資源が限られた条件下で戦車や戦闘機が活躍する戦争を遂行するために、潤滑油など油脂製品の重要性が増していった。

6-2 油脂加工産業を支えたさまざまな原料

急成長した硬化油・石鹸・グリセリン工業を支えた油脂原料の種類や数量内訳を定量的データで確認することは困難である。とくに精製や加工技術の発展に伴い、動物性脂肪・魚油・植物油、さらには石油系鉱物油の間で原料としての互換性が高まったことにより、油脂原料の選択は素材の特性より入手可能性や採算性に基づいてなされ、時により変化してきた。例えば、日本における近代的な石鹸工業は輸入牛脂とヤシ油を主な原料として始まったが、次第に原料は硬化油へと移行し(花王石鹸 1940)、第二次世界大戦後には石油などから作る合成洗剤へと変わっていった。

当時の文献によると、硬化油の原料としては採算面から魚油が多く使われたとの記述もある。同時に大豆油の国内市場拡大を目論んでいた製油企業を中心に、大豆油を原料に使うべきだとの主張もあった。鈴木商店が同グループの大豆搾油工場(後の豊年製油)で搾油した大豆油を原料に硬化油を製造したとの記述もある(日本油脂 1967：35, 43)。とくに横浜市保土ヶ谷に建設した工場では、大豆油を原料とした硬化油の製造を企図した(日本油脂工業会 1972：53)。農商務省は、硬化油の「原料は大豆油・魚油にして魚油不足勝なれば過半は大豆油を原料となし居れり」(1922：125)と述べており、一方、上野は1927年の論文で、大豆油は大連で多く硬化油の原料として使われているが、日本内地ではより安価な魚油が原料として使われることが多く、採算上有利な場合のみ大豆油が使われていると述べている（上野 1927）。

硬化油から製造されるグリセリンの原料となるとその実態はさらに不明瞭となる。日本において利用可能なグリセリンの原料としては、硬化魚油、鯨油、大豆油、ヤシ油、牛脂、硬化大豆油があげられていた（久保田 1937）。グリセリンは多種多様な油脂（石油系も含む）から作ることができる3価アルコールで、その種類や用途も食用・医薬用から工業用、そしてニトログリセリンなど爆薬製造まで幅広い。しかし「グリセリン工業」というものは存在しないといわれたほど、グリセリンは石鹸工業と油脂工業の副産物として製造された（久保田 1937）。19世紀末には石鹸製造の際に分離される廃液からグリセリンを回収する技術が欧米で実用化され、一説には英国におけるグリセリン生産量の95％までが石鹸工業の廃液から回収・製造されたものだった（花王石鹸 1940：82-83, 116）。日本でも花王石鹸が1911年に廃液からのグリセリン回収に成功し、石鹸工業の副産物としてグリセリンが製造されるようになった（花王石鹸 1940：390, 514）。産業が独立していなかった上に、爆薬を含む軍需品の原料として秘匿されたため文献も限られており、当時のグリセリン生産の実態やその原料については不明瞭である。

このように、原料となる油脂の種類や消費実態の数量的な把握は困難だが、当時の油脂加工をめぐる言説から、輸入に依存していた牛脂やヤシ油に代わり、日本が掌握していた満洲産大豆油と朝鮮近海の魚油を原料としてグリセリンを含む油脂加工製品を製造することが国防上からも重要であると主張されていたことは確かだろう。

6-3 工業用・軍需用の原料産業としての躍進

植物油が多種多様な工業の原材料だった当時、製油企業も自らを食用・非食用工業および軍需用に原料を供給する産業であると自覚していたことが伺える。例えば、豊年製油は大豆油工業が「食、飼、肥料用から醸造原料、製菓、薬品、塗料、石鹸其他他工業用及軍需用等々汎ゆる原料の供給を為す世界的大工業へ躍進」（豊年製油 1944：1）したと記している。とくに戦況が激しくなると「戦争と大豆とは離れる事の出来ない密接な関係があって大豆は平時といわず戦時といわず極めて大切なる資源である」(増野 1942：1) といわれたほど、大豆は重要な軍需物資として認識されていったのである。

こうして、近代化以降、日清・日露戦争や第一次世界大戦などの大口需要も取り込み急激に発展した日本の油脂産業は、日本が日中戦争・太平洋戦争へと突き進むにつれ、政府・軍部の統制と保護の下で軍需物資の生産とそのための設備投資を続けていった。そして、植物油の用途が国策上重要な工業・軍需用として拡大されるにつれ、古来伝統的な食べものであった大豆も、食用・非食用、軍需用の幅広い工業の原料として発展したのである。

7 考　察

前節までに概観した日本における近代的油脂産業の発展過程について、本節では、とくに資本の論理に注目しながら、1 商品と市場、2 技術と生産設備、3 企業・資本・政策、に分けて考察する。最後に、4でこの日本における歴史的事例を世界的なフードレジームの枠組みに位置づけて考察する。

1　商品と市場
――粕と油の用途拡大のための企業努力

花王石鹸の社史 (1940) が「日本の場合には、需要の興起に先立って、生産技術が入ってきた次第である」(p.189) と如実に述べているように、近代的な石鹸工業は国内需要が増加する前に導入された。そのため、需要を喚起するために供給側から積極的な宣伝活動をおこなった。同じように近代的な生産方式による植物油も、国内需要が増える前に過剰なほどの供給体制が先立って形成されたと考えられる。主に燈明用として近代前から国内に商品経済が成立していたナタネ油の場合は、近代化とともに燈明用の市場を失ったにもかかわらず、潤滑性に富む特質から産業革命によって増加した機械の潤滑油など工業用市場へ振り替えることができた。また、白絞油など精製方法もある程度は発達していたため、食用への転換も比較的容易だった。しかし、そのナタネ油でさえも、食用としての需要増加より、非食品工業における用途の拡大と、鉄道用や軍需など政府・軍部からの大口需要に支えられていた。さらに、国内市場だけでは不十分だとして桑名屋や吉原製油も早くからナタネ油の輸出を始め、攝津製油などは万国博覧会に何度も出展して海外市場の開拓に積極的に取り組んでいた。それほど、当時の製油企業にとって国内市場は狭隘であり、海外が重要な市場だったのである。

大豆油と硬化油の場合は、食用・非食用を問わず、国内の需要はほぼゼロの状態から市場創出が始まった。そもそも大豆油も硬化油も近代まで日本社会に存在していなかったため、まさに新商品開発からの取り組みだった。そのため、日清製油も豊年製油も多額の設備投資をおこない、欧米から最先端の機械や技術を導入して油の精製度をあげることに取り組み、サラダ油や白絞油という新商品として食用大豆油の市販を開始した。

創業時の主商品であった大豆粕についても、1920年代には安価な化学肥料の普及に押され、国内市場をより幅広く開拓する努力が必要だった。大豆粕を食品産業へ売り込むことも当時は容易ではなかったようで、食用市場開拓のために大豆粕を「大豆蛋白」と呼び直したり「桜豆」など商品名をつけたりした。また、新聞広告をはじめとするマーケティング活動をおこない、農商務省や大蔵省の研究支援も活用して商品の有用性を実証するなど、懸命な販売促進活動をおこなっていた。大豆から作られた製品（大豆粕）といっても、最初から大豆粕＝食料として食品産業の原料になったわけではなく、積極的な企業努力の成果だったことを示唆している。

つまり、日本に近代的製油産業が形成され発展した時、大豆油に限らずナタネ油を含む植物油全体として、いくらかは食用にもされてはいたが、その主な市場は非食用工業であり、輸出市場であった。そして、輸出市場に依存して生産能力を大規模化した大手企業が、需要量を超える生産能力を持て余し、大量生産した商品を販売するために懸命な企業努力をおこなって国内における需要増加を促したと考えられる。とくに大豆油については新規同然の市場開拓を必要としたため、製油企業は当時の油脂工学の発展も活用し自らも研究機関を設け、多方面への新商品開発と市場開拓に努力した。その多方面に渡る市場開拓の一環として、食用にも大豆油と大豆粕を発売したといえる。

他方、油糧原料については、大豆に限らずナタネなど国産が可能な作物においても、そのかなりの部分を海外、とくに中国・満洲に依存していた。つまり、日本の近代的油脂産業は、当初に輸入原料と輸出市場に依存した大量生産体制を構築し、後にはその大量生産した商品を販売する必要に迫られて国内市場を創出する努力をおこない、産業基盤を固め資本を蓄積した。近代以降、油脂産業が資本主義的生産様式による機械制大工業として発展したために、大量生産した商品の販売先を必要として、食用植物油の市場開拓が推し進められたといっても過言ではないだろう。

2　技術と生産設備
——油脂工学を活かした大豆・油脂産業の発展

油脂企業は国内市場を開拓するために、折からの油脂工学における技術革新も取り入れながら、油と粕の新たな用途を積極的に拡大した。大豆油と大豆粕の食用開発もその一環として取り組まれた。さらに、軍需関係品の原料としても油と粕（大豆蛋白質）が重視され、戦況深まる中、国策として油脂産業の発展とその製品の用途拡大が促進された。

その際、高度な技術と多額の資本を必要とする硬化油生産に、「官公立大学の応用化学出身の技術者が参加し、従来の石鹸の職人的技術者に代わって高度技術を駆使し、油脂化学を国際レベルにまで高め」（日本油脂工業会 1972：41）、その後、技術を身につけた経営者として活躍したとの指摘が興味深い。満洲における大豆工学の発展に取り組んだ国策会社である満鉄の中央試験所には、当時日本における最高級のエリートが集結していた。また、近代前から商品経済が成立していたナタネ油についても、企業が辻本満丸など工学博士に技術指導を仰いだり、農商務省の研究支援を活用したりしていた。久保田四郎や上野誠一ら研究者も事業に加わったり、油脂工学を先導していた欧州から技術者を招聘したりして、日本の油脂企業は新しい技術を積極的に導入し、油と粕の用途拡大に努めた。

加えて、日本が戦争へ向かう時代背景を反映して、大豆油と大豆粕の用途拡大は、日本が掌握していた資源からの軍需関係品の開発と製造という、戦争遂行のための国策としてさらに推し進められた。政府・軍部からの奨励もあったが、企業側も自らが製造する商品の市場拡大に積極的に取り組んだ。硬化油業界が海軍火薬廠に意見書を提出するなど、硬化油グリセリンの有用性をアピールしたことはその典型例といえるだろう。豊年製油が設立した杉山産業化学研究所は、大豆航空潤滑油を研究開発し、それが軍部の支援を受けて工業化が急がれ、事業としての将来性も渇望されたと誇らしげに社史に記している（豊年製油 1944：34）。

こうして、敗戦まで、主に非食用工業と軍需分野における油と粕の用途拡大のための商品開発が進められた。大豆油の高級アルコール、合成蝋、天然ゴム代用品の製造、航空潤滑油としての利用や、大豆粕（脱脂大豆／大豆蛋白）の工業利用が進められた。当時研究開発されたこれらの技術は第二次世界大戦後には石油化学工業の発展により衰退したため「今世紀に入ってから開発された大豆油、脱脂大豆の各種の新しい利用法は今日ほとんど消滅してしまった」と嘆く声もある（菊池 1994：46）。ただ、近年の大豆インクやバイオディーゼル燃料、バイオプラスチックなど、戦前と類似した大豆の活用法を見ると、戦前に日本が国策として取り組んだ油脂および大豆工業の技術が、現在のバイオ素材・バイオ燃料社会に活かされているように思われる。この点については科学技術史などの研究を要するため、本書では示唆するに留めておく。

以上から本章では、近代的油脂産業が発展した背景には、大豆と油の用途を拡大させようとする企業努力と政策決定があったことを明らかにした。欧米から油脂工学の知識や機械、技術を導入しつつ、国内でも工学博士や満鉄中央試験所のエリートたちがその開発に取り組んだ。さらに軍需目的が強まるにつれ国策としても政府機関や軍部に協調しながら油脂企業が尽力して、食用・非食用の多種多様な工業の原料、そして軍需品の原料として、大豆利用を発展させたといえるだろう。

3　企業・資本・政策
——政府・軍部および財閥・大手企業が結束し重要軍需産業へ

高度な技術と知識、および機械設備に基づく産業へと移行した大豆・油脂産業は、大規模な投資を必要とした。大倉財閥や鈴木商店が創業した大豆搾油業に加えて、化学産業や軍需産業に積極的に進出していた新興財閥が硬化油産業に資本参入し、油脂関連企業の巨大化と資本集中を促した。そして、国策的にも重要産業となった油脂産業に、政府や軍部、財閥や大手企業が集結していったと考えられる。

石油化学工業がまだ発展途上だった第二次世界大戦の戦前・戦中において、動植物性油脂は軍事的に重要な物資として機能していた。そのため、欧米でも第一次世界大戦期に油脂の需要が急増し、その後、国策として自国の油脂産業を保護し始めた。日本においても、製油産業が急激に成長した要因の一つに「日清、日露、第一次世界大戦という特殊な需要」があり、日本が戦争の泥沼に入った戦雲低迷の昭和10年代(1935年～)からは「植物油業界は最盛期を迎えようとしていた」(平野 1973：54, 77)。

日本が戦争に深入りするにつれ、製油産業および油脂関連産業を国家安全保障に関わる産業として重要視する動きはより強まっていった。大豆の世界的な供給地であった満洲と、大豆以外にも、満洲の小麻子(ヘンプ)やエゴマ、揚子江沿岸のナタネ、天津のヒマシや亜麻など、油糧作物を供給できる中国大陸に近接していた地理的な優位性に支えられて、日本の近代的製油産業は発展した。政府・軍部としても、戦況が深まり石油など資源の輸入が先細るなか、支配下に持つ油糧作物の生産地を活用することがますます重要となり、その油糧資源を取り扱う自国の油脂関連企業を優遇していったと考えられる。

こうして、高額の資本投資を必要とする産業へと発展した油脂産業は、自身もその軍事的重要性を認識して政府や軍部とも協調しながら発展していった。化学部門や軍需産業で勢力を増していた新興財閥も参画し、戦争へ向かう国策プロジェクトの一端に組み込まれながら、油脂産業はその基盤を強化していったと考えられる。それは、一介の食品産業とは比べものにならないほど重要視された存在だったといえるだろう。

4　フードレジーム転換期における大豆と植物油の飛躍的な用途拡大

主に輸出市場に依存して植物油と硬化油の製造を拡大させた日本の近代的油脂産業は、その特需を失った後に、過剰生産された商品を販売する必要に迫られ、新たな用途開発と市場拡大に懸命の努力をおこなった。折からの油脂工学における技術革新も取り込み、加えて戦争へ向かう政府と軍部からの要請と支援にも支えられながら、工業および軍需関係分野において油脂と大豆粕の幅広い用途を開拓した。この間、政府と軍部にも支えられながら、大資本中心に油脂産業が成長し、工業・軍需用に原料を大量に供給できる体制、つまり「油脂複合体」が強化されたといえる。その複合体は多岐の分野に広がっているが、一例にまとめると《支配下の満洲産大豆・朝鮮近海の魚油→製油産業・油脂加工産業による多種多様な工業・軍需関係品の原料の生産→戦争遂行、一部を食品工業や食用に》となるだろう。この動きは、世界的なフードレジームの枠組みにおいて、どのように位置づけられるだろうか。

フードレジーム論の先行研究では、油脂については、第１次フードレジームにおける熱帯性油脂が、第２次フードレジームでは温帯性油脂(とくに米国の大豆)に置き換えられたと言及されているに過ぎない(Friedmann and McMichael 1989；Friedmann 1991)。それは、植民地フィリピンに依存していたココナッツ油の輸入が太平洋戦争によって途絶え、代わりに国産の綿実油と大豆油を推奨した米国の歴史的事例に基づいた理論形成にともなう限界だろう。

英語圏のフードレジーム研究者が知りえなかった日本や満洲における大豆と油脂をめぐる事例から考察すれば、先行研究では軽視されていたフードレジームの狭間の転換期に、政策決定・企業行動・技術開発により大豆と油脂はその用途と供給量を飛躍的に増大させ、国民生活の多方面に関わる物資ならびに重要軍需品へと発展したことが明らかだろう。その商品連鎖は、農と食の間に製油産業や油脂加工産業など、さらに高額の資本と高度な技術・設備を備えた工業を組み込んで形成された資本蓄積体制としての複合体だった。大豆油に加えて、むしろそれ以上に、大豆粕が幅広い工業分野における原料となり、さらに欧米諸国では成長しつつあった近代的畜産業の飼料となり始めていた。こうして、多種多様な産業を支える原料としての発展も寄与して、大豆は続くフードレジームの鍵となる世界商品へと転身したのである。

おわりに

本章では、輸入原料と輸出市場に依存して誕生し、機械制大工業として大量生産体制を構築するに至った近代的油脂産業が、過剰となった商品を処理する必要に迫られ、供給側から積極的に植物油と大豆粕の需要を増大しようと努めた経緯を論証した。食用はもとより、工業用としても国内需要を超える生産能力を備えた「海工場」に基づく資本主義的生産様式では、大量生産した商品（粕と油）の価値を実現するために、これらの商品を大量販売する市場を必要としたのである。実際の用途別統計データが不完全なため、本章ではそれらに関する政策決定と企業行動から議論を展開してきた。そのため限界はあるが、近代的製油産業がこれほど急激に成長して植物油の供給を増やしたのは、通説的に語られるように「食の洋風化」による食用油の需要増に対応するためというわけではなかったという新しい知見を提示することはできただろう。折からの油脂工学の技術発展にも助けられながら、多方面における新商品開発の企業努力をおこない、その一環として、大豆油の精製度をあげたサラダ油や白絞油などの食用油が新発売されたものと考えられる。このような油と大豆粕の市場開拓の企業努力に加えて、日本が日中戦争・太平洋戦争へと突き進む中で、石油など輸入資源の代わりに油脂と大豆粕を戦争遂行のための軍需資源として重要視した国策も大きく働いていた。

フードレジームの転換期に、植物油と油粕の用途を拡大し大量供給体制を強化した日本の技術・人材・企業群が、第二次世界大戦後には、米国産大豆の大量輸入を受け入れて油脂産業を再建し、今度は食生活における油脂の増大を促したと考えられる。次章では、戦前に産業基盤を蓄積した日本の企業が、戦後すみやかに再編して植物油を大量供給し始める過程を取り上げる。

第3章

米国産大豆による製油産業の再建

——戦中～戦後再建期

はじめに

第二次世界大戦後、日本は輸入原料に依存して食用油の供給・消費を急増させた。それは「食の洋風化」や所得増加による消費者の需要増によるものだと一般的には説明される。戦後の日本について既存のフードレジーム論は、第2次フードレジーム（1947～73年）において新たな覇権国となった米国が、その余剰農産物（とくに小麦と大豆）を食料援助として輸出した受入国の一つとして言及するに留まっている（Friedmann and McMichael 1989；Friedmann 1991；McMichael 2000など）。とくに米国が1954年の農産物貿易促進援助法（PL480）によって大量の小麦を政策的に輸出したことは、米国の「小麦戦略」として知られている（高嶋 1979；鈴木 2003など）。第二次世界大戦後からの事象に焦点を当てたこれらの分析は、日本への大量の食料輸出の要因として、厚生省など日本政府側の関与にも一部言及しているが、主に米国側からの「戦略」的な輸出圧力に主眼をおいている。しかし、より長期的に歴史を振り返ってみると、一方的に米国産農産物を押しつけられた単なる受入国として日本を位置づける説明には疑問が生じる。

他方、戦後日本における植物油の生産急増に反比例するように油糧の自給率が急落したが、これは安価な輸入原料との競争に敗れた結果とするのが一般的な見解である。これに加えて、農業経済学や農村研究では、国産ナタネ激減の理由を農村における自給領域の縮小に求める議論もある。例えば野中章久ら（2013）は、「1920年代より旧満洲産大豆を原料とした抽出油が大量生産されていたが、国産ナタネは農村経済の自給領域における生産物として高度経済成長期まで維持された」ものの、高度経済成長期に国産ナタネの生産を支えていた農村側の自給の論理の強さが農家労働力の農外流出により一括的に縮小したため、国産ナタネ油の生産も縮小したと結論づけている（野中ほか 2013：283）。

これに対して本章では、日本の農村における国産ナタネ油の生産が戦前から継続され高度経済成長期まで「維持」されていたかを考証する。前章で明らかにしたように、油脂が重要軍需品として政府･軍部の一元的管理下にあったことを踏まえると、農村で自給的にナタネ油を生産し、しかもそれを農家が自ら食していたとの見方については再考が必要であろう。実際、戦時下にナタネを搾油する小規模な「山工場」は、政策的に放置され合理化のために整理され、敗戦時にはほとんど壊滅状態だったとの記録もある（日本油脂新報社　1949：第3篇57）。

これらの問題を踏まえて、本章では、戦前～戦中に主に工業用・軍需用に向けて強固な生産基盤を確立していた植物油複合体が、敗戦後は米国産大豆を活用して植物油供給体制をすみやかに再建し、食用油脂市場を拡大していった過程を検証していく。そのために、まず第1節で戦時中の動きから取り上げ、政府と軍部の下に油脂産業が一元的に統制され、その管理・指示によって戦時中も生産と設備投資を続けていた実態を明らかにする。続いて第2節では、敗戦によって中国・満洲を失った日本が、第二次世界大戦後は米国産大豆を受け入れて油脂産業を再建していった過程を概観する。このように、戦中から戦後にかけての油脂産業の動向を一連のものと捉えることで、戦時統制から戦後の占領下政府による統制へと、油脂資源および油脂市場の政策的な管理が続く中、継続的に有利な状況を得た大手企業を中心に油脂産業が再建されるに至った経緯を明らかにする。そして第3節では、国内油糧作物を小規模に搾油する「山工場」が淘汰され、主に輸入原料を臨海部に建設した大規模工場で搾油する「海工場」へと植物油の生産が集約されていった実態を確認し、第４節では、この「海工場」への移行が国土計画・産業立地政策によって食品コンビナートとしても強化されたことを明らかにする。

最後に第５節で、以上を通じて概観した戦中・戦後日本における植物油供給体制の再確立過程を、資本主義的発展過程と世界的なフードレジームの枠組みに位置づけて考察する。そして戦後日本における食用植物油の供給急増の要因を、「食の洋風化」などによる需要増に求める通説的理解に留まらず、むしろ既存の植物油複合体が世界的なフードレジームの中に自らを積極的に組み込みながら再建を果たし、戦後は食用として植物油供給を急増させたことを結論づける。

なお、本章では戦中から戦後における油脂複合体の再編成と増強の過程に注目する。戦後日本において食用油の需要増加を促した政策決定と企業行動については、時期的には一部重なるが、次章で別途取り上げることにする。

1 戦時統制による油脂産業の一元化

1-1 戦前の大手企業による市場の寡占化

1920年代後半、油脂企業は損失を出すなど苦戦していた。しばしば原料高・製品安という価格の逆鞘状態に悩まされただけでなく、国内では米価・糸価の低迷により農家の肥料購買力が弱まった。ドイツなど欧州諸国が自国の油脂産業保護の政策に切り替えたため、植物油の輸出市場も縮小気味だった。日本の油脂企業は製造業でありながら大豆の投機的な国際取引も手がけており、金銀為替相場の激動にも翻弄されていた（豊年製油、日清製油「営業報告書」より）。

ところが、満洲事変（1931年）勃発以降、戦争に深入りするにつれて日本の油脂産業は好調へと転じた。満洲事変の後、「世相の緊張とは反対に、植物油脂業界は未曾有の活況を呈しつつあった。とくに菜種油、荏油［エゴマ油］の対米輸出は、［昭和］9年から12年にかけて最盛期を迎え」（平野 1973:70。［］内は筆者追記）、1935年に吉原製油は輸出高2万トンという「日本一」の数

表3－1　「植物油業界の最盛期」1935年における吉原製油の輸出高記録

	輸出量（kg）	輸出額（ドル）
菜種油	5,936,076	781,660
蘇子油	7,600,027	1,119,797
綿実油	5,473,230	631,715
カポック油	408,240	50,381
ヒマシ油	36,288	5,407
芥子油	45,360	5,300
玉蜀黍油	54,432	8,130
ケシの実油	5,443	954
計	19,559,096	2,603,344

出所：平野（1973：78）より作成。

字を記録した。1930年代前半には米国への輸出が「北米合衆国に於ける油脂及び家畜飼料の供給不足に伴い菜種油、綿実油、荏油、綿実油粕、亜麻仁油粕等の対米輸出旺盛を加え当期中を一貫して製油業全体活況を持続したる為め当社の製造受託数量も著しく増加」した状態だった（吉原製油「営業報告書」昭和9年10月～10年3月期）。輸出に限らず、国内でも日中戦争が長期化するにつれ、軍需、とくに化学工業用・機械工業用の需要が激増した。大阪船場の油問屋から始まった吉原製油は、油の取引に加えてナタネ油などの精製事業に手を広げ、この頃までに、堺に2、築港に1、今津に1の計4工場を持つ日本屈指の製油メーカーに発展していた（平野 1973：70-95）。表3－1は、当時の吉原製油による蘇子油（エゴマ油）、ナタネ油、綿実油など各種植物油の輸出の実態を示している。しかし、1935年、米国は輸入油脂に高関税をかけ、綿実や大豆など自国内における油糧作物の増産を保護する政策へ転換した。日清製油は次のように報告している。「米国政府が其輸入油脂に対し殆んど禁止的高率の消費税を新設実施せしことは過去3、4年間米国を最大顧客として其旺盛なる需要を唯一の目標として工場の拡張増設等をなし来れる本邦の製油家にとりては実に青天の霹靂」（日清製油「営業報告書」昭和11年8月～12年7月期）。この報告からも、1930年代前半には日本の油脂業界が米国への輸出市場にかなり依存し生産拡大していたこと、それが途絶されて打撃を受けたことがわかる。

当時、油脂産業においては、大手企業が優勢を保っていた。大豆搾油・豆

表３－２　日本国内大豆油生産量に占める豊年製油1社による生産の割合（1924～1939年）

	日本国内大豆油生産高（トン）	うち豊年製油１社による生産	
		生産高（トン）	比率（%）
1924	23,611	16,987	71.9
1925	35,985	24,024	66.8
1926	39,734	27,917	70.3
1927	33,319	23,800	71.4
1928	38,406	26,701	69.5
1929	43,590	32,872	75.3
1930	39,689	28,459	71.7
1931	46,883	35,726	76.2
1932	51,531	29,383	57.0
1933	44,448	29,897	67.3
1934	51,467	38,220	74.3
1935	42,899	29,865	70.0
1936	47,943	38,253	79.8
1937	51,343	38,034	74.1
1938	67,000	43,118	64.3
1939	66,879	40,237	60.2

出所：ホーネンコーポレーション（1993：33）より作成。

粕製造に携わる製油企業では、鈴木商店に由来する豊年製油が日本における大豆油生産量の６～７割を１社で占めるという存在感を示していた（表３－２）。この頃、主に大豆から製油していた豊年製油の杉山金太郎社長と、主にナタネや綿実などその他の原料からの油を扱っていた吉原製油の吉原定次郎社長を、それぞれ「東の金太郎、西の定次郎」と並び称していたほど両社の存在が突出していた（平野 1973：78）。

また、加工油・石鹸・グリセリンなど油脂関連製品を製造する油脂加工産業でも大手企業が突出し、合同油脂と旭電化を中心にカルテル化が進められていた。第２章で概観したように、新興財閥を中心とする財閥資本が油脂加工産業に参入し、例えば、日産コンツェルンが有力な企業群を日本油脂に統合するなど、さらに資本集中が進められた。日本油脂は硬化油生産において「全国生産高の 57% 強を生産」（日本油脂 1967：178）する突出した大手企業となった（表３－３）。

こうして、大手企業による寡占化がすでに進んでいた油脂産業は、戦争遂行のための重要産業として政府の統制下にまとめられていった。

表3－3　日本国内硬化油生産における日本油脂のシェア（1937年）

全生産高		120,000 （トン）	26,000,000円
日本油脂系各社	日本油脂	38,000	
	北海油脂	6,000	
	北日本油脂	6,000	
	朝鮮油脂	15,000	
	奥山石鹸	3,000	
日本油脂系企業の合計		68,000	20,580,000円
全生産量に対する日本油脂の割合		**57.17%**	

注　：上記数値のみから算出すると割合は56.67％となるが、数値は原文ママ転載した。
出所：日本油脂（1967：178）より作成。

1-2 戦時統制によるさらなる一元化

戦時の統制経済が強まるにつれ、油脂および油脂加工業は軍事的に重要な産業として、政府管轄の統制機関に一元化されていった。満洲事変直前の1931年4月に「重要産業統制令」が公布され、同9月に「日本硬化油同業会」が発足し、10月には「重要産業統制法」による指定業種となった。この同業会が硬化油・脂肪酸・グリセリン・石鹸・油剤・合成洗剤製造業界を統括する基盤となり、原料の供給から製品の製造および販売までの統制構造が形成された（日本油脂工業会 1972：72-73）。

太平洋戦争開始（1941年）後は、政府指導の下、油脂業界全体の統制がさらに強められ、中小企業を整理して大手企業に生産を集中させながら段階的に整理・統制されていった。1942年に原料の動植物油脂を扱う諸企業は「帝国油糧統制株式会社」（農林省所管）に、硬化油・硬化蝋・脂肪酸を含む油脂加工関係企業は「油脂統制会」（商工省所管）にと、業界全体が統制機関に統合され、戦時下の国策遂行を担った（日本油脂工業会 1972：141-151）。また、国家総動員法に基づいて同年公布された「植物油脂原料及植物油脂等配給統制規則」「動物油脂配給統制規則」により、動植物油脂、大豆および植物油脂の原料および油・粕の生産、供給はすべて農林大臣の監督下におかれ、これらの統制機関が一元的に管理することになった（豊年製油 1963：61）。

これらの統制機関は政府管轄ではあったが、その幹部には戦前の大手企業の人材が多く就任している。例えば、豊年製油は複数の統制団体の「常に最大の出資者」（豊年製油 1963：46）となり、杉山社長や役職者が帝国油糧統制㈱を含む複数の油脂関連統制機関の取締役や社長に就任していた[1]。日本油脂からも、取締役社長の藤田正輔、取締役副社長の村山威士、もと鈴木商店の硬化油事業を率いた幹部で常務取締役だった久保田四郎らが油脂統制会および帝国油糧統制㈱の幹部に名を連ねている（日本油脂 1967：176, 184-185；西川 1942：381-382）。

1-3 軍需工場指定と生産活動の継続

加えて、大手油脂会社の工場の多くが軍需工場に指定され、軍の直接の要請により原料を配給され軍需関係品の開発および製造に取り組んだ。石油の輸入が困難になる中、鉱物油由来の製品や燃料の代用品を動植物由来の油脂や油粕から作ることが求められた。とくに重要だった航空機用潤滑油を中心に軍需品の開発と生産に取り組むよう、多くの油脂加工工場が命じられた（ライオン油脂 1979：78-87）。吉原製油の工場は陸海軍の指定工場となり「航空機用潤滑油としてのヒマシ油、焼入れ用としての菜種油、その他の油脂の製造に日夜忙殺され、輸出不振の痛手を補ってなお充分の業績をあげることができた」（平野 1973：97）。日本油脂や花王石鹸も、それまでに培っていた技術を活用して航空機用潤滑油の開発を進めた（日本油脂 1967：238-241；日本経営史研究所・花王 1993：143-144）。花王石鹸は、陸軍からの指示で戦時下に和歌山工場を新設したり（ただし 1944 年、試運転中に爆発事故を起こした）、ヤシ油や大豆油から脂肪酸エチルエステル（今日でいうバイオディーゼル燃料）を戦車用燃料として生産したりした（日本経営史研究所・花王 1993：150-153, 155）。「味の素」に限らず、アミノ酸液、肥料、塩酸など幅広い化学物質を製造していた味の素は、燃料や諸原料の不足から従来の製品製造が困難となり、また企業整備令の対象になることを避けるためにも、川崎工場を中心に軍需生

1　杉山金太郎社長は日本大豆油工業組合、有機肥糧配給㈱、大豆製品共販㈱、日本大豆統制㈱、帝国油糧統制㈱の主要幹部職に就いていた（ホーネンコーポレーション 1993: 58）。

産へと切り替え、「[昭和] 18年以降の当社は、食料品から軍備品生産へと大きく転換することとなった」(味の素 1971：405。[] 内は筆者追記) と軍需産業への転換を記している。味の素は同社が持つ技術力を活用して、航空機向けハイオクタン・ガソリン製造用のブタノールや綿火薬製造用アセトンを、サツマイモや砂糖など植物原料から発酵法によって製造する事業に取り組んだ。そのために佐賀県に新設した工場が後の同社九州工場となっている。軍需品生産に本格的に乗り出した味の素は、陸軍省の指示も受けて1943年に「大日本化学工業株式会社」へと社名変更し、ブタノール、アセトン、さらにはアルミニウム原料のアルミナなど軽金属も製造する軍需品製造企業へと転身した (味の素 1971：404-407)。

日本が東南アジアを占領した後は、コプラ (ココナッツ油原料) やアブラヤシ (パーム油原料) など油糧作物のプランテーションや油脂工場を接収した日本政府が、豊年製油、吉原製油、攝津製油など大手油脂企業を指名してこれらの管理運営をまかせた (豊年製油 1963：48；平野 1973：95 など)。しかし、船舶の不足から、それらを充分に活用することもなく日本は敗戦した。

このように、戦前すでに大手企業が突出した存在となっていた日本の油脂産業は、1930年代からの日中戦争・太平洋戦争期に重要軍需産業としてさらに一元化され強化された。大手企業を中心に統合・統制された油脂業界は、政府・軍部の管理下で原料を入手し、各社で蓄積していた技術や人材、設備を活用しながら、戦時下においても技術開発や設備投資を継続していた。戦争の激化による輸出市場の喪失や、企業独自の経営戦略より軍の司令を優先せざるを得ない状況、統制機関への人材・資本提供などの損失もあったが、大手油脂企業は戦時中も優遇された環境において、軍需関係品の生産という形で企業活動を継続していた。そして、戦災による国内の生産基盤への被害や敗戦による海外資産の喪失など痛手も負ったが、戦前・戦中とほとんど同じ大手企業が戦後数年のうちに再建し、食用市場に植物油および油脂加工品を増産し始めたのである。戦時下においてはすべての産業が戦争遂行に協力せざるを得ない時代背景があったとはいえ、そのとき軍需目的で技術・人材・設備など生産基盤を蓄積した大手企業が、戦後には食品企業として再建し存続した継続性は見落とすべきではないだろう。

2 米国産大豆を活かした戦後の再建

敗戦により、日本の油脂・油脂加工業界は、満洲の大豆、朝鮮の魚油、東南アジアのヤシ油・パーム油など、それまで全面的に依存していた日本支配地からの油脂原料および有力販売先としての軍需市場を失った。敗戦直後は「とにかく『一にも原料』『二にも原料』という」時代で、農林省、経済安定本部など政府、帝国油糧(後に油糧配給公団)、業界団体などが代替の油糧原料を確保しようと「輸入促進、国内の増産、未利用資源開発にひたすら努力挺身した」時代だった(油脂製造業会 1963：18)。

2-1 満洲・中国産原料に代わる米国産原料の輸入増加

国内でも急遽、ナタネや北海道の大豆など油糧作物を増産する計画が立てられた。それでも、「ガリオア・ダイズが輸入されることによって食油工業は回復したのであり、その結果、ダイズ油工業が食油工業の首位を占めることとなった」(中島編 1967：528)と産業史にまとめられているように、戦後の原料調達の回復を支えたのは米国産大豆だった。まずはガリオア資金(GARIOA：Government Appropriation for Relief in Occupied Area、占領地域救済政府資金)によって、米国産大豆が輸入された。ガリオア資金による大豆輸入は、1946年1,582トン(うち豊年製油処理量782トン)、1947年1万5,306トン(同7,630トン)、1948年4万9,458トン(同2万6,525トン)、1949年19万186トン(同8万2,688トン)と急増し、これに合わせて原料割当を受けられた製油企業も生産量を増やしていった(ホーネンコーポレーション 1993：74)。

また、米国産大豆に加え、戦後は占領政策の下で、米国の影響下にあったフィリピンからコプラやヤシ油なども輸入された(表3－4)。戦後の油糧原料の輸入は1950年1月に民間貿易に切り替えられるまで、すべて通産省所管のもと政府貿易によっておこなわれ、その配分も政策的に決められた(油脂製造業会 1963：28)。

表３－４　敗戦後３年間の主な輸入原料および油脂　（単位：トン）

	原料		原料	油脂			油脂
	大豆	コプラ	合計	ヤシ油	豚脂	牛脂	合計
1946	1,587		1,382				132
1947	15,306	11,674	26,980	2,287	958		4,211
1948	49,459	22,115	99,157	1,484		5,794	10,096

注　：主要原料・油脂のみ抜粋し、小数点以下は筆者が四捨五入した。
出所：日本油脂新報社『油脂年鑑（1949年版）』第３篇 p.54より作成。

2-2 政府による原料割当と製品買上

戦後、限られた油脂資源を効率的に活用するため、農林省など政府機関と業界による協議がおこなわれたり、新たな業界団体が設立されたりした。しかし、1946年に占領軍総司令部から、重要な生産資材および国民生活必需物資は政府が直接管理すべしとの方針が発せられ、油脂の統制も政府機関がおこなうことになった（油脂製造業会 1963：15)。そのため、1948年に解散した戦前からの統制機関に代わり、全額政府出資の「油糧配給公団」が資本金1,000万円で発足した。同公団は、農林大臣の監督下で油糧取扱業者を指定し、物価庁が定める価格による国内産油糧および輸入油糧の買取りおよび売渡しを一手に担った（中島編 1967：527；油脂製造業会 1963：11-16)。つまり、油脂統制は戦後も政府管轄下に続くこととなり、原料は指定企業に割当てられ、その製品はすべて公団が買い上げるという「賃加工方式」となったのである（日清製油 1969)。公団方式は「一種の保護政策」で、生産効率を高め生産を増強するために、主に大手企業の「海工場」を念頭に置いており（日本油脂新報社 1949：第３篇 54)、統制は既存の大手製油企業に対して「確実な製品市場と一定の利潤を与えるものであった」（中島編 1967：528）と指摘されている。輸入油脂原料の割当のために農林大臣の諮問機関として「油脂中央審議会」が設置され（油脂製造業会 1963：22)、戦前の実績ではなく現状の実態調査に基づいて原料が各社に割当てられることとなった。しかし以下にみるように、戦前からの大手企業が巨大な生産基盤をすでに備えていたところに、この制度は割当を獲得するためのさらなる設備投資を促し、「正式稼働率が非常に低いに拘らず、原料呼入れのために建艦競争を」もたらしたと指摘されている（日本油脂新報社 1949：第３篇 55）。

2-3 大手製油企業の再建

戦中から社内に残っていた在庫の原料に加えて、ガリオア大豆や統制による割当で輸入原料を入手し、そして国産原料もかき集めながら、大手油脂企業は戦後数年でその経営再建を果たしていった。

豊年製油は、1948 年５月に 8,300 トンの米国産大豆を積んだスイスヘルム号が清水港に入港したとき、これを同社清水工場で大豆祭りを催して歓迎した。中国・満洲からの貿易が途絶した後は原料を「専らガリオアによる米国大豆に依存せざるを得なくなった」状態だった（豊年製油 1963：91）。同社の工場別原料処理量の推移を見ると、戦前の 1934 年に年間最高 30 万トン強を記録した最高値から（表３－２）、敗戦直後の 1946 年には 782 トンまで減少したものの、1948 年には２万 6525 トン、1949 年には８万 2688 トン、1958 年からは 10 万トンを超えるという回復を遂げている（表３－５。豊年製油 1963：109）。

日清製油はより大きな打撃を受け、敗戦により総資産の９割以上を失った。主力の大連工場などを失い、横浜工場も空襲により焼失し、その敷地は米進駐軍に接収され、一時は企業としての存続も危ぶまれたという。それでも軍の要請で戦中に建設していた那須疎開工場や山梨酒石酸工場などを活用して会社再建を進めた。1949 年には特別経理会社指定も解除され、増資も実施して完全な企業体に復帰し、ほどなく業界上位に復活した（日清製油 1969；1987：51-55）。ガリオア大豆だけでは原料が足りないため、那須工場に戦中から残っていた蓖麻子（ヒマシ）、コプラや、統制されていなかった国産の白菜、かぼちゃ、くるみ、大根、ごぼうなどの種子も集めて搾油し、1949 年秋に「日清サラダ油」「日清てんぷら油」など家庭用食用油の販売を再開した（日清製油 1987：59）。

戦前に最大の油脂加工企業だった日本油脂も工場が戦災を受けたが、その被害は「思ったより軽いもの」で、とくに被害の軽微だった王子、佃、尼

表3−5　豊年製油の戦中〜戦後における原料(大豆)処理量の推移(1941〜1960年)

(単位：トン)

年次	清水工場	鳴尾工場	大連工場	合計
1941	99,930	44,927	36,620	181,477
1942	105,443	45,485	93,142	244,070
1943	89,332	43,621	107,638	240,591
1944	96,759	31,278	114,105	242,142
1945	34,076	8,647	56,320	99,043
1946	782			782
1947	7,630			7,630
1948	26,525			26,525
1949	82,337	361		82,698
1950	59,563	14,859		74,422
1951	34,371	17,935		52,306
1952	33,669	21,499		55,168
1953	48,317	31,671		79,988
1954	43,469	26,577		70,046
1955	58,270	26,705		84,975
1956	62,462	30,245		92,707
1957	65,497	29,584		95,081
1958	73,396	30,643		104,039
1959	91,397	38,271		129,668
1960	103,041	47,377		150,418

注　：合計値は筆者が改めて計算した。
出所：豊年製油（1963：109）より作成。

崎の工場は「ただちに復旧して作業を続行できる状態にあった」(日本油脂1967：244)。グループ会社内に軍および帝国油糧所有のものも含む約３万トンの原油もあり、それで１年間ほどは操業を続けることができた。1946年頃には、全国の生産計画量に対して日本油脂が、マーガリンでは28%、石鹸では23%、硬化油では15%を生産することができたほどだという(日本油脂1967：249)。

2-4 既存「海工場」の巨大な生産能力

大手油脂企業は、戦前から巨大な生産基盤を確立し、戦時中も軍の管理下で生産と設備投資を続けていた。終戦間際の1944年に、大手油脂企業の日本国内の製油工場は年間平均40万トンを超える輸入大豆を処理していたという(豊年製油「増資目論見書」昭和24年10月25日)。これらの大手油脂企業

表３－６　終戦時（1945年）における製油工場の種類別工場数と生産能力

		工場数	原料処理能力（トン）
主に国産油糧を処理	ナタネ工場	225	85,824
［＝「山工場」］	米ぬか工場	65	55,990
主に輸入原料を処理	大豆工場	11	288,400
［＝「海工場」］	コプラ他工場	24	243,420

注　：[] 内は筆者加筆。
出所：日本食糧新聞社『食糧年鑑（1949年版）』p. 391より作成。

は敗戦により海外の資産を失い、戦災によって内地の工場などにいくらかの被害を受けたが、終戦直後すでに巨大な生産設備を保持していた。

日本食糧新聞社が算出した、終戦時における製油工場の種類別工場数とその生産能力は表３－６の通りである。国産油糧作物であるナタネから主に内陸の小規模搾油所で搾油する「山工場」は、戦争遂行のための政策決定の影響も受けて、終戦までに「殆ど壊滅に瀕していた」状態だった（日本油脂新報社 1949：第３篇 57）。他方、本書が前章までに述べてきたように、近代以降、満洲産大豆など輸入原料に依拠して発展していた「海工場」は、少ない工場数ながらも巨大な原料処理能力を保持していた。このデータからも、日本経済が再建する前、第二次世界大戦に敗戦したとき、主に輸入原料を臨海部の大規模工場で処理（搾油）し、大量の植物油を製造するという、輸入依存型の植物油供給体制がすでに確立していたことが読み取れる。

終戦直後における「海工場」の生産能力と、主な原料調達先および軍需を失った後に低迷していた操業率などの状況について、より詳しく見てみよう。表３－７は、1948 年時点で主に輸入原料からの搾油をおこなっていた大手油脂企業の生産能力等をまとめたものである。

加えて、終戦直後における大手油脂企業の主要工場の状況を、各社の社史ならびに戦後数年間に作成された増資目論見書に基づいて整理すると次のようになる。豊年製油は、鈴木商店時代に建設した清水工場（静岡県清水市新港町）および鳴尾工場（兵庫県武庫郡鳴尾村）を引き継いでいた。清水工場には、横浜工場の機械設備を 1923 年に移設し、1934 年には接着剤製造設備を

表3－7　1948（昭和23）年における大手油脂企業の輸入原料処理工場

企業名	月間能力	月間平均 原料処理量	操業率 %	主な原料	工場所在地
豊年製油	18,016	2,426.5	13.47	大豆（ほぼ全量）	静岡県清水市、（鳴尾工場は1949年まで操業休止）
日華油脂	13,621	1,695.7	12.45	大豆、コプラ、落花生	福岡県若松市
味の素	8,680	1,063.4	12.25	大豆（ほぼ全量）	神奈川県横浜市鶴見区
吉原製油	8,841	845.2	9.56	コプラ、落花生、亜麻仁	兵庫県西宮市今津真砂町
昭和産業	4,176	517.6	12.39	大豆（ほぼ全量）	神奈川県横浜市鶴見区
攝津製油	3,188	484.1	15.19	コプラ、落花生、亜麻仁、ひまし	大阪府大阪市福島区
日清製油	896	229.0	25.56	大豆、コプラ、亜麻仁、落花生	栃木県那須郡那須村（疎開工場）、横浜工場は被災・用地接収

注　：工場所在地欄は、大浦・平野編（1948：統計表73-74）および各社の社史、営業報告書、増資目論見書等を参照して筆者が追記した。
出所：日本油脂新報社『油脂年鑑（1949年版）』第２篇 p. 59から抜粋作成。原資料は油糧配給公団調整調査。

新設していた。鳴尾工場は、附属建物の被災と敗戦後の原料不足もありしばらく操業休止していたが、1949年には復興した。加えて、陸軍の要請で軍用航空機潤滑油製造のために1943年から建設を進めていた坂出工場（香川県坂出市坂出町東大濱）が、戦後1949年に搾油工場として完成している（豊年製油 1944；同「増資目論見書」昭和24年10月25日）。味の素は、横浜工場に脱脂大豆・大豆油・大豆グルーの生産設備を備え、月１万トンの大豆処理能力を有していた。味の素は他にも、川崎工場（「味の素」および副産物、電解製品、DDT）、佐賀工場（テックス、カラメル、アミノ酸液）、銚子研究工場（メチオニンの研究）に生産設備を持っていた（味の素「増資目論見書」昭和24年10月1日）。吉原製油は西宮工場（兵庫県西宮市今津真砂町）を主な生産拠点としており、1949年6月末現在、1日当たり原料処理能力519トンの搾油設備を稼働中、同100トンの抽出設備を修復中と記録している。同社西宮工場では、植物油脂・油粕に加えて、人造バター、石鹸紙、ターフェルト、アミノ酸、医薬品も製造していた（吉原製油「増資目論見書」昭和24年9月24日）。日清製油の生産能力が他社より少ないのは、主力としていた大連工場をソ連軍に接収され、軍需工場として航空機用潤滑ヒマシ油を生産していた横浜工場（横浜市神奈川区千若町）も空襲で失ったうえに、その跡地を米軍に接収されていたためである。同社は、戦前までは大連と横浜を生産拠点としていたが、戦中、軍命令により那須（栃木県那須郡那須村寺子）に疎開工場を建設し、横浜工場から機材を疎開させていたところだった。終戦直後の1946年1月に完成させた同工場と、同じく軍命令により酒石酸製造のため1944年から建設していた山梨醸造工場とを活用して戦後の再建を図っている。

断片的ではあるが、これらの生産能力に関するデータから、戦前までにいわゆる「海工場」を中心に巨大な生産基盤を確立していた大手油脂企業は、戦時中にその多くが軍需指定を受けて生産を続け、軍の指示によって新たな生産設備も建設していたことがわかる。戦災により多少の被害を受けたが、大手油脂企業は終戦直後の時点ですでに巨大すぎるほどの生産基盤を保持していた。原料の入手可能量や製品の需要量よりもはるかに大きな生産能力を各社が有していたことは、表3－7に低い操業率として示されている。『油脂年鑑（1949年版）』によると、1948年に輸入原料を処理する工場の原料処理能力は、月間で合計78,187トンと算出されている（日本油脂新報社 1949：第2篇 59）。これほどの生産能力をすでに確立していたため、「海工場」はとにかく原料を必要とし、そして当時の需要以上の市場を求めていたことが推測される。だからこそ、戦後に米国から提供された輸入大豆を歓迎し、戦後の食料難の時代に食用市場を新たな商品販売先として開拓したのは当然な企業行動だったといえるだろう。

「海工場」をその中心的な生産基盤とする大手油脂企業は、戦後、政府管理のもと不十分ながらも原料と市場を確保し、終戦までに築いていた生産基盤を活用し、主な油糧原料を満洲産大豆から米国産大豆に置き換えて、数年のうちに経営を再建していった。

表３−８　戦後における米国・中国からの大豆輸入数量

（単位：トン）

年	米国	中国	備考
1946	1,582	-	
1947	10,516	4,790	
1948	30,409	13,866	全額政府出資の油糧配給公団が発足
1949	147,680	40,830	中華人民共和国成立
1950	94,994	102,116	朝鮮戦争（1950-53年）
1951	301,929	4,551	大豆・ナタネの統制が解除（大豆 AA 制に移行。しかし戦時混乱もあり53年に AA 制廃止）
1952	161,874	386	
1953	408,704	16,940	農産物価格安定法・外貨割当制による計画輸入に(1953-61年)
1954	442,874	45,864	米国にて PL480（農業貿易促進援助法）成立
1955	569,907	203,521	
1956	536,055	165,790	
1957	604,359	199,607	
1958	777,436	98,197	
1959	951,232	-	
1960	1,091,364	147	
1961	1,101,933	42,490	大豆輸入自由化（AA 制に移行）
1962	1,125,799	165,020	
1963	1,314,303	226,644	

注　：備考は著者が加筆。
出所：食糧庁『油糧統計年報（昭和38年版）』pp. 188-189より作成。

3　米国産大豆による植物油の供給増加

3-1　戦後の大豆輸入状況

大豆の輸入は終戦直後から始まり、1950 年までは中国からの大豆の輸入も記録されている。しかし、朝鮮戦争による混乱を経た後は、米国からの大豆輸入が主流となって着実に急増した。表３−８は農水省がまとめた終戦直後から 1960 年代の大豆輸入の推移である。

とりわけ注目したいのは、大豆の輸入自由化（1961 年）以前に、すでに米国からの輸入が急増していたことである。この背景には、小麦・大豆などの国内余剰農産物の恒常的な輸出先として、新たな海外市場を形成しようとした米国の戦略的な政策があった。

3-2 米国産農産物の市場開拓政策

米国の海外食料援助は第一次世界大戦後から主に欧州向けに始まり、援助が米国農産物輸出の7割にも達した時期もあった。第二次世界大戦後もマーシャル・プランや国際連合などを通じて、西側諸国と発展途上国に「援助」の形で米国の余剰農産物の輸出が進められた。しかし、1950年代に欧州諸国が戦災から復興し、食料・油脂の危機的な不足状態を脱して、朝鮮戦争による特需も消失した後は、米国の余剰農産物対策はより緊急な対応が求められる課題となった。そこで、平時にも恒常的に米国農産物輸出の継続を可能とする総合的・組織的な海外市場を開拓するため、公法480号（PL480：農産物貿易促進援助法）が1954年に制定された。この当時、米国にとって日本は数ある援助対象国の一つにすぎなかったが、日本にとっては米国は最大の食料輸入元となった。食料援助やPL480により積極的に輸出された米国農産物およびその製品としては、小麦や乳製品・肉などが注目されることが多いが、じつは大豆や大豆油・綿実油など油糧作物と油脂も主要品目だった（関下 1987；Friedmann and McMichael 1989）。このように、米国側の政策により増加された輸入大豆をめぐり、日本側で「利権ダイズ」と呼ばれるほどの争奪戦が繰り広げられた。

3-3 間接統制への移行と「利権ダイズ」

戦後、政府貿易によって管理されていた油脂原料の輸入は1950年1月に民間貿易に代わり、1951年3月には大豆・ナタネ供給の統制が解除され、4月からは大豆の輸入がいったん自由化された。ところが、ドッジ・ラインの緊急政策による米国援助資金と政府補助金の打ち切り、1950年6月に勃発した朝鮮戦争特需を狙った備蓄輸入・緊急輸入とその反動による油糧恐慌が起こり、相場を激動させ油脂業界を混乱に陥れた。そのため、一度は自動承認制（AA制）にされた油脂原料の輸入も、1953年からドル地域からの大豆の輸入は外貨割当制による計画輸入となり、間接的に政府統制が続けられる

表3－9　1953年度における製油用輸入大豆の割当実績

企業名	割当量（屯）	比率（%）	累計
豊年製油	48,411	20.4%	20.4%
味の素	33,289	14.1%	34.5%
日清製油	24,918	10.5%	45.0%
日華油脂	23,450	9.9%	54.9%
昭和産業	22,377	9.4%	64.4%
日本興油	15,107	6.4%	70.7%
富国油脂	9,793	4.1%	74.9%
吉原製油	6,634	2.8%	77.7%
鐘々淵化学	6,152	2.6%	80.3%
四日市豆粕	5,666	2.4%	82.7%
熊沢製油	4,694	2.0%	84.6%

出所：食糧庁『油糧統計便覧（昭和31年版）』p.73より作成。

こととなった。ナタネについても同年、製油業界や大蔵省の反対を抑えて議員立法により農作物価格安定法が成立し、ナタネはその管理対象品目となって間接的に統制され続けることとなった（油脂製造業会 1963：25-26；中島編 1967：531）。

間接的な政府統制であるこの外貨割当制は、政府機関および業界間での油糧原料の争奪戦を引き起こし、「利権ダイズ」という用語を生み出したほどだった。製油用大豆は、製油工場に直接割当てられる「需要割当」と、用途を指定して貿易商社に割当てられる「商社割当」とがあった。需要割当制では、おもに基準設備能力と実績によって大手製油工場に原料が割当てられることとなり、既存の大企業の優位性の保持に貢献したといわれている（中島編 1967：532-533）。例えば、1953年度の製油用輸入大豆の割当実績を見ると（表3－9）、豊年製油に20.4％、味の素に14.1％、日清製油に10.5％、日華油脂に9.9％と上位4社に過半数、上位10社に8割強が割当てられていることがわかる（農林水産省『油糧統計便覧（昭和31年版）』p.73）。これらの企業では、割当を多く受けるためにさらなる設備投資も促され、ときには油の輸出までおこないながら設備拡張された。また、大手資本を中心とする油脂業界は、1952年の「企業合理化促進法」が定めた基幹重要産業に油脂製造業を加え、重要機械の特別償却等など税制上の優遇措置を受けることも可能としていた（油脂製造業会 1963：33）。

大豆の輸入外貨割当は「一種の利権化して、その争奪戦はいよいよ激しさを加えていた」（油脂製造業会 1963：39）といわれるほどであった。通産省と農林省など政府機関、主に輸入原料を搾油する大手「海工場」と主にナタネなど国産原料を搾油する中小「山工場」、さらには大豆をエサとする畜産業や大豆粕を原料とするグルタミン酸製造業、そして輸入商社などの争いの場となった。その中で「山工場」の中小ナタネ工場は日本油糧工業協同組合連合会（通商「日油連」）を組織し、1955 年からは一部の原料が日油連の会員企業に割当てられるようになった。それでも「大手優位の体制を変えるものではなかった」（中島編 1967：533）との分析がある一方、大手製油側には「中小企業対策の美名の下に割当ナタネの大部分が日油連に割当てられ」たとの不満もあった（油脂製造業会 1963：42）。1950 年代後半になっても、「貿易制度は、国産原料保護を掲げる農林省の政策運用により、割当方式が絶えず変動する不安定な制度運営が続くこととなった。このため製油業界内において割当を巡る思惑が交錯し、利権争いが恒常化し、油脂製造業会の結束にも影響を及ぼした」状態が続いたといわれている（日本植物油協会・幸書房 2012：106）。

本章ではこれ以上利権争いの詳細には立ち入らないが、次の 2 点を指摘しておきたい。一つには、戦後も直接・間接的な政府統制が続き、戦前から巨大な生産基盤を持ち政府と密接な関係を築いていた大手油脂企業（いわゆる「海工場」）がより優位な状況が続いたこと、二つには、生産能力の増強は需要増加に応えた結果というより、むしろ大手油脂企業が戦前から巨大な生産能力を有していたことに加えて、戦後は原料割当を確保するためさらに生産設備の投資が促されたことである。

3-4 「山工場」から「海工場」への集約

こうして、大手企業を中心とした製油産業が、政策的に輸入増加された米国産大豆などを利用して、1950 年代までに再興した。これに加えて、日本は 1955 年に関税及び貿易に関する一般協定（General Agreement on Tariffs and

Trade：GATT）に加入、1960年には「貿易為替自由化計画大綱」を策定し、全体的に開放経済へと移行しつつあった。その中で、油糧原料の輸入自由化も進められ、まずは1961年7月から大豆の輸入が改めて自動承認制に移行し自由化された。ナタネについては輸入自由化が1971年まで先送りされたが、国内生産量は1956年産の32万トンをピークにすでに減少し始めており、自由化以前から輸入が増加していた（日本植物油協会・幸書房 2012：5-9）。

さらに1971年のナタネを含む油糧種子および油脂の全面輸入自由化に前後して、政策的にも「山工場」の整理が進められた。それは「政府の強い指導」によって、油脂業界団体にナタネ搾油業の構造改善が図られたものであった。日本植物油協会・幸書房（2012）によれば「政府から指示された構造改善は、国産菜種に依存していた内陸工場は可能な限り廃業することを基本に、自由化後においても輸入菜種に依拠して操業を継続できると見込まれる工場のみを残すという厳しい対策であり、これに必要な資金を製油業界で造成するとするものであった」（p. 119）という。その一環として、大手企業9社が拠出した27,197千円が中小規模工場（81か所）に転廃業見舞金として支給され、主にナタネを搾油する中小規模工場を会員としていた業界団体の日油連は1983年に解散した（日本植物油協会・幸書房 2012：119）。

このように整理された小規模搾油所の動向を含め、次に1960年代初めから1970年までの植物油供給量の急激な増加と大手搾油工場への集約化について詳しく検討する。

図3－1は、規模別（工場能力別）の搾油工場数の推移を示している。なお、原料処理能力1トン未満の小規模搾油工場については、1961年度の食糧庁調査時点で、すでに全体に占める原料処理量の割合が1％未満であるため集計結果に含まないほど小さな存在となっていた（農林水産省『油糧工業の現況』）。そのため、原料処理能力1トン未満の搾油工場は、図3－1に反映されていない。その点も踏まえて同図を見ると、原料処理能力1トン以上10トン未満の工場も、1960年代初頭には約1,000社あったものが、1971年からは100社未満へと激減しており、小規模搾油工場の数が急減したことが明らかである。戦後直後に油脂不足と油脂の価格高騰を受けて乱立した数千の小規模搾

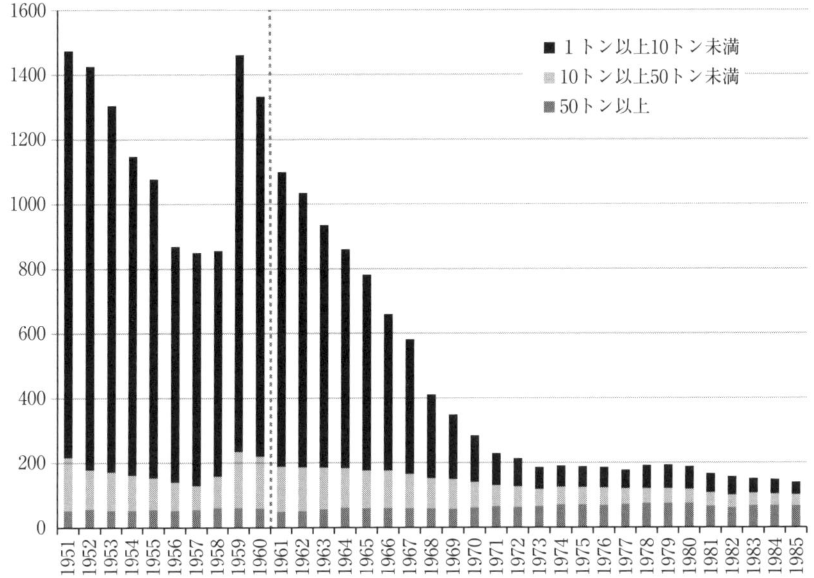

図3－1　工場能力別搾油工場数の推移（1951～1985年）

注　：この調査は、1961年度以降に工場能力の算定方法を大幅に変更したため、1960年度以前と1961年度以降の統計には連続性がない。また1960年代以前の調査方法も統一されておらず、年代をまたいでデータを比較することは難しいとの指摘もある（中島編 1967）。しかし、1950年代なかばからの国産ナタネ減少に注目した先行研究もあるため（野中ほか 2013）、本図でも参照のために当該期間のデータ（破線以前）も掲載した。

出所：農林水産省『油糧工業の現況』（昭和36年～平成2年）各年版より作成。

油工場が、同時期に急減したと考えられる。

さらに、この小規模搾油工場減少の詳細を、農林水産省『油糧工業の現況』における1961年と1970年の県別搾油量を示した統計で比較してみよう。まず、表3－10より、1961年には国産ナタネが全国で約32万トン処理（搾油）されていたことがわかる。とくに、近畿地区で6.4万トン、九州地区で7.4万トンなど、従来からナタネ搾油が盛んだった地域ではまだ活発に生産がおこなわれていた。ところが、1970年には、国産ナタネの搾油量は約2.5万トンと、10年間で10分の1以下にまで大幅に減少している。さらに、県別に見てみると、1961年には兵庫を筆頭に、福岡・三重・神奈川などに加えて、北海道もかなりの国産ナタネを搾油していた。しかし1970年になると、これらの地域における国産ナタネの搾油量は激減し、代わって輸入ナタネの搾

表３−10　ナタネの県別、国産・輸入別の処理量（1961年と1970年の比較）

（単位：トン）

	1961国産	1970国産	1961輸入	1970輸入
兵庫	35,644		4,945	93,023
福岡	33,679	6,685	2,567	46,800
神奈川	27,428	481	3,967	95,014
三重	26,638	611	4,144	50,755
大阪	20,905		1,796	797
北海道	17,317	582	730	5,062
愛知	15,056		2,299	10,542
岡山	13,904	2	1,212	29,223
鹿児島	13,327	3,209	562	9,667
茨城	12,398	1,107	1,132	9,745
佐賀	10,373	3,127	448	5,793
長野	8,197	853	758	6,162
埼玉	8,167	81	739	3,612
熊本	7,894	3,377	562	8,632
山梨	6,262		807	
新潟	5,952	117	827	90
滋賀	5,214	613	1,398	7,808
千葉	4,661	46	884	22,531
青森	4,625	936	1,078	9,043
福島	4,482	622	274	2
長崎	3,961	592	343	3,186
山口	3,698	102	57	
静岡	3,379	151	144	4,776
大分	2,696	466	212	1,285
高知	2,562	162	28	
岩手	2,288	60	81	
宮崎	2,237	250	2	
京都	1,813	179	36	150
岐阜	1,735		114	
広島	1,351		48	
山形	1,328	35	84	100
福井	1,295	71	126	9
鳥取	1,049	65	89	
石川	946	50	234	293
東京	779		334	
栃木	767		111	538
徳島	632		94	
島根	615	100		39
宮城	580	6	78	
愛媛	560	35	14	
群馬	516		15	
奈良	458		102	
香川	368			
富山	175	30	16	
和歌山	122			
秋田	32			
合計	318,065	24,803	33,491	424,677

注　：1970年には国産ナタネの搾油量が消滅してしまった県を太字で示している。

出所：農林水産省『油糧工業の現況』昭和36年度、昭和45年度実績より作成。

表3－11　大豆の県別処理量（1961年と1970年の比較。上位県のみ）

（単位：トン）

	1961総数	1970総数
兵庫	184,444	755,058
神奈川	302,707	622,868
千葉	8,876	245,842
岡山	113,855	221,175
愛知	5,400	194,073
静岡	105,176	162,206
三重	44,438	149,705
福岡	87,732	123,712
上位8県合計	852,628	2,474,639
全国合計	943,946	2,514,370

出所：農林水産省『油糧工業の現況』昭和36年度、昭和45年度実績より作成。

油が増加していることがわかる。一方、輸入ナタネの搾油に移行することなく、ナタネの搾油自体が減少・消滅した県も多い。1961年には全ての都道府県で国産ナタネの搾油が計上されていたが、1970年には14県で搾油量がゼロになっている。まとめると、1961年には全ての都道府県でナタネ油が生産されていたが、1970年までに多くの県でナタネ油の生産が消滅し、その間にナタネ油の生産を増加した県では輸入ナタネによってその生産量を増加させたことがわかる。

また、1970年に処理総量10万トン以上の大豆を搾油していた生産上位県の処理量を示す表3－11からは、千葉、神奈川から福岡までいわゆる「太平洋ベルト地帯」ならびに主要臨海工業地帯が大規模な大豆搾油地域となっていることがわかる。

以上から、次のことがいえるだろう。1960年から1970年までの10年ほどの間に、日本の製油産業では、小規模搾油工場が淘汰され、大規模製油企業に集約されたこと、淘汰された小規模工場の大部分が「山工場」と呼ばれる、主に国産ナタネを産地近くで搾油していた工場だったと判断できる。そして、大豆油・ナタネ油ともに、兵庫、神奈川、千葉、岡山という、太平洋ベルト地帯の県における大規模生産に集約された。

この動きの背景としては、神戸や横浜という近代以降からの「海工場」の立地に加えて、戦後の国土計画と食品産業近代化政策によって、輸入原料依存・臨海地域における大量生産という特徴が強化された影響も考えられる。

4 食品コンビナート構想――国土計画による「海工場」の強化

1960年代から、日本政府は貿易自由化と資本自由化に備えて、食品産業の「体質改善」を検討し始めた。食糧庁からの委託により日本食品産業の発展方向と体質改善対策を検討した食品工業改善合理化研究会は「食品コンビナート部会」を設けてこれを推進した。同研究会は1967年に発表した報告書で「わが国の食品工業は中小零細企業がそのほとんどを占め経営の合理化、設備の近代化が立ちおくれている」とみなし、食品コンビナートを「食品工業の体質改善を行なうことにより、その国際競争力を強化するとともに、国内的には、物価の安定に寄与する等の意義があるものと考えられる」と推進した（食品工業改善合理化研究会 1967:231）。食品コンビナート構想においては、製粉に続く主要業種として製油も大きな位置を占めていた。

食品コンビナート構想とは、①地域開発計画によって造成された新しい港に巨大なサイロを建設し、大型穀物専用船で輸入された小麦・大豆・トウモロコシ・砂糖などの原料を陸揚げ・貯蔵する、②これら原料に製粉・製油・コーンスターチ製造・製糖など一次加工を施した上で食材を生産供給する、③それら食材を利用した二次加工によりパン・菓子・清涼飲料・冷菓・麺類・発酵食品など加工食品を大量生産し、流通センターを通じて出荷するという、一連の食品関連産業を集約・建設するものである。地方の農水産物を扱う農業コンビナートと、大消費地を背景に輸入農産物を中心とする臨海コンビナートとが立案されたが、具体的には千葉、博多、船橋、神戸、水島など臨海工業地区のコンビナート案の議論が中心であった。そして、農林省が主導して「食品コンビナート造成推進案」が立案され、あわせて農林省と大手企業との研究会立ち上げや建設予算の要求をおこなうなど、政府と業界が共同で食品コンビナート建設を推進した（『朝日新聞』1963.1.27, 1967.6.9；吉田 1971；食品工業改善合理化研究会 1967など）。

食品コンビナートは、主に都市部に食料を提供する流通基点にもなるため、その流通範囲は「一地方にわたる府県ブロックの広域市場圏におよぶものとして、計画的に配置されなければならない」(食品工業改善合理化研究会 1967：233)と考えられていた。そのため、国が当時推進していた工場立地適正化方策にあわせて、食品コンビナート用地を工場立地適正化のための指定工業地区に含めることも検討された(食品工業改善合理化研究会 1967：242)。1969年に策定された新全国総合開発計画(国土交通省 1969)においても、首都圏整備開発の基本構想で「臨海部に大規模な食品加工流通基地の建設」(p.58)があげられたのをはじめ、全国各ブロックにおいて食料基地の建設を図ることが謳われていた。

注目したいのは、食品コンビナート構想は、名目上は食品工業全体を対象としながらも、内実は小麦・大豆・トウモロコシ・砂糖など、フードレジームの中で「世界商品」として成立していた輸入作物を利用する大手企業主導の製粉・製油・製糖・飼料産業を中心に計画されていたことである。吉田(1971)は、1960年代からの食品コンビナートが巨大商社の食品工業進出の拠点となり、それまで中小資本が比較的影響力を保っていた食品加工部門を独占資本が支配していく契機となったと指摘している。

とはいえ、本書が指摘してきたように、近代以降、とくに第一次世界大戦後の不況期を顕著な例として、糖業・製粉業を中心とする原料的食品工業はすでに独占的体制を確立していた。台湾に関わりの深い製糖業では大日本製糖・台湾製糖・明治製糖の上位3社が市場を占めており、製粉業では日清製粉と日本製粉の2社が市場の8割程度を占めていた。そして大豆油を中心とする製油業も、財閥・商社と大手製油企業が主導するという、糖業・製粉業と同様の流れにあった。なかでも、三井物産や三菱商事という財閥系商社が、食品工業原料の輸入・移入を中心に扱い、原料供給・製品販売を支配するのみならず、関連する他の企業の大株主・債権者となって影響力を行使し、食品工業経済全体の支配強化を果たしていた(笹間 1979)。その意味で、今日の日本の食料自給率4割弱という輸入依存体制は、戦後に形成された新しい現象というより、戦前までに築かれた体制を基に、戦後の政治経済的諸関係の中で強化されたものといえるだろう。当時の食品コンビナート構想も、この

「海工場」を拠点とする輸入原料依存体制を強化する動きの一つだったと考えられる。

5 考　察

前節までに概観した戦中・戦後日本における植物油供給体制の再確立過程について、本節では、とくに資本の論理に注目しながら、1　商品と市場、2　技術と生産設備、3　企業・資本・政策、に分けて考察する。最後に、4で日本における歴史的事例を世界的なフードレジームの枠組みに位置づけて考察する。

1　商品と市場
——軍需から食用への転身

すでに戦前までの時点で、輸入原料から「海工場」で油と粕を生産し主に工業原料として供給する近代的植物油複合体が、農業・食料に関わる事情より、むしろ国策的な政治経済力学に促されて成立していた。加えて、日本が日中戦争・太平洋戦争へと突き進むにつれ、大豆や油脂は軍事的に重要度を増していった。石油など輸入資源に代わって日本が掌握していた満洲産大豆と朝鮮近海の魚油などを活用し、軍需関係品を生産する重要軍需産業として、油脂企業は政府・軍部の統制下に生産および技術開発・設備投資を続けていた。しかし敗戦後には、それまで依存していたアジアの油糧原料調達先を失い、販売先として軍需も失ったために、巨大すぎるほどの生産能力を持て余し、日本の油脂企業は再建のためにも新たな原料調達先と国内市場の開拓を必要としていた。敗戦直後には、油脂消費は統計上まだ食用より工業用が多く、輸出の実績もあったが、政府や企業によって食用としての油脂の重要性が前面に押し出されるようになった。敗戦直後の飢餓状態という時代背景もあるが、企業としては自らの再建のために、とにかく原料を集めて工場を稼働させ、生産した商品を販売するための有力市場を新たに確保するという、経営上の動機もあったと考えられる。

一方、米国は戦中に過剰生産体制を築いた大豆のはけ口として海外市場を求めていた。ここに大豆を輸出したい米国と、代替油糧原料を切実に求めていた日本の油脂企業との利害は一致したとみられる。日本は、終戦直後の食料援助からPL480へと至る米国の政策展開を受け、むしろこれを歓迎しながら、米国産大豆を中心とする油糧原料の輸入を急増させていった。米国に追随しつつ、戦後も政府によって直接統制および外貨割当等の間接的統制が続けられ、やがて輸入自由化へと政策を展開させた。そして、大手優位とされる保護的な政策の下、大手油脂企業を中心とする植物油複合体は短期間で再建し、大豆油を筆頭に日本における植物油の供給を主に食用市場において急増させた。

こうして、戦前に軍需関係品を含めた化学工業・機械工業など工業へ原料を供給する産業として発展し、戦中は重要軍需産業でもあった日本の油脂産業は、戦後は食品産業へと大きく転身したのである。

2　技術と生産設備
――すでに勝敗決していた「海工場」の巨大な生産基盤

日本の油脂産業は戦前までに資本による機械制大工業へと移行していたことを前章までに論証した。その油脂産業は、戦時期にも政府と軍部の統制・指示の下で生産と技術革新を続け、一部では生産設備も新設していた。そして第二次世界大戦直後、すでに「海工場」中心の巨大な生産基盤を有していたことを本章では確認した。つまり、戦後の「食の洋風化」や高度経済成長が始まる前から、「海工場」は「山工場」が競争困難なほど圧倒的な生産基盤をすでに確立していたわけである。

油糧作物としてのナタネは戦後にわかに増産が奨励され、1950年代後半に作付面積のピークを迎えたが、1960年代以降は激減した。その要因については、市場における輸入品との競争に破れた結果、生産が激減したと一般的には理解されていた。それに対して野中章久ら(2013)は、「1920年代より旧満洲産大豆を原料とした抽出油が大量生産されていたが、国産ナタネは農村経済の自給領域における生産物として高度経済成長期まで維持された。高度経済成長期までは食用油はナタネ油＝農村の自給品、大豆油＝都市部の抽出油という棲み分けができていた」(p.283) とした上で、食用油の棲み分けを規定した根本的な要因は農村側の自給の論理の強さであり、高度経済成長期にこの自給領域が農家労働力の農外流出により一括的に縮小したことが国産ナタネの生産縮小をもたらしたとの知見を提示した (p.283)。

これに対して本章は、1950 年代に日本の農村において自給的にナタネ油が多く生産されていたのは、敗戦によって中国・満洲という油糧調達先を失った日本が、戦後慌てておこなった一時的な国内油糧の増産政策を受けてのナタネ増産のゆえであり、さらに戦後の物資欠乏期に油脂のヤミ価格が急騰したことで小規模搾油所が乱立したためだったと考える。ナタネは中世以来、日本の油糧作物であり (ただしその主たる用途は燈明用だった)、戦前から農村に小規模な搾油所や農村工業的な搾油業が存在していなかったわけではない。しかし、戦時統制で大手企業の指定工場を中心に軍需関係品を効率的に生産するよう業界が整理・統合されていった状況下にあって、しかも油脂が重要軍需品とみなされ政府・軍部の管理下におかれた時代に、農村で自給的にナタネ油を生産し、それを農家が食していたとは考えにくい。敗戦直後の物資欠乏期には一転して、急遽ナタネや大豆の国産が奨励され、「群生した新規搾油業者の農村への浸透」(日本油脂新報社 1949：第 3 篇 57) と記されたほど各地にナタネの搾油所が乱立した。統計データも、ナタネの国内生産量は戦後数年間に近代以降最高レベルまで急増したことを示している (図 2 − 2)。また、1945 年に全国のナタネ搾油所は 225 工場まで減少しほとんど壊滅状態だったが、戦後 3 年間に 5,000 工場以上の搾油所が乱立したことが記録されている (日本油脂新報社 1949；日本食糧新聞社 1949；中島編 1967)。

他方、「海工場」は、近代化の始まりから横浜や神戸など臨海部に大資本が機械制大工業の大規模な生産設備を建設し、戦時中には多くの工場が軍需指定を受けて生産と設備投資を続けていた。日清製油の横浜工場のように被災したり接収されたりした工場もあったが、敗戦直後、すでに巨大な「海工場」が存在しており、比較的早くに再稼働を始めた。生産能力を持て余し操業率が低迷していた「海工場」は、企業再建のためにもとにかく油糧原料を求めた。戦時中からの在庫を活用したり、一部は国内で増産されたナタネやその他の種子からも搾油したりしたが（例えば日清製油）、より本格的には、米国から供給された大豆を積極的に受け入れて大手企業は再建していった。そして、1950年代後半からは米国産大豆の輸入体制が政策的にも強化され、大豆油に牽引されて植物油の供給量が増加されたわけである。もとから輸入原料に基づく「海工場」を拠点として生産活動をおこなっていたからこそ、原料の調達先を戦前のアジアから戦後は米国に置き換えてすみやかに再建することができたと考えられる。その意味で、現在日本における油糧の輸入依存体制は、戦後に形成された新しい現象ではなく、戦前までに築かれた「海工場」の体制を基に、戦後の政治経済的諸関係の中で再建・強化されたものであったといえるだろう。

戦後の農村部における自給経済的な国産ナタネからの製油が、戦前に存在していた製油産業の復活によるものなのか、あるいは戦後新たに設立されたものなのかを明らかにするためには現地調査を含めた研究が別途必要である。しかし、以上の考察から、国産ナタネに基づくナタネ搾油産業（「山工場」）は「高度経済成長期まで維持された」（野中ほか 2013）のではなく、むしろ、戦時下においていったん壊滅的な状態になって中断し、戦後に急遽ナタネなど国産油糧作物の増産が推奨されるや、国産原料を搾油する「山工場」が全国的に急増して、近代以降最高レベルの植物油自給体制が一時的に実現されたものだったと考えられる。他方、輸入原料依存型の大規模油脂産業（「海工場」）は戦前・戦中からの蓄積により、敗戦直後すでに巨大な生産基盤を確保していた。高度経済成長期に「山工場」から「海工場」へと急激に集約されたのは、敗戦直後の混乱期に乱立したにわか仕立ての脆弱な小規模搾油所が整理されたためであり、戦後が始まった時点で圧倒的に強固な生産能力を持っていた輸入原料依存型の機械制大工業に「山工場」が太刀打ちできるはずもなかったためであったと考えられる。

3　企業・資本・政策
――戦時統制から占領下の統制へ

本章では戦中から戦後までを継続的に検討することで、敗戦までは戦時統制によって、そして戦後には占領下の油糧配給公団や外貨割当などによって、油脂産業が直接・間接的に政府に管理され続けていたことを確認した。戦前までに資本集中が進んでいた油脂産業は、戦時中、限られた資源から軍需関係品を効率よく生産して戦争をおこなうという国策遂行のために大手企業が軍需指定を受けて優遇される一方、中小企業は整理の対象とされた。原料や労力、電力不足などに悩まされながらも、指定を受けた大手油脂企業は、戦時下に軍部から原料を優遇され、生産活動を続け、それなりの利益をあげ続けていたのである。それがゆえに、戦後となった時点で「海工場」を中心とする大手油脂企業はすでに圧倒的に優位な生産基盤を確立していたといえる。

戦後においても、政府管理下の原料割当と製品買上げは「一種の保護政策」であり、生産能率を高め生産を増強するために、主に「海工場」を念頭に置いていたと指摘されたほど（日本油脂新報社 1949：第３篇 54）、やはり大手企業優位な政策が続けられた。加えて、米国産大豆の海外市場を戦略的に開拓する政策が進められた。すでに「海工場」中心の生産体制を確立していた日本の大手油脂企業にとっては歓迎すべき原料供給であり、この輸入大豆を主に活用して、戦後は食用市場に植物油供給を増加させていった。1950 年代に統制は終わったが、その後も政府が「山工場」の整理を促したり、食品コンビナートによる大手主導の製粉・製油・製糖・飼料産業を中心とした食品産業を強化したりするなど、食品産業の近代化と競争力増強を目指す政策決定がなされていくことになる。

以上から、輸入原料に基づく大手中心の植物油供給体制は、戦中から戦後にかけて続けられた大手優位な政策展開によって維持、もしくは強化されたと考えられる。

戦後は、植物油を食料とみなし、国民の食料を確保するという今日的な食料安全保障の考えに沿った言説が前面に押し出されるようになった。確かに飢餓状態という時代背景もあったが、しかしその背後には、食料を確保するためという事情より、戦後の占領下における経済社会復興という政策展開、米国の大豆輸出政策、そしてすでに巨大だった生産能力を活用して再建を急いだ企業の戦略が強く作用していたと考えられる。一時は油糧作物の国産を推奨したものの、ほどなく輸入原料依存へと戻ったのも、「海工場」を中心とした強力な植物油供給体制がすでに確立されていたためといえるだろう。

4　第2次フードレジームにおける「複製」と「統合」

こうして敗戦後、日本は米国覇権下に組み込まれ、農業・食料分野においても米国中心の第2次フードレジームに組み込まれていった。米国の余剰農産物（主に小麦と大豆）がまずは食料援助として輸入され、やがてそれらを原料として積極的に輸入することによって、戦前から巨大化していた日本の商社と製油産業が再建することになったのである。

当時、米国の食料援助を受けたのは日本に限らない。冷戦体制へ向かう世界のなかで、戦中に過剰生産体制を築いた米国から食料が「武器」として西欧や他の途上国に輸出された。その世界的な戦略の一環に日本も組み込まれていったわけであるが、日本の場合、次の2点からとくに強く米国覇権下のフードレジームに組み込まれていったと考えられる。第一に、米国の安全保障戦略を通じて、戦後日本は全体的に冷戦体制下の米国覇権主義に政治的・経済的にも従属していき、日本の産業界が総体として日米安保体制にビルトインされることに自らの利害を見いだした。その一環として、日本の大手油脂企業も米国覇権下のフードレジームに組み込まれることに自らの利益を見出したと考えられる。その成立基盤であった満洲産大豆を失った後の油脂企業にとって、代わりに提供された米国産大豆は、社をあげて政府高官を招いて歓迎イベントをおこなうほどのものだったのである（例えば、豊年製油）。第二に、本書が前章までに見てきたように、日本を中心とした大豆および植物油複合体がすでに構築されていたことである。近代的国家建設プロジェクトとして満洲産大豆を活用しながら資本蓄積体制を構築した日本が、米国産大豆を通じて米国覇権下のフードレジームにおける大豆複合体に組み込まれることは、関係した主体（商社や大手油脂企業を含む）にとって容易かつ利益のあることだっただろう。本書では取り上げなかったが、小麦などについても類似した事情がみられる。

日本の社会経済が再建し「もはや戦後ではない」といわれた1950年代半ばからは、大豆粕を飼料とする近代的加工型畜産を中心とした「大豆・トウモロコシ・畜産複合体」や、大量に供給された植物油を活用して安価な食品を大量生産する「耐久（加工）食品複合体」といった米国モデルが日本に「複製」され、その結果、ますます米国産の小麦や大豆、トウモロコシの輸入への依存を強めながら、米国を中心とした世界システム＝第２次フードレジームに「統合」されていったのである。

以上から、戦後日本が米国産の小麦や大豆の輸入を増やしたことは、単に日本が米国の支配下に入ったという二国間の関係に限らず、ましてや「食の洋風化」という日本一国の消費需要の事情によるものではなかったと考えられる。

おわりに

本章は、戦中・戦後の日本における植物油供給体制の変遷を政治経済学的に検証することにより、敗戦までに工業用・軍需用を主として強固な生産基盤を確立していた植物油複合体が、戦後も続けられた大手優位な政府管理の下、米国産大豆を活用しながらすみやかに再建し、戦後には食用に市場を拡大していったことを明らかにした。油脂産業を取り巻く政治経済的諸関係について戦前から戦後までを継続して検討することで、戦前にすでに大資本主導の植物油供給体制が構築されていたこと、それが戦時統制によって政府と軍部の管轄下にさらに大手中心に業界が整理・統合されたこと、そして戦後の政府統制や外貨割当においても既存の大手企業に有利な状況が続けられ、その中で植物油複合体が再構築されたことを論証した。

この状況に、国産ナタネを小規模に搾油する「山工場」が太刀打ちできなかったのは当然のことと考えられる。敗戦後に急遽、国産ナタネの増産が奨励され、小規模な搾油所が全国に多数建設されたが、そんなにわか仕立ての「山工場」は、朝鮮戦争後の油脂市場の混乱を乗り越える体力すら持たずに、その多くが淘汰されていった。植物油供給体制の発展過程を第二次世界大戦後からではなく、明治期から継続して見ると、国産ナタネを「山工場」で搾油する植物油の自給体制が成立したのは、むしろ戦後の一時的な現象だった可能性が高い。その実態解明については、現地調査に基づいた詳しい精査分析が必要だろう。

以上の考察から明らかなように、戦後日本で食用油の供給が急増し、米国から大豆の輸入が急増したのは、一般的に説明されるように「食の洋風化」によって消費者側の需要が増加したからでも、ただ一方的に米国から余剰農産物を押し付けられたからでもなかった。むしろ、農業生産や食料安全保障といった事情を超越した政治経済的諸関係によって戦前から巨大な生産基盤を確立していた製油企業を中心に、米国産大豆を活用して植物油供給体制が戦後日本に再建されたのである。

いったん確立された大量生産体制は、自らを維持・再生産するために大量の原料を求めるとともに、大量生産した商品を販売する市場を必要とする。戦前から構築されていた基盤の上に、戦後、大資本主導で油脂産業が再建され、米国産大豆をはじめとする輸入原料も提供され、過剰なほどの植物油供給量を抱えるに至った1950年代の日本は、経済社会も落ち着きを取り戻し、消費増加を促すための需要拡大促進を受け入れられる条件を備えつつあった。次章では、油脂の需要増加を積極的に促した政策決定と企業行動を検討する。

第4章

食用油の需要拡大を促した構造

——高度経済成長期を中心に

はじめに

第二次世界大戦後、とくに高度経済成長期に、日本における食用油の消費は急増した。大多数の庶民がほぼ毎日のように揚げ物や油を含む加工食品を食べられるほど、油脂は安く豊富に供給される身近な食品となった。この食用油の増加は、一般的には、戦勝国米国への憧れを含めた「食の洋風化」や所得増加による嗜好の変化として説明されている。これに対して本章は、むしろ供給側から、過剰生産された植物油を販売するために油脂の需要増加を促したのではないかと問う。具体的には、食用油の消費拡大を図るために、終戦までに強固な生産基盤を確立し、戦後も増産を促す政治経済的諸関係から過剰生産の構造を形成した油脂業界と、そこに繋がる産業がとった企業行動、および日米両国の政府や政府関連機関がとった政策決定とを検証する。

本章の構成としては、まず第１節で、戦後日本における植物油供給や食用油・油脂関連食品が急増したことを統計データによって可能な限り確認する。第２節では、日本の油脂業界が日本政府、そして米国政府・政府機関とも連携しながら展開した、「もっと油を摂りましょう」（日本植物油協会・幸書房 2012：146）という消費拡大キャンペーンを取り上げる。とくに、先行研究では見落とされていた日本企業側からの働きかけや、粉食奨励に比べてほとんど言及されてこなかった「フライパン運動」の詳細について明らかにする。

第３節では、豊富な油脂を利用した加工食品産業の発展を取り上げ、個人消費者より、むしろ関連産業が大口の実需者として油脂の需要増加を促した構造を明らかにする。第４節では、川上から川下まで、つまり原料の輸入から食材・飼料の供給、食品加工・畜産・小売・外食産業に至る全過程にわたって油と動物性食品の増加を促した総合商社によるフードシステムへの参画について取り上げる。この時期については先行研究の蓄積がある「インテグレーション」を中心に、商社がオーガナイザーとして輸入原料（小麦・大豆・トウモロコシなど）を多用する食料システムを垂直的・水平的に統合しながら「食の高度化」を促した過程を概観する。

最後に第５節で、戦後日本における食用植物油供給体制の増大過程を、世界的なフードレジームの枠組みに位置づけて考察する。戦後、米国覇権下の第２次フードレジームに組み込まれ、大量輸入・大量生産・大量販売の資本主義的生産様式を増強させた日本の総合商社や製油・食品企業が、植物油や動物性食品（肉・卵・乳製品など）を多く摂る食生活へと「食の高度化」を促した政治経済的力学を議論する。

1 戦後日本における植物油の急増

戦後日本では、パン食や肉・卵・乳製品など動物性食品の需要が増え、そのため日本は小麦・大豆・トウモロコシなどを輸入に依存するようになったと一般的に説明される。とくに米国の「小麦戦略」については、その例として語られることが多い（高嶋 1979；鈴木 2003など）。「食の洋風化」の象徴として語られる小麦や動物性食品に比べると、植物油は見落とされがちだった。しかし、食品品目別の供給脂質量の推移（図４－１）が示すように、一般的にイメージされる肉や乳製品、動物油脂よりも、植物油脂の方が供給脂質の増加に大きく寄与していたことがわかる。また、図４－２が示すように、戦後日本における植物油の消費量は大豆油を筆頭に急増していた。

終戦まで、油脂は食用より工業用・輸出用、そして軍需用により多くの量が使われていた。改めて確認すると、食糧庁がまとめた『油糧統計便覧』は、

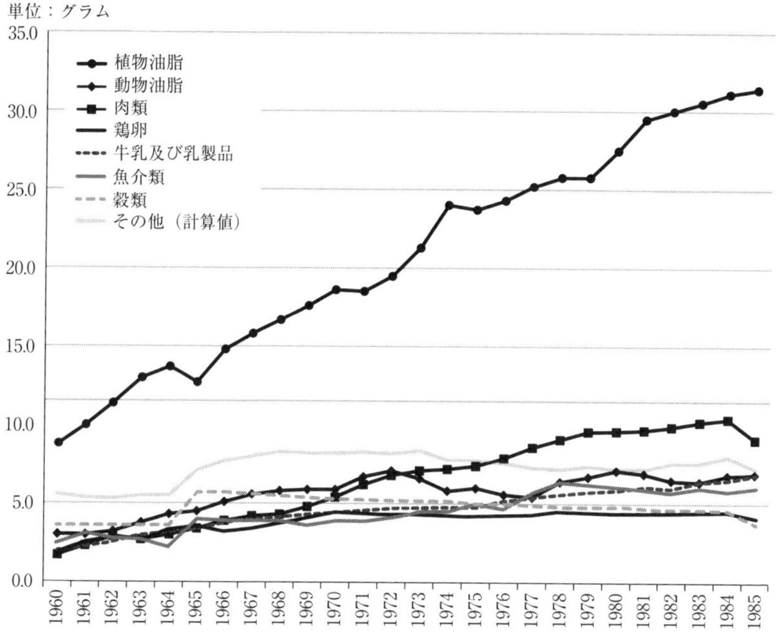

図４－１　食品品目別の国民１人・１日当たり供給脂質の推移（1960～1985年）

出所：農林水産省『食料需給表（平成25年度版）』より作成。

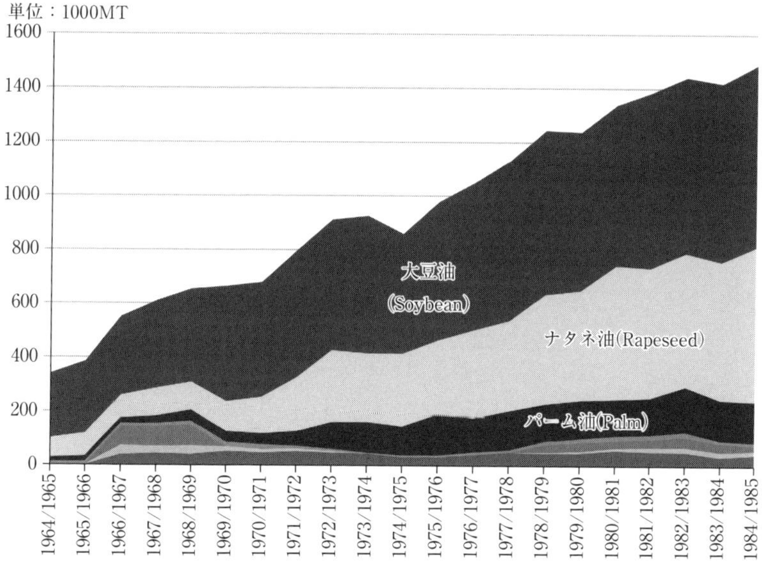

図４－２　日本における植物油（食用）の消費量（1964～1985年）

出所：USDA, Foreign Agricultural Service Production, Supply and Distribution より作成。

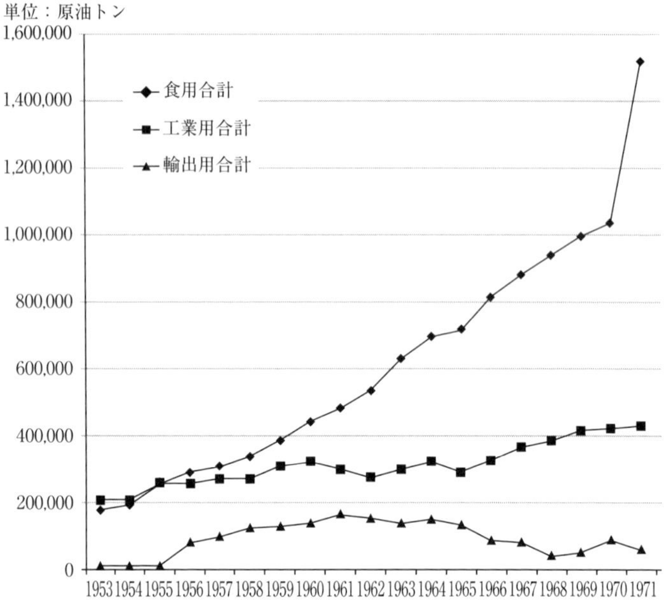

図４－３　油脂の年度別総合需給実績による用途別油脂「消費」量の推移（1953～1971年）
出所：食糧庁『油糧統計年報（昭和38年版）』および農林省農林経済局『油糧統計年報（昭和46年版）』より集計して作成。

昭和 9～11（1934～1936 年）における年次別油脂消費実績の平均値を、食用 78,000 トン、工業用 167,373 トン、輸出用 98,435 トンと算出した（食糧庁『油糧統計便覧（昭和 31 年版）』p.6）。また、別の統計による 1945 年の植物油用途別配給実績は、太平洋戦争末期とはいえ、食用 9,560 トン、食品産業 106 トンに対して、軍需用 13,068 トン、液体燃料 28,550 トンと記録している（大浦・平野編 1948：181 における農林省油脂課からの引用）。

戦前は食用より工業用・輸出用、戦中には軍需用に多く使われていた植物油は、第二次世界大戦後は主に何に使われるようになったのか。図４－３は『油糧統計年報』における油脂の年度別総合需給実績から、大豆油・ナタネ油・その他油を含む合計の用途別「消費」量の推移を比較したものである。これによると、1955 年に食用と工業用との量が逆転し、その後は食用の消費量が急増していることがわかる。このような食用植物油の増加を促したのは、消費者からの需要増だけが原因だったのだろうか。次節からは、この食用油の増加を促したと考えられる政治経済的諸関係について概観する。

2 日本側主体による油脂の消費増進キャンペーン

米国が日本政府（とくに厚生省）の協力を得ておこなった、PL480（1954年成立）に基づく米国産農産物の市場開拓キャンペーンについては、先行研究で「小麦戦略」として知られている（高嶋 1979；鈴木 2003など）。それは、食料不足を補うためというより「米というライバルに標準を定めて、米を蹴落としてでも、小麦を売り込もうとする『粉食大合唱』」（高嶋 1979：158）だった。1956年秋には、米国と日本の厚生省の協力により、調理台を積み込んだバスで「食生活の遅れた地域」と見なされた農村などを巡回して全国的に粉食を推奨する「キッチンカー・キャンペーン」が始められた（高嶋 1979：79）。そこでは主に小麦を使った粉食が紹介されたが、米国産大豆を含むメニューの紹介も必須となり、（主に大豆）油を使う料理として中華料理なども紹介された。

しかし実際には、米国側が動き出す前に、日本の油脂業界が食用油の消費拡大を促すキャンペーンを積極的に始めていた。

2-1 日本油脂業界による食用油の消費増進運動（1950年代〜）

1950年に油脂の統制が解除されると、まずは日本の油脂販売業者たちが食用油の消費拡大を促す活動を開始した。統制解除を受けて1950年に復活した東京油問屋市場は、1951年6月から7月までの1か月間にわたり、都内で一大イベント「東京油まつり」を開催した。このイベントは農林省、食糧庁、東京都、油脂製造業会の後援を受け、総経費に543万円超を費やして食用油を推奨した。最終日には日比谷公会堂で「東京油まつり抽選会」をおこない特等10万円から始まる賞金と賞品で人を集めた。翌1952年3月には「春の油まつり」を実施し、日本劇場を借り切って6,000人以上を招待したという。また1952年には農林省に設置された「油脂消費増進部会」が、毎年9月1日からの1週間を「油脂週間」と定め、1956年9月からは「毎月一日油の日」とすることを決めた（東京油問屋市場 2000）。

このような積極的な取り組みから、イベントを企画して大々的に油の食用を推奨する必要があるほど、需要を超える量の植物油がすでに生産されていた様子が窺われる。同じ頃、油脂業界誌では「食油は過剰生産か」と題する特集が組まれ、「食油は全くの生産過剰に」陥っていると指摘されていた。そこでは「菜種油が売りにくいのは、大豆油が多過ぎるからだ」として、輸入原料に依存していた大豆油が批判された。朝鮮戦争後に大豆の価格が大暴落し、そこに1952年の国内菜種の豊作が重なり、とくに油の消費拡大が求められた時期でもあった。それにしても主に国産ナタネを搾油していた中小製油企業の「山工場」も、主に輸入大豆を搾油していた大手企業の「海工場」も、程度の差はあれ「両者ともに市場の狭さは痛感して」おり、油の消費拡大を切実に求めていた（月刊『油脂』1952年11月号 p.7-14）。

2-2「栄養改善普及会」発足と「フライパン運動」の展開

例えば「海工場」の代表的企業だった豊年製油は、消費市場が狭すぎることが問題であると主張し、ナタネ油も大豆油も併せて食用油の需要量をもっと広げる必要がある、そのために「ちかく機をみて消費増進運動を行いたい。抽出メーカーのこの点についての意見は一致している」と発言していたことが記録されている（月刊『油脂』1952年11月号 p.13）。翌1953年1月号には、「消費増進運動の提唱：杉山豊年社長と一問一答」と題した記事が掲載された。一部を紹介する（問は筆者がまとめた。杉山の回答は原文からの引用）。

——輸入大豆の節減を望む声や、菜種の政府買上げの要望について。

杉山「政府の菜種買上げ案については、とやかく言う気はないが、私の考えとしては、増産政策の裏ずけ［原文ママ］として消費増進政策のなかったことが致命的な欠陥だったと思う。」

——では、当面どうするべきか？

杉山「大豆油業者も菜種油業者も、またその他の食用油業者も、みなひとしく業界の構成員であるから、相たずさえて共存共栄の途をひらかなければならない。そのためにはお互いに、油脂の消費増進を目標にして、共同の運動をおこすことが必要だ。」

——具体的に抱いている構想は？

杉山「この運動を推進する母体としては製油、マーガリン、食用硬化油、油脂販売等の製油関係業者はもちろん、製粉、製パン等の粉食関係者も加わり、さらに推進の中心母体としては経団連と日商が共催するようにしなければならない。一方、農林、厚生、文部の各省、経済審議庁等のほか、府県市町村等の自治機関も積極的に参加し、さらに体育、保険、栄養、学校、報道機関等の協力も求めたい。つまり広汎な国民運動のもり上りにしたいわけだ。」

「日清製粉の正田社長や日本水産の鈴木社長等とはすでに話し合い共鳴をえており、経団連の石川会長にも、最近あって話しをした。他業界でもこのような動きはあると思うが、これらを経団連でまとめて、官庁にはそのような政策の樹立を要望し、国民には啓蒙を徹底してゆきたい。」

（月刊『油脂』1953 年 1 月号 p.33）

全体として杉山は、輸入大豆による油の生産が多すぎるのではなく、消費市場が狭すぎることが問題であること、大豆の輸入が批判されているが、輸入大豆は油より脱脂大豆の原料として従来どおりの量の輸入が必要であること、戦後ナタネの増産政策が進められたのに、その裏付けとしての消費増進政策がなかったことが致命的な欠陥だったと述べ、それゆえ油脂の消費増加を図ることが最善の策であり、それも油祭りや油脂週間など地域や期間が限られたものではなく、関連業界や官庁・地方自治体、学校や保健体育、報道機関なども協調して「継続的な大規模な全国運動に」するべきだと対策を示唆している。そして油脂業界に限らず、製粉業や水産業など関連業界と、経済界・政界も協力して「広汎な国民運動」を推進するために努力したいと述べている（月刊『油脂』1953 年 1 月号 p.33）。

そして同社長らの「肝いり」で、「栄養改善普及会」が 1953 年 3 月に発足した。この会の「会長には元厚生大臣黒川武雄氏が就任し、副会長には杉山氏のほか日清製粉社長正田栄三郎氏、明治乳業社長植垣弥一郎氏が就任した」

と報じられている（月刊『油脂』1953年3月号 p.31）。栄養改善普及会の発足背景について、同会は次のように説明している。

> 発足3年前から、三木行治厚生省公衆衛生局長室に毎月1回集合し、官・民で輸入食糧問題など話しあっていた。その間、新生活婦人協会村上ヒデ会長、日本女子大学奥田教授、国立栄養研究所和田医博、NHK村井さん、近藤とし子技官らの間で小さい集いが育ち、「あかるい台所」という新聞を発行。事務所も村上氏宅に移し、側面的に明治乳業KK国生社長、日本乳製品協会米田専務、日本マーガリン工業会志賀専務らの支援を得ていたが、この会を母体として1953年3月、厚生省外郭団体として発足、食品メーカーの団体及び主婦連、地婦連、生協からも理事に出ていただき、機関誌も「あかるい台所」を廃刊し「栄養の改善」として発行した。だが日ならずして役所のワク外に出て、もっと型にはまらない夢のある楽しい食生活改善運動を試みたく民間に出る。（栄養改善普及会 1982：6）

つまり、栄養改善普及会発足の背景には、製油をはじめ、製粉、乳業、マーガリンなど大手食品企業の支援があり、当初は「厚生省外郭団体として」発足したことが窺われる。会発足に関わり後年は会長として活躍した近藤とし子は厚生省技官でもあった（栄養改善普及会ウェブサイト n.d.）。なお、発足30周年を記念して発行された冊子『歩きながら考える三十年』には、日清製粉、雪印乳業、味の素、日本醤油協会の幹部が、栄養改善普及会の副会長として会の活動を祝うメッセージを寄せている（栄養改善普及会 1982：2-3）。同会は現在も一般社団法人として存続しているが、2017年現在における役員名簿によると、副会長や理事に、日清製粉グループ、日本製粉、日清オイリオグループ（日清製油）、J-オイルミルズ（豊年製油）、昭和産業、森永乳業、日本即席食品工業協会から役員が就任している（栄養改善普及会ウェブサイト n.d.）。

栄養改善普及会は発足直後から、働く婦人のために缶詰料理や冷蔵商品を紹介する「火なし料理発表会」や「半調理品展示説明会」を開催したり、ハムやカレー、ジャムなどの工場見学会を開催したり、企業の協力を得ながら「便利な食品」として加工食品や強化食品を紹介していた。小麦粉を広める粉食も推奨しており、1955年にはコメが豊作になって「国民病」が心配されるとして「豊作をめぐる共同研究会（国民病と粉食）」も開催している。図4－4は同冊子に掲載されている当時の広告であるが、パンに併せて、牛乳と「OIL」と書かれた缶（恐らく植物油）も推奨していた様子が見られる。

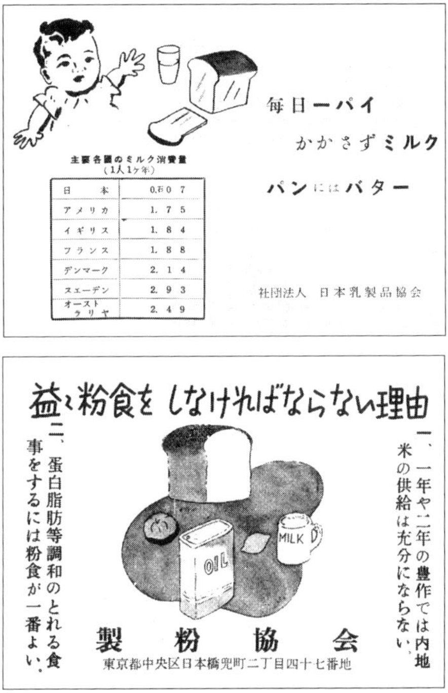

図4－4　1955年頃の粉食、牛乳、油脂を推奨する広告
出所：栄養改善普及会（1982：13）より転載。

この栄養改善普及会が中心となって、1960年代初頭から油料理を推奨する「フライパン運動」が始められた。普及会の記録によると、1961年に「フライパン運動のつどい」、1962年に「フライパン料理の移動教室」など、すでにフライパン運動の始まりが記されている（表4－1）。油脂業界の日本植物油協会史には、協会が1963年に「もっと食用油を摂りましょう――高校生フライパン運動」の実施を栄養改善普及会に委託したと記述されている（日本植物油協会・幸書房 2012：142）。この事業は「米食に偏重し、栄養学的にも不十分であった日本人の食生活を改善するとの趣旨により栄養改善普及会の提唱により開始されたもの」であり、栄養改善普及会、日本植物油協会（＝日本油脂協会）、全国油脂販売業者連合会の共同主催とし、全国家庭科教育協会等の後援を得て推進された（日本植物油協会・幸書房 2012：146）。

フライパン運動は、「もっと油を摂りましょう」とのテーマを掲げて食生

表4－1　栄養改善普及会による油脂に関する主な事業

年	事業テーマ	備考
1954	火なし料理発表会	「台所休業日」。缶詰料理の発表会
1955	1日主婦学校	全国油脂販売業者連合会において
1956	主婦リーダーが講習会	小学校PTAに子ども向き栄養教室、正月のお客教室、デパート食品売り場での「油料理の実演」など
1958	食用油の普及に街頭へ	デパートの食品売場で「奥さん講師」による宣伝
	明るい買物のゼミナール	油脂、パン・めん・小麦粉、マーガリン、強化食品など
1961	1日1度はマーガリン運動 1日1回フライパン運動のつどい フライパンの歌　レコード作成	「減らない米の消費対策の1つとして、米の一部を高カロリーの植物油で代替する方法として考案した」と解説あり（p.28）
1962	フライパン料理の移動教室はじまる	九州、中国、四国、宮崎など26回
1963	フライパン運動発表大会にはじめて高校生参加 わが家のフライパン料理献立募集	この時の寸劇に「油と私」「油の効用」、合唱に「フライパンの歌」など解説あり
1964	高校生のフライパン運動（第2回）	その後も毎年継続開催
1965	健康部隊の店頭指導	前年結成したボランタリーな食生活改善活動。生協や農協の店頭で「もっと油をおいしく正しくとりましょう」など店頭指導にのり出す
1967	高校生によるマーガリンプロモーション	「まだ人造バターのイメージが払拭されないので」との注意書き（p.42）
1968	高校生によるマーガリンに親しむ運動（第2回）	その後も毎年継続開催
1969	「ねだんしらべ」活動とりわけ活発	ほとんどの食品が値上りするなか、「油はマーガリン、バター、サラダ油、天ぷら油共に値上りせず、ついに天ぷら油は下がり気味との情報に沸き立つ」と解説あり（p.50）
1970	米国大豆協会より「大豆プリンセス」来日	
1975	牛乳の消費を伸ばすための申し入れを農林省と厚生省へする	
1977	「米と油と牛乳と」の提唱	「米と牛乳（農耕型と畜産）を日本人の食糧の二本柱にする」と提唱（p.69）

出所：栄養改善普及会（1982）から抜粋して作成。

活における植物油利用を拡大していくことを目的とし、対象には家庭科教師や主婦、母親、PTA、児童福祉施設の給食担当者、幼児、子どもが含まれていた。高校生も運動の重要な対象とされ、高校生を中心としたフライパン運動とマーガリンプロモーション活動は、「高校生とママのフライパン運動」「高校生によるマーガリンに親しむ運動」など名称を調整しながら、ほぼ毎年継続して実践された。全国から地域代表高校を選抜して研究・実践活動を促し、

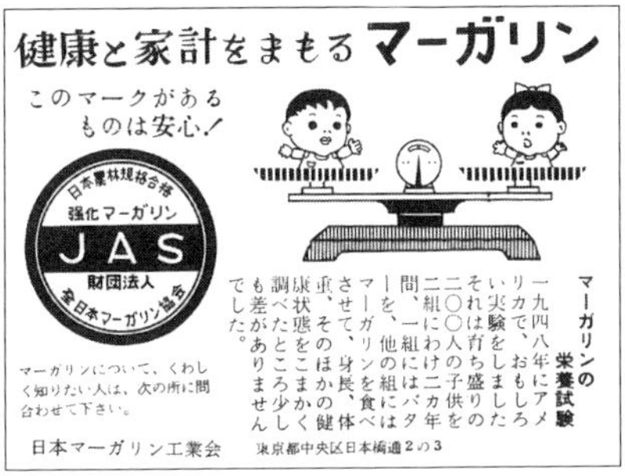

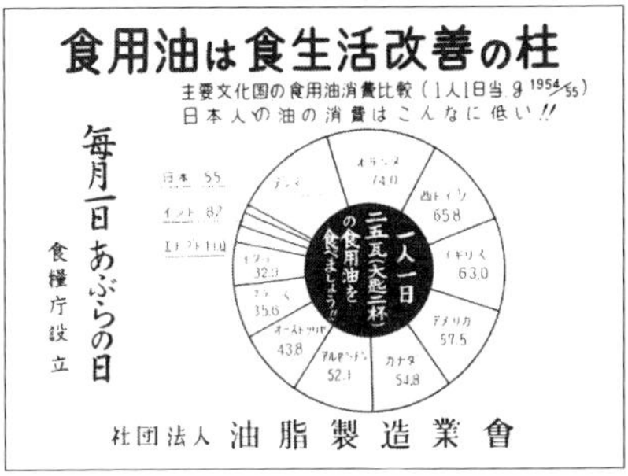

図４－５　1957年頃の食用油を推奨する広告
出所：栄養改善普及会（1982：16）より転載。

最優秀校には文部大臣賞を贈るなど文部省も参加していた。1963年の開始から1966年までは日米大豆調査会（後述）が後援し、その後は栄養改善普及会と日本油脂協会とがともに主催団体となった（日本油脂協会 1977）。

先に参照した同会の三十年記念誌によると、栄養改善普及会は創立から1970年代までに表４－１に抜粋したような油脂関連事業を展開していた。

普及会の活動記録には、政府関係機関や大手食品企業の協力も垣間見られる。例えば、1961年の事業として掲載されている「一日一回フライパン運動のつどい」の写真には、壇上の横断幕に「主催：社団法人栄養改善普及会 日米大豆調査会」の文字が見える（栄養改善普及会 1982：28-29）。また、1957年の欄には、油脂製造業界による「食用油は食生活改善の柱」や日本マーガリン工業会による「健康と家計をまもるマーガリン」といった食用油および油脂加工食品を推奨する当時の広告も紹介されている（図４－５）。

同普及会は自らを「婦人運動」「消費者団体」と称し、この活動を支えてきたのは「多くの主婦のボランティア活動です」（栄養改善普及会 1982：1-3）と紹介しながらも、実際には政府機関や製粉・製油・油脂加工・乳業・加工食品などの大手企業と連携して活動を展開していたといえるだろう。普及会が「栄養改善」として推奨していたのは、小麦や大豆、トウモロコシ、およびそれらを飼料とした動物性食品という、輸入穀物に依存する食生活だった。油については、コメ１グラムは４カロリーだが油なら９カロリーと、エネルギー量が多いことをもって「栄養食」と評価していた。さらに安価で高品質かつ「便利な食品」として加工食品を活用することを推奨している。つまり、いわゆる「食の高度化」を促す食生活を紹介していた。フライパン運動は同じ「油」でも、ナタネ油より大豆油を、バターよりマーガリンを、手づくりマヨネーズよりチューブに入った市販品を買うことを推奨していた様子が垣間見られる。例えば、油の消費拡大を推奨した文章では、「大豆油その他の植物油を使ったサラダ、油いためを食べたほうが体にいいわけです」と大豆油を筆頭にあげており、また、ナタネを栽培している農村では自給的に搾油するより「菜種を売ってメーカー品の大豆白しめ油を安く購入したほうがいい」、その方が高品質な油を安く購入できると勧めている(『朝日新聞』1961年8月29日付)。

この普及会の活動に、政府や大手企業が具体的にどれほど関与していたかについては、改めて調査研究が必要とされる。また、栄養学的な言説も時代によって推移する。飢餓状態から脱することを目指した時代には、高カロリー・高蛋白な食品が推奨されるため、当時の栄養学的な認識やメディア報道を含めた言説分析も必要だろう。栄養改善普及会も1980年には日本型食生活の模索を始めたり(栄養改善普及会 1982)、現在ではよりバランスのとれた食生活を推奨したりするなど、主張に変化が見られる(栄養改善普及会ウェブサイト n.d.)。ただ少なくとも、1960年代に栄養改善普及会が政府機関や大手食品企業と協力しながら、まさに豊年製油社長が提言していた「広汎な国民運動のもり上り」(前述)の一端を担い、食用油の消費増進運動に寄与していたことは明らかであろう。

2-3 日米共同広報事業の展開(1966年〜)

米国PL480(1954年成立)により米国産大豆の輸入が政策的に増加された後、1956年には、米国大豆協会(American Soybean Association：ASA)と日本の大豆関連業界(製油、醤油、味噌、豆腐、輸入業者など)を構成員として「日米大豆調査会」が発足した。その後、この調査会を拠点として、日本の製油業界と米国大豆関係者との交流が本格化され、1965年にはASAの招きによりアメリカ大豆第1次視察団が訪米した(日本植物油協会・幸書房 2012：160-161)。

日本における米国産大豆の市場を拡大するため、1960年代中頃からは、日米両政府・政府関連機関、および両国の業界団体が結束して、油脂の消費増進を図るPR事業がより大々的に展開されるようになった。また、そのためにも、日本側の油脂業界が一致団結することが求められた。

前述した「山工場」と「海工場」との対立にも見られるように、油脂関連業界の内部では国産原料 vs 輸入原料、小規模 vs 大規模など製油企業間で利害の齟齬が存在した。さらに油脂業界には製油企業に加えて、油から様々な製品を作り出す油脂加工企業、そして油や油脂製品を販売する特約店などが含まれ、業界が一枚岩になる状況にはなかった。とくに、原料の割当や狭隘な消費市場を巡る問題も絡み、対立も強まっていた。1960年代初頭には、戦前から大手製油企業が集まっていた「油脂製造業会」と、そこから脱退した最大手企業の豊年製油、そして中小ナタネ工場の全国団体である「日本油糧工業協同組合連合会」(通商「日油連」)とが対立する状態に陥っていた。

そのため、油脂行政を司る立場から油脂業界の分裂状態に危機感を抱いた河野一郎農林大臣(当時)が製油大手10社の社長らを農林省に集め、「製油業界の大同団結」を促した(日本油脂協会 1977:3-5)。農林省の強い要請と指導の下に、日清製油の坂口幸雄社長が中心となって業界がまとまり、1962年に「日本油脂協会」が発足した[1]。同協会の発足をもって、米国側とも連携しながら大々的に食用油の消費増進キャンペーンを推進できる体制が整ったと考えられる。この後、日本油脂協会が米国の農務省やASAと協調し、日米共同広報事業として規模を拡大したPRキャンペーンを展開した。

1966年、坂口日本油脂協会会長・日清製油社長は米国農務省の海外農事局長アイオネスと会談し、その後、米国側と日本側とが共同で企画を策定した。まず、第1次日米共同広報事業として、米国の事業年度に合わせて1966年11月から1972年6月までの5年度にわたり、事業費1億2,000万円(当時)をかけた油脂消費増進キャンペーンが実施された。「1日1食植物油料理」

1　日本油脂協会は1962年に社団法人として発足した。その前身は、戦時下の1943年に物資統制を担い油脂の集中生産を強化するために設立された「油脂製造業会」であり、現在は一般社団法人「日本植物油協会」として存続している(油脂製造業会 1963; 日本植物油協会・幸書房 2012:105-108)。

というスローガンの下、食用油の消費実態調査、雑誌・新聞等への広告掲載、植物油を利用した料理教室の開催などが展開された（日本油脂協会 1977）。事業費１億2,000万円は、米国側が半額の6,000万円を負担し、日本側は現金2,000万円を負担した（日清製油が600万円、その他を味の素、豊年製油、吉原製油、昭和産業、日本興油、日華油脂、リノール油脂、不二製油、四日市油脂で負担）。加えて、各社の広告に同キャンペーンの共通シンボルマークとスローガンを挿入することで残りの予算を充当した。資金供給者となったASAは、1969年にさらに2,000万円の増額を図るなどこの事業に意欲を示していたという。

当時、日本における油脂の消費量は１人１日20グラム弱と、戦前の同３グラム弱からはかなり増加していた。日米共同広報事業はこれをさらに30グラムまで増やすことを目標に掲げ、大手広告代理店の電通や博報堂に委託し、テレビ番組制作から料理教室開催まで幅広いPRキャンペーンを1980年代初めまで段階的に展開した（日本油脂協会 1977：77-86；日本植物油協会・幸書房 2012：142-153）[2]。

この広報事業と実際の植物油消費量増加との因果関係を実証することは、メディア分析や言説分析、消費者行動の調査研究など、他の要素による影響も含めた精査が必要なため本書ではこれ以上は立ち入らない。ただ、国民健康・栄養調査報告の食品群別統計は「油脂類」の摂取量が同時期に急増したことを示している（図４－６）。このことからも、日米両側からの食用油の消費増進運動が、戦後日本における油脂摂取量の急増に寄与したといって過言ではないだろう。

3 関連産業による大口需要増加の構造

いくら多額な事業費を投入して「もっと油を摂りましょう」とのPRキャ

2　米国との共同広報事業は1972年にいったん打ち切られた。1979年に復活したが、1981年に予定されていた３年度目の事業が米国側の都合により中止され、この年をもって大規模な事業は一部を残して終了した。なお、日本植物油協会は、日本をナタネの主な輸出先としていたカナダの菜種協会とも提携して日加共同広報事業を1981年に開始している（日本植物油協会・幸書房 2012: 142-144）。

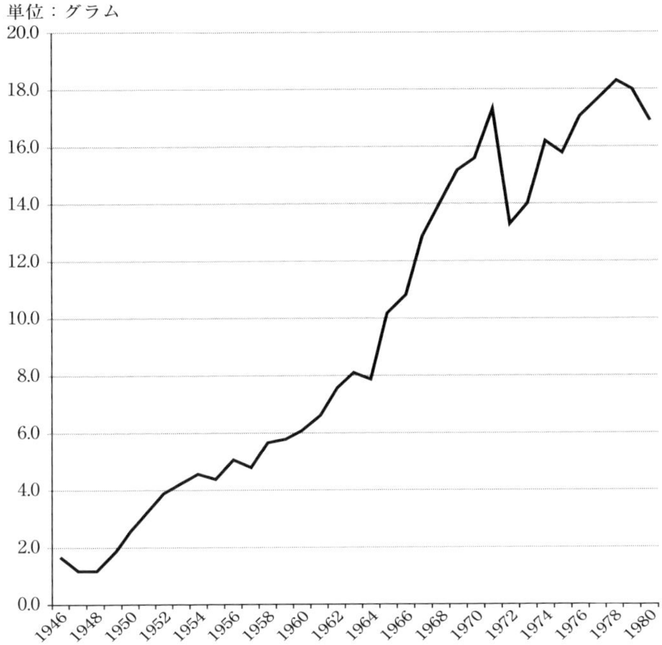

図4－6　戦後の油脂類摂取量の推移（１人１日当たり栄養摂取量）

注　：「国民健康・栄養調査報告」統計における食品群別摂取量の「油脂類」国民の栄養摂取量1人1日当たりの数値。この項目にはバター及び動物性油脂を含む。なお、同統計は1983（昭和58）年まで「バター及び動物性油脂」を植物性食品の項目に含んでいた。

出所：統計局「日本の長期統計系列」第24章保険・医療より作成。原資料は厚生労働省健康局「国民健康・栄養調査報告」。

ンペーンを展開しても、油脂はそのまま飲んだり食したりするものではなく、個人が家庭で消費する単体油の小売だけでは市場拡大に限界がある。日本油脂業界、栄養改善普及会、および日米共同広報事業などによる消費増進運動に加えて、安価で豊富な油脂を使った加工食品産業など関連産業の発展が、大口需要者として構造的な植物油需要の増加に寄与したと考えられる。本節では、代表的な油脂加工食品であるマーガリン・ショートニング産業の発展、小麦と揚げ油を使う即席麺（インスタントラーメン）産業の誕生、そして、油脂を使った様々な新製品を誕生させたその他の加工食品産業の発展を取り上げ、関連産業による油脂の大口需要増加の構造を検討する。

3-1 パン・洋菓子産業向けマーガリン・ショートニング製造の増加

マーガリンやショートニングは代表的な油脂加工食品とみなされ、戦後の「食の洋風化」によってその需要が増加したと見なされている。戦前からも「人造バター」や食用硬化油が製造・販売されてはいたが、その量が飛躍的に増加し、一般家庭に普及したのは戦後、とくに1950年以降だった。

マーガリンは、一説では明治期の1887年頃から輸入され始め、日本でも早くから複数の起業家が輸入牛脂や国産の牛・豚の脂肪に大豆油、綿実油、落花生油などを配合して「人造バター」の製造に挑戦していた。しかし、戦前は「たんに嗜好品にすぎなかった」(全日本マーガリン協会 1976：184)と業界史に記されたように、一般への普及には至らなかった。マーガリンの製造は最初から大資本による大量生産としてなされたわけではなく、相当数の小規模生産者が存在した。しかし、昭和恐慌や太平洋戦争を経て、日本油脂や旭電化などの大手企業に中小企業が吸収され資本集中が進んだ(全日本マーガリン協会 1976：62-68；120-121)。

食用硬化油の製造・販売は戦前にもなかったわけではないが、食用は1930年代にわずか4％を占めただけであり、硬化油は9割以上が非食品の工業用原料であった(久保田 1929)。硬化油が主に工業用として製造されていた戦前に、食用硬化油を日本で初めて製造したのは花王石鹸と記されている。石鹸の原料としてヤシ油を製油していた花王石鹸が、1928年に食用加工油脂「エコナ(Edible Coconut Oil of Nagaseの頭文字から命名)」を販売したのが始まりだった(全日本マーガリン協会 1976：103；日本経営史研究所・花王 1993：109)。

終戦直後には物資が欠乏してヤミ価格が高騰したため小規模工場が乱立し、一時はマーガリンを製造する企業が100社を超えた。油脂統制が解除された1950年以降は、マーガリン・ショートニングの生産が急増したが、図4－7が示すように、まず急増したのは業務用マーガリンと業務用ショートニングだった。「マーガリンも家庭用に普及するまでには長い歳月が必要」(全日本マーガリン協会 1976：210)だったのであり、パン食が広まった際も、消費者がパンに塗るマーガリンよりパンの製造過程で練り込まれる業務用の

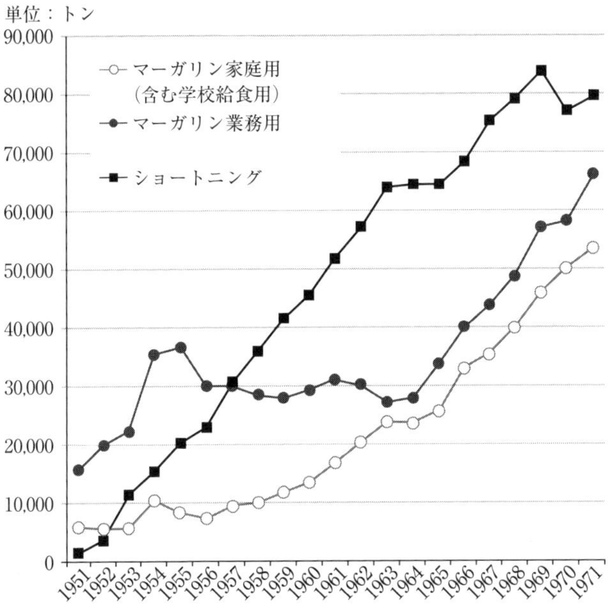

図4－7　マーガリンおよびショートニングの生産量（1951～1971年）
出所：全日本マーガリン協会（1976：322-323）より作成。

マーガリンやショートニングとしての需要の方が大きく、「パン・洋菓子業界はマーガリン・ショートニングなど食用加工油脂にとって非常に大きなマーケット」だった（全日本マーガリン協会 1976：218）。

マーガリン・ショートニングは業務用製品を中心に生産を急増させたものの、1950 年代半ばにはすでに生産過剰気味となっていた。マーガリン工業会では過当競争による特売の禁止が議論されるようになり、1955 年には公正取引委員会にマーガリン・ショートニングを特売禁止指定品目として申請することが決定された（全日本マーガリン協会 1976：269）。朝鮮戦争前後の油脂市場混乱期には、多くのマーガリン製造業者が整理・統合され、1950 年代半ばには「大手５社」と呼ばれる旭電化、日本油脂、鐘淵化学、ミヨシ油脂、日華油脂が市場の大部分を占めるまでになっていた。これらの大手企業は工業用硬化油などを生産しており、食用のマーガリン製造は兼業でありながら、1957 年にはマーガリン生産能力が日産 20 トン以上に達する上位 7 社が市場の 51.1% を、1963 年には同 32 トン以上の上位 7 社が市場の 55.3% を占めた（全日本マーガリン協会 1976：260, 283；ライオン油脂 1979：148）。これら上位企業には、戦前・戦中に当時の国策に沿いながら、主に工業用、そして軍需用にも加工油脂を製造していた大手企業が多かったことを指摘しておきたい。

なお、マーガリン・ショートニングをはじめ、硬化油の原料となる油脂は主に採算性の理由からその時々によって入れ替わる。日本の場合は、戦前は魚油、戦後すぐには魚油や牛脂など動物性脂肪が多かった。現在では動物油105,236トンに対して、植物油542,590トンとなっており、パーム油・パーム核油、コーン油、ナタネ油、大豆油など植物油が原料の大半を占めている（2015年の統計。月刊『油脂』2017年7月号 p.124）。

3-2 製麺の工業化——小麦粉と油を使う即席麺産業の誕生

小麦粉から作る食品の「粉食」については、日本人が憧れを持つ西洋からのパンやケーキが取り上げられる傾向があるが、しかし、都市部労働者の食事として粉食が広まったのはむしろ「支那そば」つまりラーメンだったとの指摘がある（Solt 2014＝2015）。日本式ラーメンの誕生は近代であり、開国直後の1870年代に小麦粉と獣脂の輸入が始まり、1880年代に横浜地域に中国人移民労働者が定住していたことが、日本式ラーメンの誕生を可能にしたといわれている（Solt 2014＝2015）。近代以前から日本でも小麦粉は生産されており、「うどん粉」と呼ばれていた。開国後にその「うどん粉」とは異なる、機械製粉の真っ白な小麦粉が米国から輸入され「メリケン粉」の名が定着した。やがて、欧米から輸入した製粉機を使って日本でも近代的製粉産業が発展した（日本製粉 1968：15）。1920～30年代、近代的な都市生活の広がりとともにラーメンは「安くて早く、塩と獣脂、工場で処理された小麦粉がたっぷりの腹持ちのいい食べ物」として都市部で働く庶民の生活に欠かせない要素として広まった。そのラーメンが、第二次世界大戦後にはヤミ市において、当時コメより安くて入手しやすかった米国産小麦粉を使って再び広まったといわれている（Solt 2014＝2015）。戦後に米国産小麦粉が広まった背景に食料援助を含む米国の「小麦戦略」があったことは前述のとおりである。

後に即席麺（インスタントラーメン）を製造・販売し始めた日清食品の創始

者である安藤百福が、米国産小麦粉の粉食奨励運動に取り組んでいた厚生省に、パン食より麺類で粉食を広めるよう提言したことは即席麺開発のエピソードとして知られている。様々な事業を手がけた安藤は当時、栄養剤の製造・販売をおこなっていた関係から厚生省に出向くことが多かった。そこで厚生省の担当者に粉食奨励に麺類を加えることを提言したが実現されなかった。その理由として、安藤は「そのころ、うどんやラーメンは、中小、零細企業の分野だった。アメリカの余剰農産物である大量の小麦粉を加工して、配給ルートに大量に流すパイプは存在していない。工業化の面がネックになっていた」と分析している(安藤 1983：120-121)。つまり、大量の小麦粉を調達する大口需要者として麺類の工業化・産業化が必要だと考えたわけである。

そこで実業家であった安藤は、大量の小麦粉を使って麺を大量生産する「製麺の工業化」を目指した。彼は麺を油で揚げることによって多孔質にし、お湯をかけた時にすぐに（インスタントに）湯が中まで通り麺が戻る「油熱乾燥法」の開発に成功した。こうして、小麦粉と油を使って工場で大量生産する加工食品である即席麺が開発され、1958年に「チキンラーメン」の販売が始まった(安藤 2002；日清食品 1985)。

チキンラーメンの大量生産・大量販売を可能にした条件として、安藤は次の点をあげている。第一に、1952年に小麦・小麦粉の統制方法が改められ、小麦粉製品が自由に生産できるようになったことである。チキンラーメンの市販開始の直後には、原料の小麦粉調達と商品の即席麺販売とを三菱商事に任せる特約契約を結んだ。つまり、総合商社の三菱商事が小麦の輸入取扱量を増やし、系列の日清製粉も活用しながら、大量の小麦粉を日清食品に供給するルートが確立された(安藤 1983:156-159)。第二に、1958年に開店した「主婦の店ダイエー」など、スーパーマーケットをはじめとする流通革命によって大量販売ルートが確立されたことである。第三に、当時テレビが普及し始め、新商品を大衆に知らせて消費を促すための強力な広報手段が確立したことである。実際、日清食品はテレビのスポンサーとして、この新しいPR手段を積極的に利用した(安藤 1983：143-144)。

当時、即席麺製造の揚げ油として何の油をどれだけ使ったかを示す数値データは公開資料には見当たらない。現在、日清食品は同社ウェブサイト上で、麺を揚げる油にはパーム油を使用していると掲載しているが、揚げ油はその時々で価格・調達可能量・質などを考慮して相互代替的に適宜使用していたと思われる。1958年に1,300万食から始まった即席麺の生産量は、1971年のカップ麺の発売を経て、1990年代には合計50億食を超えるようになった（日清食品ウェブサイト n.d.）。即席麺には油で揚げない「ノンフライ麺」も含まれるが、その市販が始まったのは1968年であり、現在でも主流は油揚麺であることから、少なくとも1960年代は即席麺の製造拡大がほぼそのまま油脂使用量の増加に寄与したと考えて間違いないだろう。

こうして麺類を工業化するという安藤の目論見は成功し、即席麺は大量の小麦粉とともに大量の油脂を使って、工場で大量生産される加工食品となった。零細事業者が多かった製麺業は、即席麺の登場によって、巨額を投じた機械設備で大量生産し、商品を全国市場に大量供給する機械制大工業へと変わり、資本によって寡占された代表的産業へと成長した（堀口 1987：244-245）。そして、《小麦の大量輸入と小麦粉の大量生産→小麦粉と揚げ油を使った即席麺の大量生産→流通革命による大量販売→広報活動による大量消費の促進》という体制が形成され、かつて安藤が提案したような「アメリカの余剰農産物である大量の小麦粉を加工して、配給ルートに大量に流すパイプ」として即席麺産業が機能することになったのである。

3-3 油脂を使う食品産業の急成長

即席麺が先駆となって切り開いたインスタント食品のブームに併せて、洋風や中華風の新しい味を家庭で楽しめる様々な加工食品が1950年代に登場した（表4－2）。この時代に登場した加工食品には油脂を使ったもの、もしくは料理に油脂を使うものが多かった。1959年にパスタ用ミートソース缶（キユーピー）が発売され、1960年に固形カレールー（ハウス食品）、1966年にシチューミクス（ハウス食品）や麻婆豆腐の素（理研ビタミン）が発売された。ま

表4－2　戦後の油脂関連新商品（1945～1970年頃）

	食品の新商品
1949	明治キャラメル
1950	**ポテトチップス**
1952	不二家のミルキー
1954	雪印ネオソフトマーガリン
1955	ママスパゲッティ（日清製粉）
1958	チキンラーメン（日清食品）、アーモンドチョコレート（グリコ）
1960	ハウス印度カレー、**インスタントコーヒー**
1961	クリープ（森永乳業）、マーブルチョコレート（明治）、**スープ付きインスタントラーメン**
1962	マルシンハンバーグ、明星ラーメン
1963	バーモントカレー（ハウス食品）、プリッツ（グリコ）、コーンフレーク（ケロッグ）、クノールスープ（味の素）
1964	かっぱえびせん（カルビー）
1965	**レトルト食品登場**
1966	ポッキー（グリコ）
1967	シーチキン（はごろもフーズ）、エバラ焼肉のタレ、**本格的冷凍食品**
1968	ボンカレー・ボンシチュー（大塚）、味の素マヨネーズ
1969	UCC 缶コーヒー
1970	味の素マリーナ
1971	カップヌードル（日清食品）、レディボーデン（明治乳業）
1972	マーボドーフの素（丸美屋）、味の素冷凍食品、**スナック食品ブーム**

出所：小塚（1999：232-233）掲載の年表から油脂関連食品について抜粋し作成。

た1958年には初めてフレンチドレッシング（キユーピー）が発売され、1967年に発売されたミツカンのサラダドレッシングがサラダを流行させた。1960年代以降、このような料理の「素」となる加工食品の登場と普及に支えられて、日本の家庭料理が西洋化、もしくは中華等を含め国際化したとの指摘もある（岩村 2010：130-134）。つまり、カレーや麻婆豆腐をイチから作る料理法ではなく、食品産業が販売する「素」を使って料理する方法によってこれらの料理が広められた。

また、1955年には日本住宅公団が発足し全国で団地建設が進められたが、団地のキッチンには換気扇がつけられ、油もの料理の普及を促す効果もあったとされる（小塚 1999:160）。油の摂取を広める広報活動が「フライパン運動」として展開されたように、油料理の普及にはフライパンや鉄板、そして火力の強い台所設備など、道具や設備の普及状況も関係していると考えられるが、ここでは示唆するに留めておく。

このように、油を使う加工食品企業が誕生・発展するにつれて食品産業が油脂の大口需要者となり、併せて油脂を含む加工食品の消費や家庭における炒め物・揚げ物の料理法が広がり、食の洋風化・高度化が広がっていったといえるだろう。

4 総合商社によるインテグレーションの展開

高度経済成長期が始まるころまでに総合商社としての体制も整えていた三菱商事、三井物産、丸紅、伊藤忠商事などが、急成長する食品産業を水平的・垂直的に統合しながら、川上から川下まで日本のフードシステムを総合的に組み立て始めた。本節では、商社が戦後の財閥解体や管理貿易を乗り越え、総合商社として再建していった過程を整理した上で、「商社農業」「商社畜産」と呼ばれた総合商社による農業生産、とくに畜産業への進出とインテグレーションの展開、そして外資の自由化も伴った外食産業の発展と商社の参画について概観する。

4-1 関西系商社の総合商社化と財閥系商社の再編

第二次世界大戦後、財閥は解体され、その商社部門にも解散命令が下り、三井と三菱もそれぞれ百数十の零細商社に分散された。日本の貿易は占領下政府に管理され、1947 年には貿易の実務を代行する機関を整理するため、全額政府出資の鉱工品貿易公団、繊維貿易公団、食糧品貿易公団、原材料貿易公団が設置された（日本貿易研究会 1967：525-527）。

財閥系商社が分割され弱体化された間に、「関西系総合商社」と呼ばれる今日の丸紅や伊藤忠商事、双日に繋がる非財閥、繊維系、鉄鋼系の商社が台頭した。これらの企業は政府貿易下の取引可能商品などに制約が多い中で貿易活動を続けるためにも、従来の専門分野を超えて食料を含む多種多様な商品を取り扱い「総合商社化」した（辻 1992：1-8）。主に繊維原料、食糧、金属機械を輸入して繊維製品を輸出するという 1950 年頃までの貿易が元繊維商社に有利に働いた上に、管理貿易の下で事業分野を広げた経験から、これらの商社が総合商社化していくことに繋がったと指摘されている（大森 2011：164-169）。丸紅と伊藤忠商事は、共に起源を江戸時代の近江商人である伊藤家に持つ商社で、GHQ に制限会社の指定を受けたが企業体を分離するなどして切り抜け、フードシステムにおける主要な総合商社へと成長していった（辻 1992：11-76；丸紅 1977 など）。他方、かつての鈴木商店の若手幹部が引き継いだ日商と、関西系鉄鋼商社だった岩井産業とは、合併して日商岩井となり、今日の双日に繋がっている（辻 1992：77-109；日商 1968）。

民間貿易も徐々に広がり、とくに 1950 年に勃発した朝鮮戦争の特需によって商社の事業も拡大した。朝鮮戦争後はゴム・皮革・油脂の価格が暴落し、繊維品の不況にも直面して苦境に追い込まれたが、政府が商社救済の政策をとり、商社に政府や日銀から融資を与え、政策的に商社強化策に取り組んだ（辻 1992：38-39）。この流れの中で、旧財閥系の商社も再集結に乗りだし、1954 年には三菱商事が再統合を果たし、三井物産も 1959 年に再統合した（大森 2011：169-171）。

こうして三菱商事、三井物産、丸紅、伊藤忠商事などによる総合商社体制が整い始めた 1950 年代半ばから、日本は高度経済成長期に突入した。近代的食品産業が発展し、加工型畜産が広まり、食糧も含めた貿易が自由化されていく中で、総合商社も農業と食品の産業化に参入していくことになる。

4-2 食と総合商社に関する先行研究

日本の食料システムに商社が大きな影響を与えていることは広く認識されているが、体系的な研究は充分とはいえない。『食と商社』という表題で研究書をまとめた島田克美らは「『食』の供給において、通常はあまり注目されることのない商社に焦点を」当てることを同書の目的に掲げているほどだ（島田・下渡 2006：1）。その要因の一つとして、流通組織に関する研究の多くがアメリカ型取引をモデルに中間流通・商社などを軽視した見方が強かったため、商社を含む食品の中間流通が軽視されてきたのだと述べている（島田 2006：157）。

しかし、食と商社に注目した同書の研究も、第二次世界大戦後からの事象を主に取り上げており、近代以降の財閥・政商としての関わりや、戦前すでに関連企業が食材産業を寡占していた実態から切り離された議論に終始している。小麦・大豆・砂糖を取り上げた論文においても同様で、大豆についても、本書が前述したような肥料用豆粕を製造し大豆油を輸出する産業として発展した近代における製油産業の歴史についてはほとんど言及されていない（清水 2006：73）。

このように歴史的発展も視野に入れた体系的な食と商社の研究は限られているが、戦後の事象を切り取り、高度経済成長期に改めて日本農業へ進出した商社の動向に焦点を当てた研究の一つとしてインテグレーション研究があった。次項において、この研究による知見を整理する。

4-3 総合商社によるインテグレーション

高度経済成長期の1955～70年頃、総合商社による農業、とくに畜産業への進出が顕著化し、この事象が「商社農業」「商社畜産」として注目された。当時、日本の農業は「経済成長に触発された消費（需要）構造の変化、とりわけ食生活の洋風化による畜産物や加工食品の需要増大に対応しながら、商品生産農業（販売農業）」へと変質していた（インテグレーション研究会 1971：2）。そこへ、農外資本の総合商社が、生産から流通、小売までを垂直的に、かつ複数の業種を横断的に統合するオーガナイザーとしてインテグレーション形成を推進した。「インテグレーション」とは、同種２つ以上の経営体が同一水準で横断的に統合する「水平的統合」と、生産や流通など２段階以上が前後段階で従属的に統合する「垂直的統合」があるとされた（宮崎 1972：36-37）。

日本における戦後インテグレーションの発展段階として、次のように説明された。

第１段階：商業資本による契約生産（1960年まで）

大企業がヒナと飼料を貸与し、生産された肉鶏を全量買い上げるという、米国で先駆けて発展した「契約農業」のブロイラーが、1955年頃に日本に紹介された。東京の鳥問屋が群馬経済連と提携し、農家、単協、経済連、鳥問屋を系列化した「群馬方式」と呼ばれる形態がその始まりとされている。

第2段階：飼料資本を中心とした進出（1960～1963年）

総合商社が系列の飼料メーカーを通じてブロイラー生産の拡大に乗り出した。鳥問屋・総合商社・農協の間で激しい競争が繰り広げられたが、飼料とヒナという生産財を握り、資本力のある総合商社が中心となってブロイラーや養豚など加工型畜産の成長を促した。

第3段階：総合商社インテグレーションの確立（1964～1968年）

総合商社は食品部門の成長に着目し、1964年以降、農業・食料分野への進出を強めた。1964年の国際通貨基金（IMF）や関税と貿易に関する一般協定（GATT）への参加、1967年の資本自由化といった政策の動きも影響している。

第4段階：直営生産基地の成立と契約統合の組織化（1968～1970年）

農家との契約生産を拡大した後、総合商社が直営農場の建設に乗り出した。三菱商事が40%、日本農産工業・菱和飼料・日清製粉・日本ハムが15%ずつ出資した「ジャパン・ファーム」、伊藤忠商事の「シーアイ・ファーム」、住友商事の「鬼怒川農場」、日商岩井の栃木・愛知・熊本の肉牛直営農場などの事例がある。

第5段階：臨海コンビナートの建設と開発輸入

太平洋沿岸ベルト地帯への工業の集中化に合わせて、食品部門でも輸入した原料を港湾部で2次・3次製品まで加工する形態が進められた。1964年に「食品工業合理化研究会」が発足し、1970年には食品工業懇談会が「食品工業団地の誘致について」報告書をまとめ、食品コンビナートを提言するなど、政策面でも動きがみられた。原料の輸入に加え、貿易自由化の波を受けて開発輸入を企てていた商社が日本市場向けに海外で生産した農畜産物の輸入を狙って臨海コンビナート機能をますます重視したことも指摘されている（宮崎 1972：53-63より筆者がまとめた）。

こうした総合商社によるインテグレーションの発展は、前章で取り上げた食品コンビナートを含め、輸入原料に依存した「海工場」を要に、原料輸入から製粉・製油・製糖・飼料製造、食品加工・流通、さらに加工型畜産から卸小売・外食までを総合商社が支えるフードシステムとして統合していった一過程といえるだろう。本書が取り上げてきた植物油や加工油脂、即席麺や油脂を使った加工食品・外食産業などもそこに組み込まれている。さらに、この統合は資本による市場獲得または支配の一戦略に留まらず、「かなり意図的に資本（企業）自体が消費需要を創造しながら、あらゆる手段をもってすすめられている点に特徴がある」と、供給側からの消費増進の動きも指摘されている（インテグレーション研究会 1971：6）。

4-4 加工型畜産業による飼料用大豆粕の需要増加

大豆の製油産業が豆粕製造から始まったように、製油と油粕の製造は表裏一体の関係にある。とくに、日本における近代的製油産業が肥料用の豆粕製造から始まったことは前述の通りである（第１章）。大豆粕は、戦前には化学肥料と競合した時期もあったが、折からの油脂・大豆工学の発展を受けて大豆グルーなど工業用原料に仕向けられ、あるいは醸造用や「味の素」の原材料として市場が拡大された（第２章）。戦後には、主に米国産大豆から製造された大豆粕が、同じく米国から輸入されたトウモロコシとともに飼料として加工型畜産を支えた。そして、畜産インテグレーションの発展に伴い、飼料としての大豆粕の需要は急増した。

大豆粕（大豆蛋白質、脱脂大豆とも呼ばれる）の用途別消費実績を表４－３で確認しておこう。戦後間もない食料不足期には味噌や醤油など醸造食品の原料として大豆粕の重要性が強調された時期もあったが、醤油原料に使われる豆粕の量は表中の期間を通じて15～17万トンで頭打ちとなっており、味噌用やMSG（「味の素」などグルタミン酸ナトリウム）用については1960年代から激減している。逆に急増しているのが「肥飼料」用である。この統計では肥料用と飼料用とで分けられていないが、化学肥料がすでに広く普及していた

表４－３　脱脂大豆の用途別消費実績（1958～1971年）　（単位：トン）

	1958	1959	1960	1961	1962	1963	1964
味噌	64,000	52,300	53,000	26,000	21,000	19,000	15,000
醤油	150,000	153,800	155,000	151,000	148,000	158,000	165,000
豆腐・油揚	12,000	20,000	20,000	30,000	30,000	65,000	64,000
MSG	58,000	64,800	64,000	60,000	42,000	7,000	0
その他	5,000	30,000	30,000	30,000	50,000	68,000	43,000
食用合計	289,000	320,900	322,000	297,000	291,000	317,000	287,000
化学工業用	14,000	14,800	13,000	12,000	11,000	0	0
肥飼料	226,000	281,000	304,000	366,000	431,000	612,000	698,000
輸出	4,000	4,300	2,000				5
その他							
非食用合計	244,000	300,100	319,000	67,500	442,000	612,000	698,005

	1965	1966	1967	1968	1969	1970	1971
味噌	13,000	10,000	10,000	7,000	5,000	10,000	10,000
醤油	170,000	162,000	171,000	160,000	154,000	168,000	170,000
豆腐・油揚	77,000	77,000	70,000	78,000	78,000	78,000	78,000
MSG	0	0	n.d.	n.d.	n.d.	n.d.	n.d.
その他	43,000	43,000	44,000	53,000	52,000	57,000	60,000
食用合計	303,000	292,000	295,000	298,000	289,000	313,000	318,000
化学工業用	5,000	5,000	5,000	5,000	4,000	3,000	3,000
肥飼料	818,000	964,000	952,000	1,074,000	1,281,000	1,631,000	1,784,000
輸出	5,000	3,000	3,000	2,000	3,000	0	0
その他			5,000	5,000	5,000	8,000	8,000
非食用合計	828,000	972,000	965,000	1,086,000	1,293,000	1,642,000	1,795,000

注　：1971年のみ見込み数値。「その他」の項目は1966年から記載が始まっている。1966年以降の数値は千トン表示から換算し、合計値は計算しなおした。
出所：食糧庁『油糧統計年報』昭和38年、昭和42年、昭和46年版より抜粋して作成。

この時代、基本的には飼料用だと考えて間違いないだろう。

宮崎（1972）は「商社のインテグレーションは突如として出現したわけではない」として、日本の経済成長とともに関連市場が成熟化する中で育ったものだと分析している（p.127）。しかし、宮崎を始めとする1970年代のインテグレーション研究の蓄積は、総合商社による農業・畜産業への進出を戦後の高度経済成長期（1955～1970年代）に限定していた。日本の農業生産、とくに畜産業の現場から見ると、総合商社による介入は戦後の事象に見えたかもしれない。しかし、本書でこれまで論じてきたように、歴史的に考察すれば、商社（財閥・政商）による小麦や大豆の取り扱いや、製粉・製油業（豆粕製造業）への参入は明治期から始まっていたのである。そして世界的なフードレジームの枠組みに位置づけて考察すれば、日本の事例も、米国中心に形成された「大豆・トウモロコシ・畜産複合体」が日本に「複製」され、米国中心の複合体に「統合」されたに過ぎず、その複合体の一員として総合商社が機能したに過ぎない。この点については後により詳しく議論したい。

4-5 ファストフードをはじめとする外食の日常化

畜産インテグレーションで大量生産された食肉の販売先の一つに、ファストフードなど外食産業の発展があった。それは外食産業の統制解除と外食産業への外資の進出を可能とした一連の規制緩和政策によっても促された。

敗戦直後（1947～1949年）は「飲食営業緊急措置令」によって、外食券食堂・旅館・喫茶店を除く料飲店の営業が制限された時期があった。統制が解除された後も、外食は多くの日本人にとって特別（ハレ）の食事だった。しかし、1960～1970年代には、標準化・規格化された商品の大量生産・大量流通に支えられて「大衆消費社会」時代が到来した。それは低価格・大量販売と多店舗展開・チェーンストア組織に特徴があった（岩淵 1996：86）。この波に乗って外食市場も広がり、「外食元年」と呼ばれた1970年頃には、庶民も気軽に利用できる外食店が一斉に開店した。この背景には資本の自由化政策も影響しており、外資によるファストフード店の日本上陸が可能になったことも日本の外食産業を様変わりさせた。1967年の第1次資本自由化でサービス業が指定業種となり、資本金5,000万円以上のレストラン（西洋料理）は50％の自由化が認められた。さらに1969年の第2次資本自由化では飲食業の100％自由化が実施され、翌年1970年に外資レストランの日本上陸ラッシュが起こった。当時、日本に進出した外資外食企業の主なものを抜粋すると表4－4のとおりである（小塚 1999：153-154, 172-176）。

外資が日本に進出した際、多くの場合において総合商社が日本側パートナーとして参加した。例えば、三菱商事がケンタッキーフライドチキン（KFC）やシェーキーズ、住友商事がピザハット、丸紅がデイリークイーン、そして

表4－4　ファストフードチェーンの日本進出時期

ハンバーガー	マクドナルド（1971）、ロッテリア（1972）、モスバーガー（1972）
ドーナッツ	ミスタードーナツ、ダンキンドーナツ（1971）
フライドチキン	ケンタッキーフライドチキン（1970）
ピザ	ピザハット（1973）、シェーキーズ（1974）
アイスクリーム	デイリークイーン（1972）、サーティワンアイスクリーム（1974）

出所：小塚（1999: 218）より作成。

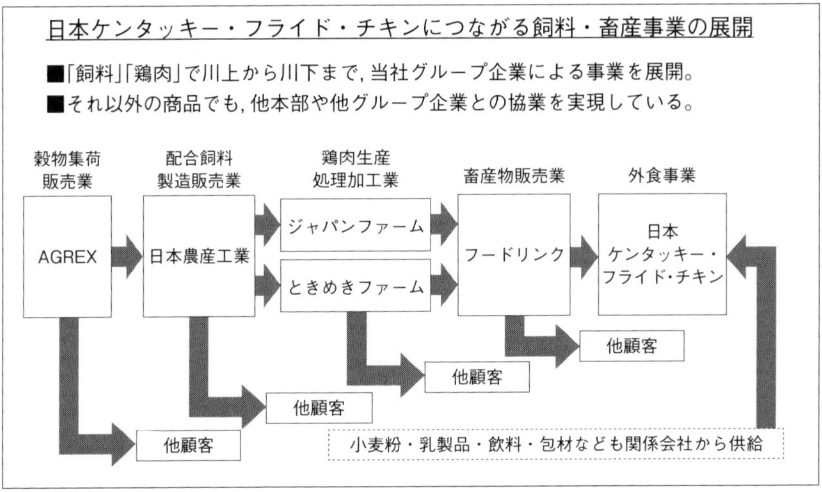

図4－8　三菱商事の食料関連ビジネス（飼料・畜産）バリューチェーン
出所：三菱商事株式会社編、早稲田大学商学学術院監修（2013：9）より転載。

藤田商店がマクドナルドの受入パートナーとなった（小塚 1999：218-220）。総合商社にとっても、ファストフードなど外食産業の発展は、インテグレーションにおける川下部門の強化に繋がった。例えば、三菱商事は日本 KFC に出資するとともに、フライドチキンに繋がる畜産物販売業、鶏肉生産処理加工業、配合飼料製造販売業、穀物集荷販売業をも手がけている（図4－8）。

ここに、穀物・油糧種子など原料を輸入し、食品コンビナートの「海工場」で大量処理した小麦粉・植物油脂・家畜飼料を用いて加工食品産業や加工型畜産で大量生産した食品を、スーパーマーケットや外食産業などの大量販売ルートである流通・小売業界を通じて大量に供給する一連の構造が形成されたといえるだろう。手軽に安く満足感をあたえる食品や外食には、安価で高カロリーの油脂を使った加工食品や揚げ物が多いことも指摘しておきたい。

5 考　　察

前節までに概観した戦後日本における食用への植物油供給体制の増大過程について、本節では、とくに資本の論理に注目しながら、1 商品と市場、2 技術と生産設備、3 企業・資本・政策に分けて考察する。最後に、4 日本における歴史的事例を、世界的なフードレジームの枠組みに位置づけて考察する。

1　商品と市場
――植物油が日常的な食品に

戦後、植物油は国民に必須な食品、それも栄養改善に望ましい食品として広められた。業界団体である日本油脂協会は設立趣意書（1962 年）で製油産業を次のように定義している。すなわち、「我が国製油産業は、国民大衆の保健衛生上必須の脂肪給源であり、かつ広汎な各種工業の必要原料である植物油脂類と、飼料、醸造原料、肥料等として不可欠の資材である植物油粕類とを確保する重要な社会的使命を担う基礎的産業」であると（日本植物油協会・幸書房 2012：108）。製油産業が自らの商品である植物油を「国民大衆の保健衛生上必須の脂肪給源」として第一に強調する定義は、同産業が重要軍需産業として活躍していた終戦前から考えると大きな転身であるといえる。戦中は航空機潤滑油や大豆グルーなど軍需関係品を製造していた油脂企業が、戦後には食用油やマーガリン・ショートニングの生産を急激に増やし、植物油や油脂を含む加工食品を安価に大量に供給し始めた。しかも、飢餓状態を脱したばかりの時代に、高カロリーな油は栄養改善の食品と説明された。

戦後 1950～60 年代には、インスタントラーメンをはじめポテトチップスなどスナック食品やカレーなどレトルト食品が相次いで発売された。これらの油脂を使った加工食品に加えて、ドレッシングやカレールー、麻婆豆腐の素など、家庭においても油脂を使う料理を広める調理補助的な商品も相次いで発売された。これら「素」食品の発売が戦後日本の家庭料理に洋風・中華風の新しいメニューを広めたことは先行研究も指摘している（岩村 2010）。さらに1970年代からファストフードやピザなど外食産業も食用油の需要増加を促した。こうして、油をより多く摂る食生活が家庭の内と外に広められ、「食の高度化」が構造的に推し進められていったと考えられる。

油を使った食品や料理の普及と同時に、大豆粕は加工型畜産、そして畜産を中心とするインテグレーション（垂直的統合）の形成に伴い、それを支える飼料の重要な原料として、その需要を急激に増加させた。

こうして、第二次世界大戦後、植物油は大多数の庶民がほぼ毎日のように食することができる身近な食品として広められた。本来、堅い種子から搾り出しその品質を維持することが困難だった植物油が、これほど安く豊富に供給され、食用市場においてこれほど急激に増加したことは、歴史的にも初めてのことだった。植物油は、ほぼすべての台所に常備され、大衆がほぼ毎日口にするほど日常的な食品として普及されたが、その背景には、積極的に需要増加を促した供給側からの消費増進運動が展開されていたことを本章は明らかにした。

2　技術と生産設備
――消費増進運動と大口需要者としての関連産業の発展

販売促進活動としてはマーケティング活動などが注目されがちだが、本章では、個人消費拡大の努力に加えて、油脂の大量販売のために大口需要者である加工食品産業や外食産業などの発展が、構造的な需要増加に寄与したことにも注目した。食用油が安く豊富に提供されることによって、日本の企業や事業家たちが油脂を使う加工食品産業を発展させ、油脂の需要を大幅に増やしたと考えられる。その背景に米国の政策による小麦や大豆の輸入増加圧力があったことは確かだ。しかしそれだけではなく、戦前から主に工業用硬化油の生産で確立していた油脂加工産業が、戦後はマーガリンやショートニングを大量生産するなど、既存の油脂関連産業が戦後には急激に食用に市場を拡大した点が重要である。加えて、新たに製麺の工業化を目指して即席麺産業が誕生したように、油脂を使って加工食品を製造する産業や、油脂を使って食事を提供する外食産業が発展することによって、産業による大口需要が増え、全体の油脂需要を押し上げたと考えられる。今日の食用油需要割合が、家庭用に17%、加工用25%、業務用58%（表序－4参照）と算出されるほど、産業からの油脂需要の方がはるかに多い現状は、食品・外食産業発展による構造的な油脂需要増加の結果と考えられる。

日清食品の安藤百福が即席麺の開発において「アメリカの余剰農産物である大量の小麦粉を加工して、配給ルートに大量に流すパイプ」（安藤 1983：120-121）と言い得たように、即席麺産業の誕生によって製麺業は機械制大工業へと移行した。そして、輸入された小麦粉、もしくは輸入原料を「海工場」で製粉した小麦粉を、大量に消費して麺を大量生産する大規模産業へと発展していったと考えられる。さらに、こうして大量生産された商品を大量に流すパイプとして、スーパーマーケットをはじめとする小売業・流通業など販売ルートも形成された。

また、チキンラーメンを発売した日清食品への小麦粉の調達と商品の販売を三菱商事が担当したように、食品産業が個人や零細事業体が担う小規模な経済活動から大手企業による大規模産業へと転身したことを受けて、1955年頃の高度経済成長期から総合商社が農業・食品関連事業に積極的に参画するようになった。総合商社は原料の輸入から、食品コンビナートにおける食材・食品加工、農業・畜産インテグレーションによる農産物や動物性食品の大量生産体制、そして小売・外食産業における大量流通・大量販売に至るまでを体系的に統合し、全体として小麦や植物油、動物性食品の増加を促す食料システムの構築に寄与してきた。このことによって、輸入原料から大量生産された加工食品が大量販売される体制が確立され、「食の高度化」が促進されたと考えられる。この輸入原料に基づく大資本主導のインテグレーションの形成には、食品コンビナート構想などの国土計画、貿易自由化および外資規制緩和などの政策決定も寄与していた。

3　企業・資本・政策
――日米両政府および業界が促した需要の増加

本章は、戦後に食用植物油の供給と消費が急増した背景に、既存の供給能力に比して狭隘だった国内消費市場を拡張しようと望んだ油脂産業、油脂や動物性食品の供給を増加した食品加工・外食産業、畜産業などの発展と、それらを組み込んだインテグレーション形成を牽引した総合商社、加えて、海外市場開拓を求めた米国政府および米国大豆業界、それらに追随した日本政府といった、供給側から、油の消費増進を促すための政策決定と企業努力があったことを明らかにした。

先行研究では、米国政府による米国産農産物の海外市場開拓のための政策決定と輸出戦略に注目し、日本を受身的な立場に置く議論が多かった（高嶋 1979；鈴木 2003；関下 1987 など）。それに対して本章は、米国側からの圧力に加えて、日本の油脂業界などが積極的に日本政府や他の大手食品企業にも働きかけながら、ときには日米共同で、食用油の消費増進運動を展開していたことを明らかにした。かなりの予算を投入して「油まつり」や「油脂週間」、毎月の「油の日」などを実施し、さらに「フライパン運動」や日米共同の PR キャンペーンを展開した。栄養改善普及会の活動から確認したように、栄養改善のためと称して、小麦・大豆・トウモロコシなど（主に米国産の）輸入穀物・油糧種子に依存する高脂質・高蛋白な食生活を推奨し、しかも「便利な食品」として加工食品の活用を推奨するといったかたちで、いわゆる「食の高度化」が促されていた。つまり、供給側がより能動的に、油を多く摂る「栄養改善」の言説を広め、高校生など若い世代へも働きかけ、洋風・中華風料理の紹介を通じて食文化へ直接・間接に影響を及ぼしながら、食用油消費を増大する方向へ「食」の変容を促していたといえるだろう。

「油をもっと摂りましょう」とのキャンペーンによる消費増進運動に加えて、油脂や動物性食品を多く供給する体制も増強された。前項でも考察したように、戦前から確立していた植物油・加工油脂の大量生産体制の存在の上に、戦後誕生した即席麺をはじめとする加工食品産業や外資も参入して急成長した外食産業が油脂を含んだ食品を大量に供給し、また、これらの産業を支える農業・畜産インテグレーションに総合商社が取り組んだことが体制の増強につながった。

このような大手企業主導による国内農業・食料市場の再編成には、いわゆる「日本列島改造論」や「全国総合開発計画」「農村地域への工場導入」などの政策も強く結びついていた（宮崎 1972：2）。本章では全ての政策決定過程やその影響を調査分析するまでに至らなかったが、大手企業が主導した食料システムの形成過程に、貿易自由化や外資参入に関する規制緩和、食品産業の近代化を図った食品コンビナート構想などがあったことを確認した。

4　日本側主体による世界的な農業・食料複合体への統合

先行研究では、総合商社による農業・食料分野への進出を戦後の現象と捉え、近代以降の財閥時代から続く経緯を考慮に入れていないものが多かった。また、この事象を日本に限った範囲で取り上げ、主に日本の農業・農村との関係で議論しているものが多かった。

これに対し、本書は、明治期から国家建設プロジェクトの一環として政府に支援・保護された財閥・商社が、大豆・砂糖・小麦などを取り扱い始めた時点まで遡って考察を進めてきた。それによって、近代化の開始時から財閥など大資本によって「海工場」が建設され、戦前までには、輸入原料の大量調達に依存しながら機械制大工業としての近代的製油産業が確立していたこと、その結果、大量の大豆粕と植物油とを商品として販売する市場を必要としていたことが明らかとなった。当初は、大豆粕は肥料市場を、大豆油は輸出市場を主な販売先として近代的製油産業が誕生した。その後、化学肥料の普及や戦争特需の喪失など、時代の推移によって既存の市場を失っても、いったん確立した資本主義的生産様式は、その大量生産した商品を販売するための市場を継続的に必要とするものである。敗戦によって原料の供給源は米国中心へと移り、製品の販売先は国内の食品産業や畜産業に置き換わったが、比較的早期に再建した総合商社と製油産業が引き続き植物油複合体の中核を占めながら、戦後の油脂需要の増大を促してきた。

こうした日本の動きは、世界的なフードレジームに乗じた動きでもあった。既存のフードレジーム論においては、先駆けて米国中心に形成された小麦複合体、大豆・トウモロコシ・畜産複合体、耐久食品複合体が戦後のマーシャル・プランにより欧州に「複製」され、さらに欧州の畜産農家が米国から投入財（大豆を含む飼料など）を輸入することを通じて大西洋を挟んだ米国中心の農業・食料セクターへ「統合」されたと議論している（Friedmann 1993）。戦後日本でも同様に、米国覇権の第２次フードレジームの下で米国モデルが日本に「複製」され、米国中心の複合体に日本が「統合」されていったといえる。米国で形成された加工型畜産やファストフードなどのフードシステムが戦後日本に「複製」され、小麦や大豆など家畜飼料・加工食品原料の大量輸入によって米国中心の農業・食料セクターに「統合」されたのである。

ただし、戦前から商社や大手製粉・製油企業が成長していた日本では、米国中心の複合体に「統合」される中でも、日本側の主体が重要な役割を果たしていた。むしろ、日本側の主体――総合商社や大手製油企業など――が能動的に米国中心の複合体に参画し、第２次フードレジームの中で《米国産大豆→日本の総合商社による輸入→食品コンビナートでの大豆粕・飼料製造→畜産インテグレーション→加工食品・外食産業》という、太平洋を挟んだ大豆・トウモロコシ・畜産複合体を形成したと捉えることができる。そして、植物油に関しては、《米国産大豆→日本の総合商社による輸入→製油企業による食品コンビナートでの製油→食品産業による加工食品の製造・外食産業での利用》という、同じく太平洋を挟んだ「植物油複合体」も形成されていった。

複合体は単に当該商品を取り巻いて形成される静的な諸関係を意味するだけではない。むしろ複合体が能動的に働いて当該商品の供給と需要を増大させ、資本蓄積体制を増強してきたことは本章でも明らかだろう。インテグレーション研究においても、この統合は資本による市場獲得または支配の一戦略に留まらず、「かなり意図的に資本（企業）自体が消費需要を創造しながら、あらゆる手段をもってすすめられている点に特徴がある」と指摘している（インテグレーション研究会 1971：6）。市場を開拓し消費増進を促すことは、利潤を追求する企業にとって当然の行動であり、それを支援することは経済成長を目指す政府にとって当然の政策決定といえるだろう。ただ、このような資本主義の力学が、食料の需要や食生活の変容にも大きく影響していることは、もっと注目されるべきであろう。戦後日本においても、近代以降形成されていた植物油複合体が「もっと油を摂りましょう」と推奨しながら、植物油を身近な食品へと転じて国民生活の隅々まで広めていったのである。

おわりに

本章は、食用油の消費拡大の背景として、敗戦までに強固な生産基盤を確立し、戦後も増産を促す政治経済的諸関係に促されて過剰生産構造を形成した油脂業界と、そこに繋がる産業における企業行動、ならびに日米両国の政府・政府関連機関による政策決定とを歴史的に検証することによって、過剰生産された植物油の市場拡大を図るために、供給側から油脂の需要増加が促されたことを明らかにした。換言すれば、戦後日本は米国覇権下の第２次フードレジームに組み込まれ、その枠組みの中で、日本の総合商社や製油・食品加工・外食・畜産関連の大手企業が、大量輸入・大量生産・大量販売のインテグレーションを発展させ、植物油や動物性食品（肉・卵・乳製品など）を多く摂る食生活を是とする「食の高度化」を促していったのである。

資本主義的生産様式による大量生産体制を確立すれば、その規模に見合うだけの市場を求めて市場開拓の努力をおこなうことは、資本や工業の世界ではむしろ普遍的ともいえる論理である（Wood 1999＝2001）。しかしながら「食」については、「狭い国土による農業生産の限界」や「人口の増加」といった需給問題、あるいは「食の洋風化」など食文化や消費者の嗜好の変化が要因としてあげられ、資本や企業の論理が見落とされる傾向が強い。実際には、本書が日本における植物油複合体の展開を概観した際に、日本の農家の姿がほとんど見えなかったほど、食用油の消費急増の背景には、米国産農産物の輸入を増やしたい米国・日本両政府による政策決定と、戦前から巨大な生産基盤を確立していた油脂業界の企業行動、つまり、需要創出という供給側の政治経済的力学が強く働いていたのである。

フードレジームにおける農業・食料複合体を念頭に戦後日本の食料システムを見直すと、《工業的農業による「世界商品」の大規模栽培→総合商社等による原料輸入→食品コンビナートにおける製粉・製油・製糖・飼料等大手企業による一次加工→加工食品産業による二次加工→流通・小売・外食産業による大量供給→家庭における食用油や「素」食品を使った油料理、「食の高度化」を促す言説に影響された食生活》となり、戦後の資本主義的発展の一翼を担ってきた諸産業が総体として供給する食料システムが形成されていることが明らかだろう。近代的・工業的な農業が資本に包摂されたように、川上から川下までを諸産業が牽引する食料システムに日々の食事を委ねるようになったとき、私たちの「食」も資本によって包摂されたと考えられる。この「資本による食の包摂」について、終章でより深く議論したい。

終　章

資本主義による「食」の変容

> 食と農における第一目的は、人々の健康と幸福（*well-being*）を促進することだ。経済や貿易自由化、政策決定などは、全てこの大衆の健康を向上させるという目的を果たすべきである。もしそうでないならば、それらは拒絶されるべきだ。（*Lang and Rayner, 2002: 3-4;* 筆者意訳）

本書では、資本主義的発展に伴う「食」の変容を明らかにするための一考察として、19世紀後半から1970年代初頭までの日本を対象に、植物油の生産、供給および消費を急増させた植物油複合体の形成過程を政治経済学的アプローチから明らかにしてきた。終章では、まず第1節で、本書において明らかにしえた知見を整理し、それらを踏まえて第2節で、資本主義的発展と「食」の変容に関する考察を総括する。最後に今後に残された課題を述べる。

1　本書の要約

まず、序章では理論的枠組みとして「食」と資本主義を考える研究視座を検討した。欧米における「農業・食料の社会学」を中心に先行研究を整理し、食料問題とは農産物の需給量の問題であり問題の所在は農業・農村にあるとする、「食＝農＝農村」との認識から脱却した三つの研究潮流を整理した。すなわち、①資本による農業の包摂を明らかにした潮流、②食と農に大きな影響力を持つアグリフードビジネスの垂直的・水平的統合の構造を解明した潮流、そして、③食と農を世界経済における資本蓄積体制の核に位置づけて歴史的に考察したフードレジーム論を概観した。本書はその中でも、フードレジーム論における「農業・食料複合体」の概念に注目し、その特徴と限界を検討した。農業・食料複合体概念は、ただ商品連鎖の構造を明らかにするだけではなく、農業・工業・食料を組み込んだ資本蓄積体制である複合体それ自身が、資本蓄積を増強するため能動的に農業と食料を取り込みかつ変容していくダイナミクスを捉えられることが強みである。そのため、本書はこの概念を援用した。

しかし、フードレジーム論が主に米国の歴史的事例に基づき形成された理論であること、また、レギュラシオン理論に基づき世界経済と国民国家との関係や調整に主眼を置いたため、安定(レジーム期)と危機(転換期)との断絶を強調し、他方、農業・食料複合体がレジーム転換を乗り越えて継続的に資本蓄積体制を増強させてきた発展過程を軽視していることに既存の理論枠組みの限界がある。

これらの限界を乗り越えるために、本書は日本における歴史的事例を取り上げ、植物油供給体制の形成とその中心的な担い手であった商社や大手油脂企業の発展過程、およびこれを支えた政策決定に注目した。これにより、第１次フードレジーム、転換期、第２次フードレジームという断絶にかかわらず、資本主義の始まりから継続的に資本蓄積体制を増強してきた複合体の形成および発展過程を明らかにする視座を提起した。

第１章では、満洲産大豆に依存した近代的製油産業誕生の背景に、国内への資本蓄積と産業革命、国際貿易の推進、アジア進出などを図る近代的国家建設プロジェクトがあったこと、そして、その国策遂行の一環として、財閥・政商、国策会社、それらに支えられた大手企業が、大資本主導による資本主義的生産様式としての大豆粕製造・大豆搾油産業を形成したことを論証した。19 世紀後半に開国した日本は、欧米による植民地化を退けながら急速に資本蓄積して産業革命を推進するために、アジア進出と国際貿易の拡大を国策としていた。後発資本主義国としてこの国家建設プロジェクトを急ぎ実施するためにも、政府は既存の財閥資本を中心に政商たちを保護育成した。そして日清戦争・日露戦争を経て満洲を掌握してからは、植民政策を遂行する国策会社として南満洲鉄道株式会社を設立した。これら政府に支援された国策会社・財閥・政商など大資本が、国際貿易の商機を求めてアジアに進出した時、満洲に誕生していた大豆産業を格好のビジネス機会として見出し、満洲産大豆の大豆粕製造・大豆搾油業と、大豆および大豆製品の国際貿易とによって資本を蓄積した。満洲および日本の臨海部に建設された大規模工場で輸入原料から大量生産された大豆粕は、肥料として日本農業の近代化に貢献し、輸出商品の増産を通じて間接的に産業革命そして日本の資本主義的発展を支えた。一方、国内に市場を持たなかった大豆油は欧米に輸出して国際貿易を発展させた。

第2章では、輸入原料と輸出市場に依存して誕生し、第一次世界大戦期の特需に乗じて急成長した近代的油脂産業が、同大戦後に輸出市場を喪失したため、大量生産した商品の販売先を必要として、供給側から積極的に食用・工業用・軍需用の多方面における大豆粕・植物油の用途拡大と市場開拓に尽力したことを明らかにした。鈴木商店を筆頭に大資本が搾油および油脂加工産業を急激に拡張した後に、油脂の主な販売先だった欧米の市場が激減した。そのため、折からの油脂工学における技術革新も活用しつつ、企業が積極的に新商品開発と販売促進活動を展開し、油と粕（大豆蛋白）の新たな用途拡大と市場開拓を推し進めた。その一環として食用大豆油の発売や大豆粕の食品産業への販売も始められた。日本が戦時体制を強める中、支配下に治めていた満洲産大豆と朝鮮・日本近海産の魚油から製造する大豆蛋白および油脂は、重要な軍需関係品として政府・軍部により統制され、その保護と指示の下、軍需工場に指定された大手企業を中心に戦時中も生産および設備投資を続けていた。

第3章では、工業用・軍需用を中心に強固な生産基盤を確立していた植物油複合体が、第二次世界大戦後も続けられた大手優位な政府管理の下、今度は米国産大豆を活用しながら大手主導の植物油供給体制をすみやかに再建し、食用に市場を拡大していった過程を明らかにした。戦時統制による油脂産業の一元化は敗戦によって解除されたが、占領下政府による管理が続き、公団が原料を割当て製品を買い上げる「賃加工方式」となった。海外資産を損失したとはいえ敗戦までに強力な生産基盤を確立していた大手油脂企業は、米国から政策的に大量輸入された大豆を歓迎して再建し、戦後は食用市場に植物油の供給を急増させた。その「海工場」の圧倒的な生産能力には、敗戦後に急遽増産が推奨された国産ナタネや、乱立した小規模搾油所である「山工場」はとうてい太刀打ちできなかったと考えられる。やがて、主に国産ナタネを搾油する「山工場」は、主に輸入原料を大規模に搾油する「海工場」に淘汰されていった。戦前までに構築され、ほぼ同じ大手企業群によって戦後に継続された輸入原料依存体制は、食品コンビナート構想によってさらに強化され、輸入した穀物・油糧種子を大手が「海工場」で処理し、国内の加工食品産業や飼料産業へ供給する体制が強化された。

第４章では、戦前までに確立していた巨大な生産基盤に加え、戦後も増産を促す政治経済的諸関係に促されて過剰生産の構造を形成した油脂業界が、日米両国の政府および政府関連機関などとも連携しながら、むしろ供給側から植物油の市場拡大を図って食用油の需要増加を促したことを明らかにした。戦後、日本は米国覇権下の第２次フードレジームに組み込まれ、その枠組みの中で大量輸入・大量生産・大量販売の食料システムを発展させた。ここに参画した総合商社や製油・加工食品・外食・畜産関係の企業が、言説的にも構造的にも、油脂や動物性食品（肉・卵・乳製品など）を多く摂る食生活へと「食の高度化」を促した。一方では、個人消費を促すために、油脂業界と日本政府機関によるイベント開催や日米共同広報事業による「油をもっと摂りましょう」という消費増進運動が展開された。他方では、豊富な油を使うマーガリン・ショートニング産業や即席麺産業、その他の加工食品産業が発展し、油脂の大口需要者となった。大豆粕についても、米国から導入された加工型畜産が、飼料用大豆粕の大口需要者となった。こうした油と粕を大量消費する食料システムの構築には、食品産業や畜産業のインテグレーション構築を牽引した総合商社の役割も大きかった。

このように、近代以降、工業資材産業・化学産業、もしくは重要軍需産業として活躍していた油脂産業は、戦後には食品産業へと転身した。そして、その産業発展の過程で植物油は大多数の庶民が毎日のように食することができる、安く豊富に供給される日常的な「食品」として広められたのである。

以上、本書が明らかにしえた日本における植物油供給体制の形成過程を踏まえ、次節では、資本主義的発展に伴う「食」の変容を明らかにする研究視座を提起する。

2 資本主義的発展に伴う「食」の変容

本書は日本における近代的油脂産業の形成過程を検討することで、農業・食料に関わる事情より、むしろ国家建設・経済発展のため資本蓄積を目的とした政策決定や財閥・商社を含む大資本の企業行動が、植物油の供給と市場の増大を促してきたことを明らかにした。その上で、資本主義的発展に伴う「食」の変容を明らかにする研究視座として、1 世界的なフードレジームにおける日本の近代的食料システムの形成、2 植物油複合体の成立とレジームを貫いた継続的な発展、3 複合体による能動的な農と食の変容および「資本による食の包摂」について議論する。

2-1 世界的なフードレジームにおける日本の近代的食料システムの形成

本書は、世界的な「食と資本主義の歴史」(McMichael 2003) であるフードレジームの枠組みに日本を位置づけて考察した。その結果、日本における近代的植物油供給体制は、一国の農業・食料に関わる事情だけではなく、日本が世界経済に繋がり、世界的なフードレジームにおいて資本蓄積体制を構築する中で形成されたものであることを明らかにした。

具体的には、まず、第1次フードレジーム(1870～1914年)においては、米国・豪州などいわゆる新大陸植民地(settler-states)から小麦が世界商品として輸出され、英国など産業革命と資本主義的発展を進めていた欧州諸国で賃労働者を養うための安価な食料として輸入されるという国際的分業＝貿易体制が成立していた。このレジームにおいて、小麦や砂糖、一部では動物性食品が新大陸の大規模農業によって大量生産され、世界的に貿易されていたところへ日本は開国した。小麦粉（メリケン粉）や砂糖（洋糖）の輸入が始まり、その輸入を手がけて台頭した鈴木商店などに加えて、三井や三菱など既存の財閥も政商として保護・育成され、日本の政府と大資本は近代的国家建設プロジェクトの一環としてアジアに進出した。そして、満洲産大豆を活用した大豆粕製造・大豆搾油産業とその国際貿易を通じて資本を蓄積した。同時に、満洲において大豆経済を発展させながら、日本においては主に大豆粕を肥料として農業を近代化し、輸出商品（生糸や絹製品）などの増産によって外貨獲得に貢献し、間接的に産業革命を推進した。これを筆者は、日本をアジアの中心とし、満洲を周辺とした形での、アジアの文脈における第1次フードレジームの形成と結論づけた（第1章）。

さらに本書は、既存のフードレジーム論では転換期として見落とされがちだった戦前・戦中期に注目してより詳しく検討した。この時期に日本の政府・軍部や大資本が率いる企業の努力によって、油脂と大豆の用途が幅広く拡大された。また、日本の商社や製油会社も手がけた大豆油の輸出によって、欧米でも大豆が「油糧種子（oilseed）」として認識されるようになった。大豆は第2次フードレジーム（1947～73年）において重要な役割を担う世界商品として発展したが、その一端に日本の主体も寄与していたのである（第2章）。この転換期における大豆と油脂の転化や現在まで繋がる影響、およびその発展過程における日本側主体の働きかけについては、欧米を中心とした先行研究においてはもちろん、国内の先行研究においても見落とされがちだった点として重要である。

第二次世界大戦後に日本は、米国覇権下の第2次フードレジームに組み込まれた。しかし、米国から一方的に余剰農産物を押し付けられたわけではなく、敗戦までに巨大な生産能力を確立していた大手製油企業が米国産大豆を歓迎して受け入れながら自らを再建し、戦後には食用市場に植物油の供給を拡大したことに本書は着目した（第3章）。そして、高度経済成長期へと移行するにつれ、日本は米国中心に形成されていた小麦複合体、大豆・トウモロコシ・家畜複合体、耐久食品複合体による米国モデルを日本に「複製」しつつ、これらの複合体に自らを「統合」していった。一方的に米国からの圧力に屈したわけではなく、日本の総合商社や製粉・製油企業をはじめ、輸入原料に依存して生産基盤を構築した小麦粉、植物油、飼料や動物性食品を多用する加工食品産業や外食産業、畜産業に関わる日本企業が、米国中心の複合体に能動的に自らを「統合」させていったのである。

結論として、日本における植物油供給体制は、世界的なフードレジームの枠組みの中で形成されたものであり、その中で日本もアジアの文脈における第１次フードレジームを牽引し、また戦後には米国中心の複合体の中に自らを「統合」させながら、今日につながる食料システムの一角を構築していったことを新たな知見として提起したい。

2-2　植物油複合体の成立と継続的な発展

本書は、日本において近代以降、財閥など大資本が牽引して輸入原料に基づいた製油産業を形成し、植物油の供給を急激に増大した事例を取り上げることによって、新たに植物油複合体の形成過程を解明した。植物から油を搾り出す搾油業が機械制大工業による資本主義的生産様式に移行することにより、《新世界・植民地における商業的農業による油糧作物の大規模生産→巨大穀物商社・総合商社による集荷と貿易→「海工場」における植物油と油粕の大量生産→油脂を多用する加工食品・外食産業および油粕を飼料とする加工型畜産業の発展→油料理の普及や加工食品・中食・外食による「食の高度化」》という、農業･工業･食料が組み合わさって形成された資本蓄積体制を、本書では「植物油複合体」と提唱した。

植物油の搾油自体は日本でも海外でも古来おこなわれていた。しかし、近代における機械搾油や抽出法などの技術改革によって、含油量の少ない大豆のような油糧種子からも効率的かつ商業的な搾油・製油が可能となり、植物油の大量生産が可能となった。同時に、技術や機械を伴う生産設備に大資本の投資が必要となり、満洲でも日本を含む外資によって「機械油房」が設立され、日本では大倉財閥や鈴木商店など大資本が牽引して近代的製油産業が形成された。

大資本が満洲産大豆を搾油するため臨海部に建設した大規模な搾油工場は「海工場」として、国産の油糧作物を搾油していた小規模な「山工場」と対比した形で、その違いが業界では早くから認識されていた。本書は、資本が技術と機械を備えて設立した機械制大工業として「海工場」の意義を捉え直し、ここに搾油業が資本主義的生産様式へ移行したと論じてきた。欧米から油脂工学の技術や機械を導入することで、油脂産業は職人業から高度な技術と設備を要する化学工業へと移行し、さらなる資本の投資を必要とする産業となった。

技術の進歩にも助けられながら、油脂産業がその主たる商品を時代に合わせて柔軟に変更しながら発展してきたことも確認したとおりである。まずは肥料用の大豆粕製造を主たる目的として誕生した日本の近代的製油産業は、食用・非食用を含む幅広い工業の原料として油と粕の供給を拡大し、さらに戦時中には軍需関係品を製造する重要軍需産業にもなった。第二次世界大戦後には食用市場向けに植物油の供給が拡大され、大豆粕は畜産業の飼料用として供給された。

他方、原料の調達先も時代に合わせて調整されてきた。資本による機械制大工業は、その大量生産を支える原料を容易に大量調達できる輸入に求め、そのためにも海運に便利な臨海地域に大規模工場を建設した。日本の近代的製油産業は満洲産大豆の輸入に依存して誕生し、戦後にはそれを米国産大豆へと代替した。本書では詳しく扱えなかったが、1970年代以降にはセラード開発（青木 2002）によりブラジルなど南米からの大豆輸入を増やし、また現在は、日本・ブラジル・モザンビーク三国間協力によるProSavanna計画によりアフリカに新たな大豆供給地を形成しようと目論んでいる。安冨歩が「大豆が森林を食いつぶす」プロセスが満洲から始まり今日まで世界中で続いていると指摘したように（安冨 2015：102）、世界商品としての大豆は現在に至るまで、農業・食料においてはもちろん、政治経済関係および外交にも大きな影響力を持つ主要農作物として発展してきた。大豆の世界商品としての発展過程に、日本が深く関わり大きな影響力を残してきたことは、今後の研究においてさらに深められるべき論点である。

こうして、原料調達先や商品および市場を柔軟に調整しながら、植物油複合体は、その重要な主体である商社や大手油脂企業に牽引されて、19世紀後半から1970年代初頭まで継続的に発展してきたことを本書は明らかにした。本書が取り上げた商社や大手企業はほとんどが現在も健在で、今日の食料システムに影響を与え続けている。植物油複合体は、農業や食料を組み込みつつも、その主たる目的は世界経済における資本蓄積体制の形成と増強であるため、その原料や市場、さらにはその構成する企業や産業を柔軟に編成しながら発展を続けてきたといえる。加えて、生産基盤を「海工場」に置き、世界商品を取り扱うことが、その柔軟性の向上に寄与したと考えられる。その意味でも、日本の歴史的事例を取り上げ、「海工場」の意義を改めて考察し、総合商社や大手製油企業を主体とする植物油複合体の歴史的な形成過程に着目することは、農業・食料複合体がレジームの変遷を貫いて継続的にその資本蓄積体制を増強してきたことを明らかにするために重要である。

日本には慣習的な「海工場」と「山工場」の対比や、後発資本主義国として近代化を推し進めた歴史的事例、それを担った財閥や総合商社に関する研究蓄積があったため、搾油業の資本主義的生産様式への移行を明確に把握し、植物油複合体の継続的な発展を明らかにすることができた。しかし似たような「海工場」は産業革命期の英国や現在の中国にも見られる。つまり、「海工場」を通じて世界経済における農業・食料複合体に繋がる事例は、日本の過去に留まらず、地域や時代を超えて見られる事象であることが予見される。これらについては今後の研究課題としたい。

2-3 農業・食料複合体による能動的な農と食の変容 ——資本による「食」の包摂

機械制大工業へと移行した油脂産業は、資本主義的生産様式による大量生産体制を確立したため、その商品を販売するために規模に見合う市場を必要とした。本書では、「海工場」を中核とする大手主導の油脂産業が、その大量生産した商品の市場を確保するために懸命の企業努力をおこなってきたことを確認した。1920年代に大豆粕の肥料用としての需要や油脂の欧米への輸出市場を失った後は、様々な産業における工業原料として粕と油の用途を拡大し販路を新設するなど、国内市場を創出するための懸命な企業努力をおこなった。戦時期には軍需用に油脂製品の重要性を政府や軍部に訴え、自らも技術開発や研究を進めて様々な軍需関係品を製造した。戦後には、油脂業界や関連の業界が日本と米国の政府・関係機関とも協力しながら、食用油の消費増進のためにPRキャンペーンを大々的に展開し、供給側から食用油の需要拡大を促した。個人消費に加えて、むしろそれ以上に、油の大口需要者として大量の油脂を使う加工食品産業や外食産業、粕の大口需要者として加工型畜産業が成長し、油と粕の需要増加がさらに促されたのである。

こうして、《工業的農業による世界商品作物の大規模生産→総合商社等による穀物・油糧種子の輸入→食品コンビナートにおける製粉・製油・製糖・飼料等大手企業による一次加工→加工食品産業による二次加工→流通・小売・外食産業による大量供給→家庭における食用油や油脂加工商品を使った料理の普及、「食の高度化」を促す言説に影響された食生活》という、「食べられる商品（edible commodity)」を供給する複合体が形成された。これは資本主義社会を構成する諸産業の総体としての「資本主義的食料システム（capitalist food system)」（Holt-Giménez 2017）の一角を構成していると考えられる。

植物油複合体を例に、フードレジームにおける農業・食料複合体が能動的に農と食を変容する構造は図終－1のように整理できるだろう。

この図を説明すると、植物油複合体において「海工場」における機械制大工業へと移行した製油産業が、その大量生産体制に適した原料の大量調達を求めた。日本の製油産業はこれをまずは満洲産大豆に求め、戦後は米国産大豆、後にはブラジルなどと調達先を柔軟に変更してきた。

原料の生産地においては、世界商品となった農作物を大量生産するために農業の工業化・大規模化が進められる。大豆の場合では、まずは満洲の森林が開拓されて大豆が増産され、鉄道と海運で世界市場に繋がり、1930年代頃までに満洲が世界的な大豆生産・輸出地となった。第二次世界大戦後には米国が世界的な大豆生産・輸出国となったが、米国においても「新大陸」の肥沃な沃土を消耗する「略奪農法」によって農業の大規模化が進められた背景

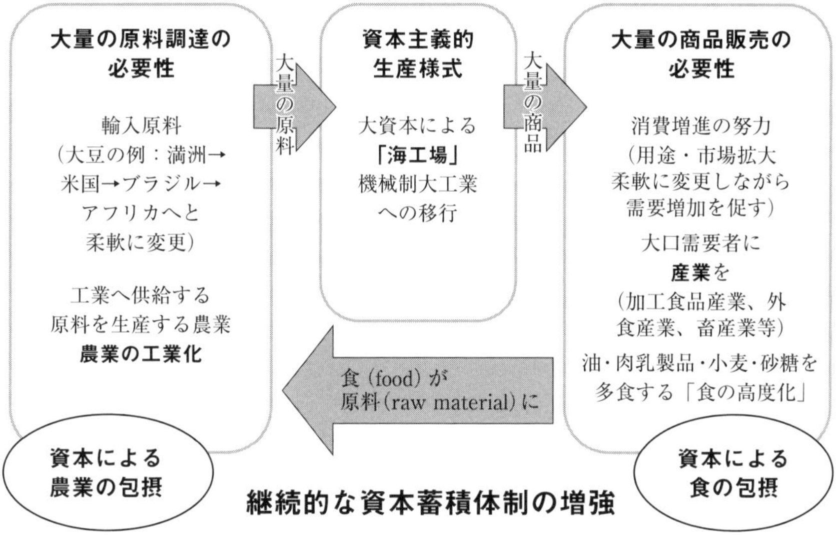

図終－1　植物油複合体による食と農の変容
出所：筆者作成。

があった。そして1970年代には、ブラジル・セラードの低木林や草地帯に大豆畑が拡張され、それがアマゾン熱帯森林の伐採へも繋がりながら大豆や食肉の生産を増加させた。大豆など油糧種子は、現在も「需要増加」に応えるため、さらなる増産が世界的に必要とみなされている。

視点を消費側に移せば、機械制大工業で大量生産された植物油や大豆粕など商品を販売するための市場が求められる。規模に見合った市場を確保するために、過剰生産気味な供給側から消費増進の努力が積極的におこなわれ、また、加工食品や畜産業など関連産業が複合体に合流して植物油や大豆粕の需要を構造的に押し上げた。広告・販売促進などのマーケティング活動や「栄養改善」の言説なども活用しながら、供給側から「需要増加」を促す働きかけがあり、油や肉・乳製品を使った「食品」が安価に大量に供給され、油や動物性食品を多く食する「食の高度化」を促したのである。

新商品開発や市場開拓の努力は、資本や産業の世界では普遍的ともいえる当然の論理である。資本主義においては「競争、蓄積、利潤最大化」が命法であり、「資本主義は、絶えず蓄積し、絶えず新たな市場を求め、新たな生活領域と生活分野にその命法を絶えず押しつけ、すべての人類と自然環境にその命法を絶えず押しつけることが可能であり、またそうせざるを得ない」ものである（Wood 1999＝2001：102）。しかしながら「食」の分野においては、資本主義的生産様式に基づく食料システムでありながら、その競争・蓄積・利潤最大化の論理が見落とされる傾向が強い。

資本主義的発展に伴い形成された農業・食料複合体は、世界経済における資本蓄積体制として継続的にその増強が図られる。供給側において農業の大規模化・工業化が推進され「資本による農業の包摂」が進んだことは先行研究でも明らかにされてきた。これに対して本書は、「食」の分野においても、原料の調達から食材製造・食品加工、流通・販売、さらには「あるべき食生活」の言説形成に至るまで、商社や食材・飼料産業、加工食品・外食産業、畜産業、流通・小売などの関連産業が総体として「食の高度化」を促してきたことを論証した。これは「資本による食の包摂」と捉えることができる。植物油が安く豊富に供給される日常的な食品として普及されるまでには、農業・食料に関わる事情をはるかに超越した政治経済的力学が関与していた。資本主義的発展に伴い植物油が日常的な食品へと転化したように、私たちの「食」は資本に包摂され、資本の論理によって変容されてきたのである。

いわゆる「食の高度化」は日本の過去に限らず、現在も中国・インドを含むアジア諸国やアフリカなど途上国へ拡張され続けている。グローバルに展開する複合体が資本蓄積体制を増強するにつれ、「資本による食の包摂」が推進され、さらに多くの原料を調達するために「資本による農業の包摂」も推進されるだろう。「食」における諸問題を解明するためには、「食」が資本蓄積体制に組み込まれているとの認識を持つことが重要であり、そのためにも「資本による食の包摂」という視座が有効であると考えられる。

3 今後の研究課題

本書には以下のような課題も残されている。

第１に本書は、「食の西洋化」「食の高度化」による需要増加が植物油供給の増加を促したという一般的な説明に疑問を呈するため、あえて今まで見落とされてきた供給側の政治経済的諸関係に主眼を置いた。そのため政策決定と企業側の動向に焦点が偏っている。憧れを含めた消費者の嗜好や生活様式の変化など、油料理や加工食品、中食・外食を求める需要側の行動や意思決定に様々な言説的・文化的・社会的要因が関係していることも充分認識している。需要と供給のどちらが生産拡大を牽引するかを実証するのは困難であり、こと油脂については消費実態に関する数値データに困難があるが、その実態に接近するため、より多方面からの幅広いアプローチによる調査研究を進める必要がある。

第２に本書は、日本における植物油、とくに大豆油を中心とした複合体の形成過程を明らかにした。その他の油脂や食材、例えば小麦や砂糖、飼料についても似たような過程が垣間見られたが、その体系的な分析は今後の研究課題としたい。

第３に、植物油供給体制の形成過程について日本の歴史的事例はより顕著な事例ではあったが、これは世界的なフードレジームにおける油脂全般の生産増加の中で進行した。筆者は修士論文（Hiraga 2012）から世界的な植物油複合体（global vegetable oil complex）について示唆してきたが、それが形成された過程について、そしてその現在のグローバル展開の実態については、今後研究を深めたい。

最後に、本研究は資本主義的発展と「食」の変容についての一考察に過ぎない。「資本による農業の包摂」については国内外に研究蓄積があるが、「資本による食の包摂」については、先行研究とくに日本では見落とされてきたため、本書が挑戦的に提起したものである。この視座を試し発展させることは、日本に限らず他の地域や他の時代においても、資本主義的経済に組み込まれた時に引き起こされる「食」の諸問題を解明するために有益だと考えられる。この視座のさらなる発展を含めた今後の研究が求められる。

あとがき

かつて私は、丹波の農村にいわゆる「田舎暮らし」をしながら、バイオディーゼル燃料を手づくりする方法を紹介していた時期があった。町の食堂から天ぷら油をもらい、油が腐ったりギトギトに固まったりすることも実体験しながら、油について学び、危険物取扱者免状を取得したこともある。自分では天ぷらも揚げ物もしなかったが。そんな私が市民活動を諦めて大学院に移り、現在の食料システムについて体系的に学び直したとき、私たちの食生活に広く深く浸透している植物油について、あまりに研究が少ないことに驚いた。小麦粉や砂糖や動物性食品（肉・卵・乳製品など）については、とくに海外においてその歴史や社会科学的な研究が多数あったのに。それが、植物油の政治経済学に取り組み始めたきっかけだった。

バイオ燃料づくりを通じて、「食用油」として販売されている見た目や味は同じような油も、分子の形が違えば益にも害にもなり化学反応も異なる別物であることを体感した。脂肪酸は同じ油でも、植物油の製法にはただ押しつぶしただけのもの（低温圧搾）もあれば、薬品で溶かし出したもの（抽出）もある。そして、これほど油が日常の食生活に氾濫するようになった背景を調べ始めると、あっという間に満洲の荒野に連れ込まれ、日本の帝国主義や植民地支配から、財閥や戦争、そして資本主義の発展まで考える羽目に陥った。

石油が幅を利かせる第二次世界大戦後までは、動物や植物由来の油脂が今日の石油が担っているかなりの部分――素材や塗料、爆薬や燃料まで――を担っていたのだから、国家や大資本が絡んでいたのは当然かもしれない。植物油を石油と代替可能な似た者同士と私が認識していたのも、手づくりバイオディーゼル燃料でワゴン車を稼働していた経験があったからだろう。バイオディーゼルを作る化学反応は油脂からグリセリンを製造するために考案されたこともあり、食卓の油と爆薬と戦争は、私の中ではすぐ直結した。

それなのに、「食」や環境問題に取り組む研究者たちが、植物油は必須な食料という前提を崩さず、その大量供給を当然必要なものとして疑わないことに疑問をいだいた。もちろん脂質は必須栄養素であり、人類は古来植物性脂質も摂取してきたけれど、それは木の実や作物に含まれた形で食していたのであり、熱や薬品で搾り出した油をなみなみと使って料理したり、さらに加工したりして食していたのではない。これほど複雑で繊細な油の分子をこれほど加工した物質が、もともと植物に含まれていた脂質と同じモノだとは、私には思えなかった。

こうして、気がつけば油の世界にドロドロと沈み込み、併せて経済学の世界にも踏み込んだことから、植物油の事例に基づき「食」と資本主義の発展を考えるようになった。

「食べもの」と「商品」を分けて考えるようになったのは、バイオ燃料とアグロ燃料を分けた言説に教えられ、佐久間智子さんたちと一緒に講演した2010年頃だった。金融の実社会への影響については、香港の金融界で働いていたころから関心を持っていたが、お金の世界に巻き込まれた「食」という考えは、東日本大震災の後にご縁をいただいた「使い捨て時代を考える会」の槌田劭さんからも伺った。その他にも市民社会の活動で培った視点が「食」と資本主義の歴史を考える中で膨らみ、それを学術的に強固なものにすることが自分の役割と思い始めた。

ゴクゴクとそのまま飲んだり食べたりしない植物油の「需要」がどうしてこれほど増加し続けるのか、搾り出すのが大変な植物油がなぜこれほど安く大量に出回っているのか。バイオディーゼルづくりのために廃油を集めながら、そんな素朴な問が溜まっていたのかもしれない。

本書は2018年4月に京都大学大学院経済学研究科に提出した博士学位論文「資本主義的発展に伴う食の変容――日本における植物油供給体制の形成過程」をもとに、加筆・修正を加えたものである。本書の出版には同研究科から平成30年度若手研究者の優秀学位論文等出版事業によるご支援を受けた。本書は博論執筆時にほとんど書き下ろしたが、一部発表した論文を日本語で書き直し、または加筆修正して含んでいる。

- HIRAGA, M. and HISANO, S. "The First Food Regime in Asian Context? Japan's capitalist development and the Making of Soybean as a Global Commodity in the 1890s-1930s" *Working Paper Series, The Asian Platform for Global Sustainability & Transcultural Studies, Kyoto University.* 2017, (online).
- 平賀緑「『山工場』から『海工場』へ——輸入作物に依存した植物油複合体の成立過程」、地域経済研究会『資本と地域』第12号、2017年、48～61頁。

ここにたどり着くまでに、たくさんの方々にお世話になりました。本当にありがとうございました！

直接的には、博士論文の審査を務めてくださった久野秀二先生、岡田知弘先生、田中彰先生に感謝申し上げる。とくに久野先生と岡田先生には、京都大学大学院への編入時から長年ご指導いただいた。両先生に、農業・農村社会学、地域経済学から、グローバルに展開するアグリフードビジネスや社会運動などの国際政治経済学まで、幅広い研究分野と理論的視座から私の研究をご理解いただけ、幸いだった。大学および先生方には、授業料免除や国際学会参加のための渡航費・海外調査の機会など予算的にもご支援・ご配慮いただいた。また、突然アカデミアに飛び込んだために学術的基盤が弱かった私に、理論や研究手法などを含めて私を支えてくださった久野先生はじめ同院ゼミの留学生たちや岡田先生はじめ同院ゼミのみなさんにも感謝する。大学提携や国際学会で私の研究を評価し指導してくださったワーヘニンゲン大学の先生方や国際社会学会「農業・食料の社会学」部門（ISA RC40）の先生方、その他、国内外で支えてくださった多くの先生方に感謝したい。

加えて、実際に私の拙文を読んで修正するという労苦を個人的な好意によって担ってくださった坂本清彦先生、中倉智徳さん、大貫菜穂さん、守田敏也さん、山田晴美さんにも感謝を述べたい。出版までの作業を幸いにも中野一新ゼミの先輩でもある昭和堂の越道京子さんにご尽力いただき、本当にお世話になった。

私が大学院に入る前そして入った後も応援し支えてくださった市民社会の

みなさまにも本当にありがとうございましたと伝えたい。とてもすべての名前を列記はできないが、京都・関西圏を中心とするお母さんグループや、食料・農業問題に取り組む市民グループのみなさん、NGO・NPO団体のみなさん、そしてかつて丹波や市島でお世話になり、ときにはぶつかることもあった、大家さんや村のみなさん。大きな回り道はしたが、学術界だけでなく実社会における体験と、各地でよりよい社会のためにがんばっている方々とのつながりが、今の私を支えてくれている。

また、両親にとって、海外を放浪したあげく定職にも就かず、不惑の年を過ぎて摩訶不思議な学術界に入った私の人生は理解しがたいものだと思うが、呆れて心配しながらも遠くから見守ってくれた。広島の原爆で親を失い中卒で働き始め、理不尽な学歴社会のなか苦労して定年まで勤め上げて私たちを育ててくれた父と、子どものころから家事をこなし高卒で就職・結婚・専業主婦という純家庭人な人生を歩んだ母と、それぞれ家庭を築き毎日料理している姉妹たちにも感謝を述べたい。

最後に感傷的になることを許していただけるなら、私に「命を食す」ことを身をもって教えてくれた鳥たち――丹波の農村で育てた鶏や鴨やガチョウたち――にも感謝したい。「食料」「食品」と気安く呼ぶ全てのものが、生を中断された他者の命だったことを、彼らの犠牲の上に身をもって学ばせてもらった。この経験は「食」を語る今も私の基盤にある。私がこの手で断頭して捌いて食した名もなき鳥たちに加えて、私の力不足のために無益に死なせてしまった鳥たち、生きられないと私が決めて私の手の中で文字通り握りつぶしたヒヨコの小さな命にも、詫びと感謝を述べたい。

そして誰よりも、10年を越える年月を共に生き、一番多くを教わった、今は亡き元夫キース・アディソンに、感謝を込めて。

2019年2月1日

平賀　緑

参考文献・資料一覧

1. 英語文献・資料

Bair, J. (2005) "Global Capitalism and Commodity Chains: Looking Back, Going Forward", *Competition and Change*, 9(2), pp.153-180.

Bernstein, H. (2010) *Class Dynamics of Agrarian Change*, Kumarian Press: Boulder.

Bernstein, H. (2016) "Agrarian political economy and modern world capitalism: the contributions of food regime analysis", *The Journal of Peasant Studies*, 43(3), pp.611-647.

Berlan, J., Bertrand, J. and Lebas, L. (1977) 'The Growth of the American "Soybean Complex"', *European Review of Agricultural Economics*, 4(4), pp.395-416.

Bonanno, A. (2009) "Sociology of Agriculture and Food Beginning and Maturity: the Contribution of the Missouri School (1976-1994)", *Southern Rural Sociology*, 24 (2), pp.29-47.

Buck, J. L. (1930) *Chinese Farm Economy: a Study of 2866 Farms in Seventeen Localities and Seven* Provinces *in China*, the University of Nanking and the China Council of the Institute of Pacific Relations by the University of Chicago: Chicago.

Burch, D. (2005) "Ch. 12 Production, Consumption and Trade in Poultry: Corporate Linkages and North–South Supply Chains", in Fold, N. and Pritchard, B. (eds.), *Cross-Continental Food Chains*, Routledge: Oxon, pp.166-178.

Burch, D. and Lawrence, G. (2009) "Towards a Third Food Regime: Behind the Transformation", *Agriculture and Human Values*, 26(4), pp.267-279.

Buttel, F. H., Gillespie, G. W. Jr. and Larson, O. F. (1990) *The Sociology of Agriculture*, Greenwood Press: New York.〔= F. H. バトル、O. F. ラーソン、G. W. ギレスピー Jr. 著、河村能夫・立川雅司監訳 (2013)『農業の社会学——アメリカにおける形成と展開』(MINERVA 社会学叢書) ミネルヴァ書房〕

Buttel, F. H. (2001) "Some Reflections on Late Twentieth Century Agrarian Political Economy", *Sociologia Ruralis*, 41(2), pp.165-181.

Clapp, J. (2014) "Financialization, Distance and Global Food Politics", *Journal of Peasant Studies*, 41(5), Routledge: Abingdon, pp.797-814.

Clark, S. E., Hawkes, C., Murphy, S. M., Hansen-Kuhn, K. A. and Wallinga, D. (2012) "Exporting Obesity: US Farm and Trade Policy and the Transformation of the Mexican

Consumer Food Environment", *International journal of occupational and environmental health*, 18(1), pp.53-64.

Dixon, J. (2002) *The Changing Chicken: Chooks, Cooks and Culinary Culture*, University of New South Wales Press: Sydney.

Dyer, D., Dalzell, F. and Olegario, R. (2003) *Rising Tide: Lessons from 165 Years of Brand Building at Procter and Gamble*, Harvard Business School Press: Watertown.〔＝デーヴィス・ダイアー、フレデリック・ダルゼル、ロウェナ・オレガリオ著、足立光・前平謙二訳 (2013)『P&Gウェイ――世界最大の消費財メーカーP&Gのブランディングの軌跡』東洋経済新報社〕

Eisenschiml, O. (1929) "Domestic Soya Bean Oil", *Journal of the American Oil Chemists Society*, 6(4), pp.15-19.

Fan, S., Gulati, A. and Dalafi, S. (2007) "Ch. 2 Overview of Reforms and Development in China and India", in Gulati, A. and Fan, S. (eds.), *The Dragon and the Elephant: Agricultural and Rural Reforms in China and India*, International Food Policy Research Institute, Johns Hopkins University Press: Baltimore, pp. 10-44.

FAO (Food and Agriculture Organization of the United Nations) (2009) *The State of Food and Agriculture 2009: Livestock in the Balance*, FAO: Rome.

Friedland, W.H. (1984) "Commodity Systems Analysis: An Approach to the Sociology of Agriculture", in Schwarzweller, H. K. (ed.), *Research in Rural Sociology and Development: A Research Annual*, AI Press: Greenwich, pp.221-235.

Friedland, W.H. (2005) "Commodity Systems: Forward to Comparative Analysis", in Fold, N. and Pritchard, B. (eds.), *Cross-continental Food Chains*, Routledge: London, pp.39-51.

Friedland, W. H., Busch, L., Buttel, F. H. and Rudy, A. P. (eds.) (1991) *Towards a New Political Economy of Agriculture*, Westview Press: Boulder.

Friedland, W.H., Barton, A.E. and Thomas, R.J. (1981) *Manufacturing Green Gold: Capital, Labor, and Technology in the Lettuce Industry*, Cambridge University Press: New York.

Friedmann, H. and McMichael, P. (1989) "Agriculture and the State System: The Rise and Decline of National Agricultures, 1870 to the Present", *Sociologia Ruralis*, 29(2), pp.93-117.

Friedmann, H. (1991) "Changes in the International Division of Labor: Agri-food Complexes and Export Agriculture", in Friedland, W. H., Busch, L., Buttel, F. H., and Rudy, A. P. (eds.), *Towards a New Political Economy of Agriculture*, Westview Press: Boulder, pp. 65-93.

Friedmann, H. (1993) "The Political Economy of Food: a Global Crisis", in *New Left*

Review, no. 197, Jan./Feb. pp.29-57.（＝ハリエット・フリードマン著、渡辺雅男・記田路子訳『フード・レジーム――食料の政治経済学』こぶし書房、pp.13-61）

Friedmann, H. (2016) "Commentary: Food Regime Analysis and Agrarian Questions: Widening the Conversation", *Journal of Peasant Studies*, 43(3), pp.671-692.

George, S. (1977) *How the Other Half Dies: The Real Reasons for World Hunger*, Penguin: New York.〔＝スーザン・ジョージ著、小南祐一郎・谷口真里子訳 (1984)『なぜ世界の半分が飢えるのか――食糧危機の構造』朝日新聞社〕

Gereffi, G., and Korzeniewicz, M. (ed.) (1994) *Commodity Chains and Global Capitalism (Contributions in Economics and Economic History No. 149)*, Greenwood Press: Westport.

Gilmore, R. (1982) *A Poor Harvest: The Clash of Policies and Interests in the Grain Trade*, Longman: New York.〔＝リチャード・ギルモア著、中山善之訳 (1982)『世界の食糧戦略』ティビーエス・ブリタニカ〕

Goodman, D., Sorj, B. and Wilkinson, J. (1987) *From Farming to Biotechnology*, Basil Blackwell: Oxford.

GRAIN (2008) "Contract Farming in the World's Poultry Industry", GRAIN, (Online) Available at: http://www.grain.org/article/entries/653-contract-farming-in-the-world-s-poultryindustry (accessed 27 Sep 2012).

GRAIN (2010) "Big Meat Is Growing in the South", GRAIN, (Online) Available at: http://www.grain.org/article/entries/4044-big-meat-is-growing-in-the-south (accessed 5 Aug 2012).

Hall, D. (2015) "The Role of Japan's General Trading Companies (*Sogo-shosha*) in the Global Land Grab", Conference Paper No. 3 for the Land grabbing, conflict and agrarian-environmental transformations: perspectives from East and Southeast Asia, 5-6 June 2015, Chiang Mai University.

Heffernan, W. D. and Constance, D. (1994) "Transnational Corporations and the Globalization of the Food System", in Bonanno, A., Busch, L., Friedland, W. H., Gouveia, L. and Mingione E. (eds.), *From Columbus to ConAgra: The Globalization and Agriculture and Food*, University of Kansas Press: Lawrence, pp. 29-51.

Heffernan, W., Hendrickson, M. and Gronski, R. (1999) "Consolidation in the Food and Agriculture System", *The National Farmers Union, 5.*

Hendrickson, M. and Heffernan, W. (2002) "Opening Spaces through Relocalization: Locating Potential Resistance in the Weaknesses of the Global Food System", *Sociologia Ruralis*, 42(4), Wiley-Blackwell on behalf of the European Society for Rural Sociology, pp.347-369.

Hiraga, M. (2012) "How does Trade Liberalisation Facilitate Nutrition Transition? Examples of Structural Changes in China and India's Vegetable Oil and Animal Feed Supply Chains and their Dietary Impact", MSc thesis submitted to the Centre for Food Policy, Department of Sociology, School of Arts and Social Sciences, City University London.

Hiraga, M. (2015) "Sucked into the Global Vegetable Oil Complex: Structural Changes in Vegetable Oil Supply Chains in China and India, Compared with the Precedents in Japan", in Hongladarom, S. (ed.), *Food Security and Food Safety for the Twenty-first Century*, Springer: Singapore, pp. 179-194.

Holt-Giménez, E. (2017) *A Foodie's Guide to Capitalism: Understanding the Political Economy of What We Eat*, Monthly Review Press: New York.

Hopkins, T. and Wallerstein, I. (1977) "Patterns of Development of the Modern World-system", *Review (Fernand Braudel Center)*, 1(2), pp.111-145.

Huang, J. and Rozelle, S. (2007) "Ch. 13 Gains from Trade Reform: The Likely Impact of China's WTO Accession on its Agriculture", in Gulati, A. and Fan, S. (eds.), *The Dragon and the Elephant: Agricultural and Rural Reforms in China and India*, International Food Policy Research Institute, Johns Hopkins University Press: Baltimore, pp. 283-300.

Humphrey, J. and Schmitz, H. (2000) *Governance and Upgrading: Linking Industrial Cluster and Global Value Chain Research (Vol. 120)*, Institute of Development Studies: Brighton.

Hsu, H. (2001) "Policy Changes Continue To Affect China's Oilseeds Trade Mix", USDA, (Online) available at: http://www.ers.usda.gov/publications/wrs012/wrs012h.pdf (accessed 24 Jun 2012).

IATP (Institute for Agriculture and Trade Policy) (2011) "Feeding China's Pigs: Implications for the Environment, China's Smallholder Farmers and Food Security", (Online) Available at: http://www.iatp.org/files/2011_04_25_FeedingChinasPigs_0.pdf (accessed 7 April 2012).

Jones, G. (2005) *Multinationals and Global Capitalism: From the Nineteenth to the Twenty First Century*, Oxford University Press: Oxford.

Jones, G. (2006) "The End of Nationality? Global Firms and 'Borderless Worlds'", *Zeitschrift für Unternehmensgeschichte,* 51(2), Verlag de Gruyter: Berlin, pp.149-165.

Ke, B. (2007) "Ch. 11 Agricultural Marketing Reforms in China: Striking a Balance between Sequencing and Speed", in Gulati, A. and Fan, S. (eds.), *The Dragon and the Elephant: Agricultural and Rural Reforms in China and India*, International Food Policy Research

Institute, Johns Hopkins University Press: Baltimore, pp.239-263.

Kloppenburg, J. R. (2004) *First the Seed: The Political Economy of Plant Biotechnology*, 2nd ed., University of Wisconsin Press: Madison.

Kneen, B. (2002) *Invisible Giant: Cargill and Its Transnational Strategies*, 2nd ed., Pluto Press: London.〔＝ニーン・ブルスター著、中野一新監訳（1997）『カーギル――アグリビジネスの世界戦略』大月書店〕

Kimura, A. H. (2013) *Hidden Hunger: Gender and the Politics of Smarter Foods*, Cornell University Press: Ithaca.

Lacy, W. B. and Busch, L. (1983) "Informal Scientific Communication in the Agricultural Sciences", *Information Processing and Management*, 19(4), pp.193-202.

Lang, T., Barling, D. and Caraher, M. (2009) *Food Policy: Integrating Health, Environment and Society*, Oxford University Press: Oxford.

Lang, T. and Rayner, G. (eds.) (2002) "Why health is the key to the future of food and farming: a report on the future of farming and food". London: Thames Valley University.

Lappé, F. M. and Collins, J. (1979) *Food First: Beyond the Myth of Scarcity*, Ballantine Books: New York.〔＝フランセス・ムア・ラッペ、ジョセフ・コリンズ著、鶴見宗之介訳（1982）『食糧第一――食糧危機神話の虚構性を衝く』三一書房〕

Lappé, F. M., Collins, J. and Rosset, P. (1998) *World hunger: 12 myths*, Grove Press: New York.

Maxwell, S. and Slater, R. (2003) "Food Policy Old and New", *Development Policy Review*, 21(5-6), pp.531-553.

McCarrison, S. R. (1936) "Nutrition and National Health", *British Medical Journal*, 1(3921), 427.

McCarrison, S. R. (1953) *Nutrition and National Health*, Faber and Faber: London.

McMichael, P. (2000) "A Global Interpretation of the Rise of the East Asian Food Import Complex", *World Development*, 28(3), pp.409-424.

McMichael, P. (2005) "Global Development and The Corporate Food Regime", in Buttel, F. H. and McMichael, P. (eds.) *New Directions in the Sociology of Global Development* (*Research in Rural Sociology and Development, Volume 11*), Research in Rural Sociology and Development, Emerald: Amsterdam, pp. 265-299.

McMichael, P. (2013) *Food Regimes and Agrarian Questions*, Fernwood Publishing: Halifax.

McMichael, P. (2016) "Commentary: Food regime for thought", *The Journal of Peasant Studies*, 43(3), pp.648-670.

McMichael, P. and Kim, C. K. (1994) "Japanese and South Korean Agricultural Restructuring in Comparative and Global Perspective", in McMichael, P. (ed.), *The Global Restructuring of Agro-Food Systems*, Cornell University Press: Ithaca, pp.21-52.

Mintz, S. (1985) *Sweetness and Power: The Place of Sugar in Modern History*, Viking-Penguin: New York. 〔＝シドニー・ミンツ著、川北稔・和田光弘訳（1988）『甘さと権力』平凡社〕

Morgan, D. (1979) *Merchants of Grain: The Power and Profits of the Five Giant Companies at the Center of the World's Food Supply*, Viking-Penguin: New York. 〔＝ダン・モーガン著、NHK 食糧問題取材班監訳（1980）『巨大穀物商社――アメリカ食糧戦略のかげに』日本放送出版協会〕

Murphy, S., Burch, D. and Clapp, J. (2012) "Cereal Secrets: The World's Largest Grain Traders and Global Agriculture", Oxfam Research Reports.

Price, W. A. (1939) *Nutrition and Physical Degeneration: A Comparison of Primitive and Modern Diets and Their Effects*, Harper and Brothers: New York. 〔＝ウェストン・プライス著、片山恒夫訳（1978）『食生活と身体の退化――未開人の食事と近代食・その影響の比較研究』豊歯会刊行部〕

Prime, P., Subrahmanyam, V. and Lin, C. (2012) "Competitiveness in India and China: the FDI Puzzle", *Asia Pacific Business Review*, 18(3), pp. 303-333.

Pritchard, B. and Burch, D. (2003) *Agri-food Globalization in Perspective: International Restructuring in the Processing Tomato Industry*, Ashgate Publishing: Farnham.

Sano, S. (2016) "Strategies of Japanese Trading Companies Under Neoliberalism: The Case of Grain Sector in Brazil", *Toyo University, Faculty of Economics Working Paper Series* No.21, pp.1-17.

Shaw, N. (1911) *Soya Bean of Manchuria*, Statistical Dept. of the Inspectorate General of Customs: Shanghai.

Solt, G. (2014) *The Untold History of Ramen: How Political Crisis in Japan Spawned a Global Food Craze*, University of California Press: Berkeley. 〔＝ジョージ・ソルト著、野下祥子訳（2015）『ラーメンの語られざる歴史』国書刊行会〕

Sun, R. (2011) "Growth and Change in the Chinese Feed Market", *Feed International*, April 2011,（Online）Available at: http://www.fi-digital.com/fi/20110304, pp.12-13, (accessed 26 Aug 2012).

Trager, J. (1973) *Amber Waves of Grain: The Secret Russian Wheat Sales that Sent American Food Prices Soaring*, Arthur Fields Books: New York. 〔＝ジェームズ・トレイジャー著、坂下昇訳（1975）『穀物戦争――アメリカの「食糧の傘」の内幕』東洋経済新

報社〕

Topik, S., Marichal, C. and Frank, Z. (eds.) (2006) *From Silver to Cocaine: Latin American Commodity Chains and the Building of the World Economy, 1500-2000*, Duke University Press: Durham.

USDA (2009) "Japan Agricultural Situation: The History of U.S. Soybean Exports to Japan 2009" Foreign Agricultural Service GAIN Report, (Online) Available at: https://apps.fas.usda.gov/gainfiles/200901/146327093.pdf (accessed 13 Nov 2016).

Wilson, C. (1954) *The History of Unilever*, vol. 1., Cassell and Co: London.

Winson, A. (2013) *The Industrial Diet: The Degradation of Food and the Struggle for Healthy Eating*. New York University Press: New York.

Wood, E. M. (1999) *The Origin of Capitalism*, Monthly Review Press.〔＝エレン・メイクシンス・ウッド、平子友長・中村好孝訳（2001）『資本主義の起源』こぶし書房〕

Wubs, B. (2008) *International Business and National War Interests: Unilever between Reich and Empire, 1939-45*, Routledge: London.

WWF (2011) "Palm Oil Buyers' Scorecard"（Online）Available at: http://wwf.panda.org/what_we_do/footprint/agriculture/palm_oil/solutions/responsible_purchasing/scorecard2011/index.cfm (accessed 22 Jun 2012).

2. 日本語文献・資料

※筆者注：本文中の文献注としては、各社社史編集委員会なども社名のみで表記し、南満洲鉄道の各部所名も略称を用いて表記した（例えば「日清製油株式会社 80 年史編さんプロジェクトチーム」の代わりに「日清製油」、「南満州鉄道株式会社庶務部調査課」の代わりに「満鉄社庶務部」と表記した）。

青木公（2002）『ブラジル大豆攻防史——国際協力 20 年の結実』国際協力出版会。

味の素株式会社（2009）『味の素グループの百年——新価値創造と開拓者精神：1909 → 2000』味の素。

味の素株式会社・味の素株式会社内味の素沿革史編纂会編（1951）『味の素沿革史』味の素。

味の素株式会社社史編纂室（1971）『味の素株式会社社史 1』（戦前編）味の素・日本経営史研究所。

味の素株式会社社史編纂室（1972）『味の素株式会社社史 2』（戦後編）味の素・日本経営史研究所。

味の素株式会社編纂（1990）『味をたがやす——味の素八十年史』味の素。

足立啓二（1978）「大豆粕流通と清代の商業的農業」『東洋史研究』37 巻 3 号、pp.361-389。

荒木一視・高橋誠・後藤拓也・池田真志・岩間信之・伊賀聖屋・立見淳哉・池口明子（2007）「食料の地理学における新しい理論的潮流――日本に関する展望」『E-journal GEO』2巻1号、pp.43-59。
荒木一視（2011）「フォーラム 第1次フードレジームと英領インドの農産物貿易――山口大学東亜経済研究所所蔵資料による検討」『広島大学現代インド研究――空間と社会』(1)（2011年3月）、pp.59-78。
荒木一視（2012）「フードレジーム論と東アジアの農産物貿易」『エリア山口』41号、pp.52-62。
荒木一視（2013）「フードレジーム論と戦前期台湾の農産物・食料貿易――米移出に注目した第1次レジームの検討」『山口大学教育学部研究論叢 第1部・第2部、人文科学・社会科学・自然科学』63巻1号、pp.31-49。
安藤百福（1983）『奇想天外の発想』講談社。
安藤百福（2002）『魔法のラーメン発明物語――私の履歴書』日本経済新聞社。
石井寛治編（2005）『近代日本流通史』東京堂出版。
石井寛治（2012）『帝国主義日本の対外戦略』名古屋大学出版会。
磯田宏（2016a）『アグロフュエル・ブーム下の米国エタノール産業と穀作農業の構造変化』筑波書房。
磯田宏（2016b）「米国におけるアグロフュエル・ブーム下のコーンエタノール・ビジネスと穀作農業構造の現局面」北原克宣・安藤光義編著『多国籍アグリビジネスと農業・食料支配』明石ライブラリー162、明石書店、pp.11-72。
伊藤忠商事株式会社社史編集室（1969）『伊藤忠商事100年』伊藤忠商事株式会社。
伊藤忠商事株式会社（2016）「アニュアルレポート2016（2016年3月期）」伊藤忠商事。
伊藤忠商事株式会社（2017）「統合レポート2017（2017年3月期）」伊藤忠商事。
岩淵道生（1996）『外食産業論――外食産業の競争と成長』農林統計協会。
岩村暢子（2010）『家族の勝手でしょ！写真274枚で見る食卓の喜劇』新潮社。
インテグレーション研究会（1971）『商社資本の農業進出――産構造の変革をせまるインテグレーション』全国農業会議所。
上野誠一（1927）「硬化油工業の概要」『工業化学雑誌』30（12）、pp.878-882。
上野誠一（1953）「硬化油工業について」『油脂化学協会誌』Vol. 2（No. 2）、pp.54-62。
牛山敬二（2003）「日本資本主義の確立――1880年代末から第1次世界大戦まで」、暉峻衆三編『日本の農業150年――1850～2000年』有斐閣、pp.29-69。
薄井寛（2010）『2つの「油」が世界を変える――新たなステージに突入した世界穀物市場』農山漁村文化協会。
栄養改善普及会（1982）『歩きながら考える三十年』栄養改善普及会出版。

大石嘉一郎・宮本憲一編集（1975）『日本資本主義発達史の基礎知識――成立・発展・没落の軌跡』有斐閣。
大浦萬吉・平野茂之編（1948）『黄金の花――日本製油株式会社沿革史（改訂増補）』新潮社。
大倉財閥研究会（1982）『大倉財閥の研究――大倉と大陸』近藤出版社。
大蔵永常（1836）『製油録 2 巻（1）』河内屋茂兵衛（ほか 16 名）。国会図書館デジタルコレクション（http://dl.ndl.go.jp/info:ndljp/pid/2575821）。
大塚茂・松原豊彦編（2004）『現代の食とアグリビジネス』有斐閣。
大野晋・浜西正人共著（1985）『類語国語辞典』角川書店。
大森一宏（2011）「戦後総合商社の再編」、大森一宏・大島久幸・木山実編著『総合商社の歴史』関西学院大学出版会、pp.163-173。
岡田知弘（1998）「日本の農業・食料政策の転換とアグリビジネス」、中野一新編『アグリビジネス論』有斐閣、pp.195-209。
岡田哲（2000）『とんかつの誕生――明治洋食事始め』講談社。
岡部牧夫（2008）「「大豆経済」の形成と衰退」、岡部牧夫編『南満洲鉄道会社の研究』日本経済評論社、pp.27-89。
岡光夫（1984）「解題 1　特用作物の技術動向」pp. 425-433。岡光夫編集『特用作物（明治農書全集　第 5 巻）』農山漁村文化協会、1984 年。
小澤健二（2010）「穀物メジャーに関する一考察（1）」、日本農業研究所研究報告『農業研究』第 23 号、pp.1-84。
小澤健二（2011）「穀物メジャーに関する一考察（2）――2 大穀物メジャー（カーギル、ADM 社）の企業特質」、日本農業研究所研究報告『農業研究』第 24 号、pp.87-178。
小澤健二（2013）「穀物メジャーに関する一考察（3）――アメリカの食品製造業の構造再編を中心に」、日本農業研究所研究報告『農業研究』第 26 号、pp.51-150。
小澤健二（2015）「穀物メジャーに関する一考察（4）――2000 年代以降のバンゲ社の事業展開と企業経営の特質を中心に」、日本農業研究所研究報告『農業研究』第 28 号、pp.1-61。
花王石鹸五十年史編纂委員会（1940）『花王石鹸五十年史』花王石鹸五十年史編纂委員会。
花王石鹸 70 年史編纂室（1960）『花王石鹸七十年史』花王石鹸。
春日豊（2010）『帝国日本と財閥商社 ――恐慌・戦争下の三井物産』名古屋大学出版会。
桂芳男（1976）「財閥化の挫折――鈴木商店」、安岡重明編『日本の財閥』（日本経営史講座第 3 巻）日本経済新聞社。
桂芳男（1977）『総合商社の源流――鈴木商店』日本経済新聞社。
桂芳男（1987）『関西系総合商社の原像――鈴木・日商岩井・伊藤忠商事・丸紅の経営史』啓文社。

桂芳男（1989）『幻の総合商社鈴木商店――創造的経営者の栄光と挫折』（現代教養文庫；1296）社会思想社。
金子文夫（1991）『近代日本における対満州投資の研究』近藤出版社。
川島博之監修・美甘哲秀編著・日本貿易会「日本の食料戦略と商社」特別研究会（2009）『日本の食料戦略と商社』東洋経済新報社。
川邉信雄（2014）「即席麺の国際経営史――日清食品のグローバル展開」、文京学院大学総合研究所編『経営論集』24巻1号、pp.1-28。
菊池一徳（1994）『大豆産業の歩み――その輝ける軌跡』光琳。
記田路子（2006）「訳者解題」、ハリエット・フリードマン著、渡辺雅男・記田路子訳『フード・レジーム――食料の政治経済学』こぶし書房、pp.191-225。
記田路子（2007）「食のグローバル化に対応する米欧の農業・食料研究――フード・レジーム論の方法論的意義」『季刊経済理論』44巻3号、pp.44-54。
木山実（2009）『近代日本と三井物産 ――総合商社の起源』（MINERVA日本史ライブラリー21）ミネルヴァ書房。
久保田四郎（1929）「硬化油工業に就て」『工業化学雑誌』32（4）、pp.392-398。
久保田四郎（1937）「グリセリン工業に就て」『工業化学雑誌』40（5）、pp.372-379。
小池洋一（2007）「ブラジルの大豆産業――アグリビジネスの持続性と条件」、星野妙子編『ラテンアメリカ新一次産品輸出経済論――構造と戦略』日本貿易振興機構アジア経済研究所、pp.31-72。
国土交通省（1969）「新全国総合開発計画増補」（online） https://www.mlit.go.jp/common/001135929.pdf（2017年1月閲覧）。
小塚善文（1999）『食の変化と食品メーカーの成長』農林統計協会。
坂口誠（2003）「近代日本の大豆粕市場――輸入肥料の時代」、立教大学経済学研究会『立教経済学研究』57巻2号、pp.53–70。
坂口幸雄（1987）『坂口幸雄 私の履歴書』日本経済新聞社。
坂本雅子（2003）『財閥と帝国主義 ――三井物産と中国』（MINERVA日本史ライブラリー14）ミネルヴァ書房。
笹間愛史（1979）『日本食品工業史』東洋経済新報社。
笹間愛史（1981）『製粉・製油業の近代化』（国連大学人間と社会の開発プログラム研究報告66）国際連合大学。
柴垣和夫（1965）『日本金融資本分析』東京大学出版会。
柴垣和夫（1968）『三井・三菱の百年――日本資本主義と財閥』中央公論社。
柴田明夫（2014）『中国のブタが世界を動かす――食の「資源戦争」最前線』毎日新聞社。
島田克美・下渡敏治・小田勝己・清水みゆき（2006）『食と商社』日本経済評論社。

島田克美・下渡敏治（2006）「『食』への『商社』の関わり――経済のグローバル化と経済構造変化」、島田克美・下渡敏治・小田勝己・清水みゆき『食と商社』日本経済評論社、pp.1-15。
島田克美（2006）「加工食品の取引および流通業再編と商社」、島田克美・下渡敏治・小田勝己・清水みゆき『食と商社』日本経済評論社、pp.157-184。
清水みゆき（2006）「加工用原料の供給と商社の役割」、島田克美・下渡敏治・小田勝己・清水みゆき（2006）『食と商社』日本経済評論社、pp. 73-94。
朱美栄（2011）「豊年製油株式会社の創立」、現代社会研究科編『愛知淑徳大学現代社会研究科研究報告』第6号、pp.83-96。
朱美栄（2014）「20世紀初頭から第2次世界大戦終結に至るまでの日系製油企業の満洲進出とその展開――日清製油を中心に」愛知淑徳大学、博士学位取得論文。
食品工業改善合理化研究会（1967）『食品工業白書』全国食生活改善協会。
白石正彦（2003）「フードシステムの政策理論と制度・政策の基本問題」、白石正彦・生源寺眞一編『フードシステムの展開と政策の役割』（フードシステム学全集 第7巻）農林統計協会、pp.1-16。
杉原薫（1996）『アジア間貿易の形成と構造』（Minerva人文・社会科学叢書 4）ミネルヴァ書房。
杉山金太郎（1957）「杉山金太郎　私の履歴書」日本経済新聞社編『私の履歴書』（第4集）日本経済新聞社、pp.143-179。
鈴木猛夫（2003）『「アメリカ小麦戦略」と日本人の食生活』藤原書店。
関下稔（1987）『日米貿易摩擦と食糧問題』同文館出版。
摂津製油株式会社100年史編纂チーム企画・編集（1991）『摂津製油100年史』摂津製油。
全日本マーガリン協会（1976）『日本マーガリン工業史』幸書房。
高嶋光雪（1979）『アメリカ小麦戦略――日本侵攻』家の光協会。
高橋亀吉（1930）『日本財閥の解剖』中央公論社。
高橋亀吉・青山二郎（1938）『日本財閥論』（日本コンツエルン全書 第1）春秋社。
立川雅司（2003）『遺伝子組換え作物と穀物フードシステムの新展開――農業・食料社会学的アプローチ』（農林水産政策研究叢書　第4号）農山漁村文化協会。
立川雅司（2013）「解題　農業社会学から農業・食料社会学へ」、F.H. バトル・O.F. ラーソン・G. W. ギレスピーJr. 著、河村能夫・立川雅司監訳『農業の社会学 ――アメリカにおける形成と展開』（MINERVA社会学叢書）ミネルヴァ書房、pp.231-253。
立川雅司（2014）「食と農をどう捉えるか――農業・食料社会学とその展開」、桝潟俊子・谷口吉光・立川雅司編著『食と農の社会学――生命と地域の視点から』（MINERVA TEXT LIBRARY 64）ミネルヴァ書房、pp.1-17。

玉城肇（1976）『日本財閥史』社会思想社。
辻節雄（1992）『関西系総合商社――総合商社化過程の研究』晃洋書房。
辻本満丸（1916）『日本植物油脂』丸善。
辻義浩（2004）「近代大阪の製油業の発展――攝津製油株式会社の事例分析を中心に」、経営史学会『経営史学』39巻4号、pp. 1-29。
露木米太郎（1963）『天ぷら物語』井上書房。
東京油問屋市場（2000）『東京油問屋史――油商のルーツを訪ねる』東京油問屋市場。
東洋経済新報社（2016）『会社四季報業界地図 2017年版』東洋経済新報社。
中島常雄編（1967）『現代日本産業発達史 第18食品』現代日本産業発達史研究会。
中野一新編（1998）『アグリビジネス論』（有斐閣ブックス）有斐閣 。
中野一新･杉山道雄編（2001）『グローバリゼーションと国際農業市場』（講座　今日の食料･農業市場 1）筑波書房。
中野一新・岡田知弘編（2007）『グローバリゼーションと世界の農業』大月書店。
西川英三（1942）『油脂統制の現状と将来――本邦油脂統制の発展と目標』新経済社。
日商株式会社（1968）『日商四十年の歩み』日商。
日清食品株式会社社史編纂室（1992）『食足世平――日清食品社史』日清食品。
日清製油株式会社（1969）『日清製油 60年史』日清製油。
日清製油株式会社 80年史編さんプロジェクトチーム（1987）『日清製油 80年史』日清製油。
日本経営史研究所（1976）『挑戦と創造――三井物産 100年のあゆみ』三井物産。
日本経営史研究所･花王株式会社社史編纂室編纂（1993）『花王史 100年（1890-1990）』（本編・年表　全2巻揃）花王。
日本植物油協会･幸書房（2012）『製油産業と日本植物油協会 50年の歩み』日本植物油協会。
日本製粉社史委員会（1968）『日本製粉株式会社七十年史』日本製粉。
日本貿易研究会（1967）『戦後日本の貿易 20年史――日本貿易の発展と変貌』通商産業調査会。
日本油脂株式会社社史編纂委員会（1988）『日本油脂 50年史』日本油脂株式会社。
日本油脂協会（1977）『日本油脂協会十五年史』日本油脂協会。
日本油脂工業会（1972）『油脂工業史』日本油脂工業会。
日本油脂社史編纂委員会（1967）『日本油脂三十年史』日本油脂株式会社。
日本油脂新報社（1949）『油脂年鑑（1949年版）』第2篇「主要統計」、第3篇「油脂」。
『農業と経済』編集委員会監修、小池恒男・新山陽子・秋津元輝編（2011）『キーワードで読みとく現代農業と食料・環境』昭和堂 。
農業問題研究学会（2008）『グローバル資本主義と農業』筑波書房。
農商務省工務局（1922）『主要工業概覧 第2部 化学工業』

野中章久編著（2013）『国産ナタネの現状と展開方向——生産・搾油から燃料利用まで』昭和堂。
服部正治（2002）『自由と保護——イギリス通商政策論史』ナカニシヤ出版。
原田一郎原著・戸谷洋一郎改訂編著（2015）『改訂新版　油脂化学の知識』幸書房。
土方晋（1980）『横浜正金銀行』（教育社歴史新書 日本史 146）教育社。
久野秀二（2008）「多国籍アグリビジネスの事業展開と農業・食料包摂の今日的構造」、農業問題研究学会編『グローバル資本主義と農業』筑波書房、pp. 81-127。
平野成子（1973）『油ひとすじ——吉原定次郎翁伝』吉原製油株式会社。
豊年製油株式会社（1944）『豊年製油株式會社二十年史』豊年製油。
豊年製油株式会社（1963）『豊年製油株式会社四十年史』豊年製油。
ホーネンコーポレーション（豊年製油）（1993）『育もう未来を——ホーネン 70 年のあゆみ』
堀和生（2007）「近代満洲経済と日本帝国——貿易構造の分析」『経済論叢』京都大学経済学会、180（1）、pp.97-118。
堀和生（2009）『形成・構造・展開』（東アジア資本主義史論 1）ミネルヴァ書房。
堀口健治（1987）「ローカル市場に依存する生めん加工と原料輸入」、竹中久二雄・堀口健治編『転換期の加工食品産業——高まる輸入原料依存と地域農業の空洞化』御茶の水書房、pp. 238-253。
本郷豊・細野昭雄（2012）『ブラジルの不毛の大地「セラード」開発の奇跡——日伯国際協力で実現した農業革命の記録』（地球選書　005）ダイヤモンド社。
桝潟俊子・谷口吉光・立川雅司編著（2014）『食と農の社会学——生命と地域の視点から』（MINERVA TEXT LIBRARY 64）ミネルヴァ書房。
増野實（1942）『世界の大豆と工業』（科學新書 30）河出書房。
丸紅株式会社（1977）『丸紅前史』丸紅。
丸紅株式会社（1984）『丸紅本史——三十五年の歩み』丸紅。
丸紅株式会社（2008）『丸紅通史——百五十年の歩み』丸紅。
丸紅株式会社（2012）「アニュアルレポート 2012（2012 年 3 月期）」丸紅。
丸紅株式会社（2013）「アニュアルレポート 2013（2013 年 3 月期）」丸紅。
丸紅株式会社（2016）「アニュアルレポート 2016（2016 年 3 月期）」丸紅。
丸紅株式会社（2017）「統合報告書 2017（2017 年 3 月期）」丸紅。
満史会（1964）『満州開発四十年史』下巻、満州開発四十年史刊行会。
滿鐵經濟調査會編・天野元之助筆（1932）『滿洲經濟の發達』南滿洲鐵道。
三島徳三（2005）『農業市場論の継承』日本経済評論社。
三石誠司（2014）「アメリカの穀物輸出制限」『フードシステム研究』第 20 巻第 4 号、pp.372-385。

三井物産株式会社（2016）「アニュアルレポート 2016（2016 年 3 月期）」三井物産。
三井物産株式会社（2017）「アニュアルレポート 2017（2017 年 3 月期）」三井物産。
三菱商事（1986）『三菱商事社史 上・下・資料編』三菱商事株式会社。
三菱商事株式会社編・早稲田大学商学学術院監修（2013）『新・現代総合商社論（三菱商事・ビジネスの創造と革新 2)』早稲田大学出版部。
三菱商事株式会社（2016）「統合報告書 2016（2016 年 3 月期)」三菱商事。
三菱商事株式会社（2017）「統合報告書 2017（2017 年 3 月期)」三菱商事。
南満州鉄道株式会社（1930）『北支那貿易年報』南満州鉄道。
南滿洲鐵道株式會社興業部農務課（1924）『大豆の栽培』（産業資料 其 20）南滿洲鐵道株式會社興業部農務課。
南満州鉄道株式会社庶務部調査課（1924）『滿洲に於ける油坊業』（滿鐵調査資料　第 23 編）南滿洲鐵道株式會社庶務部調査課。
南満洲鉄道株式会社庶務部調査課（1938）『米國の大豆と豆油』南満洲鉄道庶務部調査課。
南滿洲鐵道株式會社庶務部調査課（1927）『油脂市場の經濟的研究、油脂の價格及交換性』（滿鐵調査資料 第 65 編）南滿洲鐵道。
南滿洲鐵道株式會社庶務部調査課（1930）『世界經濟界における大豆の地位』（滿鐵調査資料　第 124 編）南滿洲鉄道庶務部調査課。
南満洲鉄道株式会社農務課（1924）『大豆の加工』（産業資料 其 21）満蒙文化協会。
宮崎宏（1972）『農業インテグレーション』家の光協会。
村上勝彦（2000）「貿易の拡大と資本の輸出入」、石井寛治・原朗・武田晴人編『日本経済史 2』東京大学出版会、pp. 1-59。
村山威士（1941）『世界油脂工業の趨勢と我が油脂国策』工政会。
森川英正（1978）『日本財閥史』（教育社歴史新書 日本史 123）教育社。
八木浩平（2011）「東アジアにおける植物油市場の新展開」『農業経済研究報告』第 42 巻、pp.41-54。
八木浩平（2013）「貿易自由化に伴う我が国植物油業界の構造転換――TPP 参加による食品製造業への影響を中心に」『農業市場研究』第 22 巻第 1 号、pp.1-11。
八木浩平（2014a）「我が国における輸入大豆のフードシステムの構造転換に関する研究」東北大学大学院農学研究科、博士学位論文。
八木浩平（2014b）「穀物事業における日本資本の海外展開」『農業市場研究』第 23 巻第 2 号、pp.60-66。
八木浩平（2015）「我が国における大豆粕フードシステムの構造遷移」『フードシステム研究』第 22 巻 2 号、pp.70-81。
安岡重明（1970）『財閥形成史の研究』ミネルヴァ書房。

安岡重明編（1976）『日本の財閥』（日本経営史講座 第3巻）日本経済新聞社。
安冨歩（2009）「国際商品としての満洲大豆」、安冨歩・深尾葉子編『「満洲」の成立――森林の消尽と近代空間の形成』名古屋大学出版会、pp.291-325。
安冨歩・深尾葉子編（2009）『「満洲」の成立――森林の消尽と近代空間の形成』名古屋大学出版会。
安冨歩（2015）『満洲暴走――隠された構造』角川書店。
吉田忠（1971）「インテグレーションと巨大商社の農業進出」、井野隆一・暉峻衆三・重富健一編『国家独占資本主義と農業』下巻、大月書店、pp.386-424。
油脂製造業会（1963）『油脂製造業会小史』油脂製造業会。
ライオン油脂株式会社社史編纂委員会編集（1979）『ライオン油脂六十年史』ライオン油脂株式会社。
阮蔚（2003）「WTO加盟の中国農業への影響――土地集約型農産物の輸入拡大と労働集約型農産物の輸出競争力」東京大学『社會科學研究』54巻3号、pp.5-35。
阮蔚（2010）「中国・インドの穀物需給動向――中印の輸出入動向に揺さぶられる国際穀物市場」農林中金総合研究所『農林金融』63巻3号、pp.140-156。
阮蔚（2012）「拡大するブラジルの農業投資――中国の輸入増がもたらす世界食糧供給構造の変化（海外にみる農業の動向）」『農林金融』65巻8号、pp.450-466。
阮蔚（2016a）「アマゾン川の物流開発で穀物の輸出競争力を高めるブラジル――米国に対し優位になる可能性」農林中金総合研究所『農林金融』69巻9号、pp. 446-467。
阮蔚（2016b）「中国のトウモロコシ政策の転換――価格支持の廃止から輸入増へ」『農中総研　調査と情報』第57号、p.2-3。
姚国利（2015）「食をめぐる日中経済関係と台湾――食料品分野での貿易と投資事情を中心として」『人文社会科学論叢』第24号、pp.99-116。

3. 中国語文献

雷慧兒（1981）『東北的豆貨貿易 1907-1931』國立臺灣師範大學歷史研究所。

4. 統計類

FAOSTAT　http://www.fao.org/faostat/
China Data Online　http://chinadataonline.org/
UK Commonwealth Economic Committee, *Vegetable Oils and Oilseeds*, UK Stationery Office（1937～1973各年版）

USDA PSD Online　http://www.fas.usda.gov/psdonline/
財務省『貿易統計』　http://www.customs.go.jp/toukei/info/
食糧庁業務第二部油脂課編（1956）『油糧統計便覧：含大豆食品・飼料』昭和31年、食糧庁。
食糧庁『油糧統計年報』1963（昭和38）年、1965（昭和40）年、1967（昭和42）年、1971（昭和46）年各年度版。
統計局「第20章 家計」「第24章 保健・医療」『日本の長期統計系列』　http://www.stat.go.jp/data/chouki/20exp.htm
日本食糧新聞社（1949）『食糧年鑑1949年版』日本食糧新聞社。
農林水産省『食料需給表』平成28年度版。
農林水産省食糧庁・食品流通局『油糧工業の現況』1961（昭和36）年、1970（昭和45）年、1990～2001（平成2～13）年各年度版。
農林水産省『我が国の油脂事情』1974～2015年各年度版。
南満洲鉄道株式会社総務部調査課編（1931）『北支那貿易年報』昭和5年上編、南満洲鉄道。

5. ウェブサイト・アーカイブ等

栄養改善普及会ウェブサイト　http://www.fukyukai.jp/
神戸大学附属図書館 デジタルアーカイブ　http://www.lib.kobe-u.ac.jp/sinbun/
鈴木商店記念館　http://www.suzukishoten-museum.com
東京油問屋市場「油歴史資料館」　http://www.abura.gr.jp
日清食品ウェブサイト　https://www.nissin.com/jp/
日本植物油協会ウェブサイト　http://www.oil.or.jp/kyoukai/index.html
丸善企業史料統合データベース（豊年製油、日清製油、吉原製油、攝津製油の営業報告書、目論見書など）　https://j-dac.jp/bao
WATTAgNet.com Feed International オンライン商業誌　https://www.wattagnet.com
World Instant Noodles Association（WINA）世界ラーメン協会ウェブサイト　http://instantnoodles.org

◆ 著者紹介

平賀　緑（ひらが・みどり）

京都橘大学経済学部准教授。

広島県出身。1994年に国際基督教大学卒業後、香港中文大学へ留学。香港と日本において新聞社、金融機関、有機農業関連企業などに勤めながら、1997年からは手づくり企画「ジャーニー・トゥ・フォーエバー」共同代表として、食料・環境・開発問題に取り組む市民活動を企画運営した。2011年に大学院へ移り、ロンドン市立大学修士（食料栄養政策）、京都大学博士（経済学）を取得。植物油を中心に食料システムを政治経済学的アプローチから研究している。

植物油の政治経済学――大豆と油から考える資本主義的食料システム

2019年3月29日　初版第1刷発行
2023年7月10日　初版第2刷発行

著　者　　平賀　緑
発行者　　杉田啓三

〒607-8494　京都市山科区日ノ岡堤谷町3-1
発行所　株式会社　昭和堂
TEL（075）502-7500/FAX（075）502-7501

印刷　モリモト印刷

ISBN978-4-8122-1810-5